Einführung in die n-dimensionale algebraische Geometrie

Mit besonderer Berücksichtigung der Physik

Für Techniker und Physiker

Von

Dr.-Ing. Friedrich Klinger

Wien

Mit einer Tafel

Herausgegeben mit Unterstützung
der Akademie der Wissenschaften in Wien

Springer-Verlag Wien GmbH
1942

ISBN 978-3-7091-5877-7   ISBN 978-3-7091-5927-9 (eBook)
DOI 10.1007/978-3-7091-5927-9

Vorwort.

Es soll der Zweck des vorliegenden Buches sein, jene Kluft zu überbrücken, die auch heute noch zwischen Technikern und Physikern besteht. Während die Techniker meistens flinke Rechner sind, dafür aber selten den hohen Ansprüchen der theoretischen Physik gewachsen sind, liegt der Fall bei den Physikern fast immer umgekehrt. Dieses Buch wendet sich darum in erster Linie an alle beruflich praktisch und wissenschaftlich tätigen Techniker und Physiker, aber auch gleichzeitig an alle Studierenden der im Titel genannten Wissenschaften. Es soll der Versuch gemacht werden, auf den Gebieten der Mathematik, Geometrie und Physik kurze Zusammenstellungen des Lehrstoffes zu geben, die in knapper verständlicher Form logisch aufbauend zuerst die erforderlichen Grundbegriffe und Definitionen und darauffolgend die für die praktische Anwendung notwendigen Lehrsätze bringen. Der Erklärung der Grundbegriffe wird darum in diesem Buche eine besonders große Sorgfalt gewidmet. Auf ein richtiges Verständnis der Lehrsätze wird großer Wert gelegt. Auf die Ableitung der Lehrsätze wird immer dort verzichtet, wo dies ohne Beeinträchtigung des Verständnisses der Sätze möglich ist. Viele Sätze werden dabei an Hand von Rechenbeispielen erklärt und erläutert. Die Formeln werden nicht immer in der Reihenfolge ihrer Entwicklung, sondern in jener Reihenfolge gebracht, wie sie beim praktischen Rechnen benötigt werden.

Vorausgesetzt werden in diesem Buche nur geringe Kenntnisse in der Mathematik, wie sie in jeder Mittelschule und Gewerbeschule gelehrt werden. Da jedes Kapitel des Buches in sich selbständig aufgebaut wird, so bleibt das Buch auch selbst für Schüler aller Lehranstalten noch lesbar. Zum Verständnis des Werkes brauchen daher vom Leser keinerlei andere Werke herangezogen zu werden.

Es werden in der vorliegenden „Einführung in die n-dimensionale, algebraische Geometrie mit besonderer Berücksichtigung der Physik" die Grundlehren der im Titel genannten, einzelnen Kapitel entwickelt und schließlich zu einem einzigen Lehrgebäude, welches vielleicht treffend mit den neuen, heute noch nicht gebräuchlichen, Worten „Mathematisch-geometrische Physik" bezeichnet werden könnte, zusammengefügt.

Der vorgesehene Ausbau des Werkes soll dann speziell der Mathematik, der 1-, 2-, 3- und n-dimensionalen Geometrie, insbesondere der Matrizenrechnung, aber auch den Lehren der Physik, jedoch in Form der im vorliegenden Buche entwickelten „Mathematisch-geometrischen Physik" gewidmet werden.

Die „Einführung in die n-dimensionale, algebraische Geometrie mit besonderer Berücksichtigung der Physik" verfolgt den Zweck, einen Überblick über die Grundlehren der Mathematik, Geometrie und Physik zu geben und diese zu einem einheitlichen Ganzen zusammenzufügen. Eine Rechenmethode, die dies gewährleistet, stammt von einem unserer größten deutschen Mathematiker, HEINRICH

GRASSMANN dem Älteren. Seine grundlegenden Werke sollen darum hier in erster Linie zur Lösung der gestellten Aufgabe verwendet werden.

Jeder Physiker und Techniker kennt die große Bedeutung, die heute der Punkt-, Vektor- und Tensorrechnung auf dem Gebiete der gesamten theoretischen Physik zukommt. Da fast alle Erscheinungen des täglichen Lebens an das Vorhandensein des Raumes gebunden sind, folgt, daß die mathematisch-geometrischen Methoden die geeignetsten sind, die Vorgänge in der Natur klar und einwandfrei zu beschreiben. Gerade das Studium der Punkt-, Vektor- und Tensorrechnung fördert das räumliche Anschauungs- und Denkvermögen so sehr, daß es jedem, der sich die neuen Erkenntnisse der Naturwissenschaften zu eigen machen will, nur wärmstens empfohlen werden kann. Leider besitzen die meisten Studierenden auch heute noch eine unbegründete Scheu vor den vielen verschiedenen Schreibweisen und Operationszeichen, die sich in der Punkt-, Vektor- und Tensorrechnung eingebürgert haben.

Die weitestgehende Anwendung findet das hauptsächlich in England und Amerika gebräuchliche und von GIBBS angegebene System, das für die Betrachtung von nur ein-, zwei- und dreidimensionalen Räumen sicher eines der besten unter den bestehenden Systemen ist. Nur selten verwendet wird leider das bis heute unübertroffene System des großen deutschen Mathematikers HEINRICH GRASSMANN dem Älteren. Es besitzt gegenüber dem GIBBSschen System den ungeheuren Vorzug, für n- wie für 1-, 2- und 3-dimensionale Räume gleich verwendungsfähig zu sein. Gerade diese Tatsache ist es, die GRASSMANN selbst heute noch, wenn er auch in Vergessenheit geraten ist, den ihm gebührenden Platz in der mathematisch-theoretischen Physik sichert.

GRASSMANN hat mit weit vorausschauendem Blick jene Wege, die die theoretische Physik in der Zukunft nach ihm durchwandern mußte, frühzeitig erkannt und das mathematisch-geometrische Handwerkzeug geliefert, mit dem heute und auch in Zukunft jeder Physiker und Techniker der Natur zu Leibe rücken muß, wenn er ihr in schöpferischer Arbeit neue, für die Menschheit segensreiche Erkenntnisse abringen will. Die GRASSMANNschen mathematischen und physikalischen Werke bilden daher auch heute noch einen sicheren Ausgangspunkt für einen einwandfreien Aufbau des gesamten Lehrgebäudes der theoretischen Physik.

Der Verfasser hat deshalb in diesem Buche den Versuch unternommen, die Methoden, die GRASSMANN insbesondere in seiner zweiten Ausdehnungslehre vom Jahre 1862 niedergelegt hat, noch weiter zu verallgemeinern und die heute gebräuchliche Determinanten-, Dyaden- und Matrizenrechnung in das System der Punkt-, Vektor- und Tensorrechnung einzufügen. In eleganter Form ergibt sich dann von selbst der Übergang von der euklidischen Geometrie über die affine und projektive Geometrie zur RIEMANNschen Geometrie und zur Krone der klassischen Physik, der Relativitätstheorie. Die GRASSMANNsche Ausdehnungslehre wird aber auch gleichzeitig — und das ist gerade die wesentliche Neuerung in diesem Buche — vom Verfasser durch die Einführung des physikalischen Dimensionsbegriffes in die Geometrie wesentlich erweitert.

Nun bringen wir noch einige kurze Bemerkungen über die Anordnungen im vorliegenden Buche. Die Grundbegriffe und Definitionen werden bei ihrem erstmaligen Auftreten, damit sie vom Leser immer wieder rasch gefunden werden können, kursiv gedruckt. Um das rasche Auffinden der Gleichungen im Text zu ermöglichen, wird bei Verweisungen im Text in einer runden Klammer links die Nummer des Textabschnittes und rechts die Nummer der Formel im Textabschnitt vermerkt. Für die Einheiten und Formelzeichen verwendet der Verfasser das gegenwärtig in Deutschland eingeführte System der Bezeichnungen des Ausschusses für Einheiten und Formelzeichen, für die Zwecke der theoretischen Forschung jedoch ein eigenes wissenschaftliches Bezeichnungssystem. Damit haben wir die wesentlichsten Anordnungsgrundsätze des Buches bekanntgegeben.

Zum Schluß dankt der Verfasser des vorliegenden Werkes ganz besonders der Akademie der Wissenschaften in Wien, die durch Übernahme eines Teiles der Kosten wesentlich zur Herausgabe des Werkes beigetragen hat. Der Verfasser dankt aber auch allen seinen hochverehrten Lehrern, Herrn Professor Dr. KARL FEDERHOFER, Graz, und Herrn Professor Dr. HERMANN WENDELIN, Graz, insbesondere aber den Herren Professoren Dr. FRIEDRICH HARTMANN und Dr.-Ing. ERNST MELAN an der technischen Hochschule in Wien für ihre Unterstützung und Förderung, die sie ihm bei dem Zustandekommen des Werkes haben zuteil werden lassen. Herrn Professor Dr. LUDWIG HOLZER, Graz, ist der Verfasser für seinen fachwissenschaftlichen Rat, der ihm sehr wertvoll war, sehr verbunden. Endlich dankt der Verfasser auch dem Verlag für die sorgfältige Drucklegung und die schöne Ausstattung des Buches.

Wien, im März 1942.

Dr.-Ing. **FRIEDRICH KLINGER.**

Inhaltsverzeichnis.

IV. Kapitel.
Die geometrischen Größen des n-dimensionalen Raumes. Einführung in die n-dimensionale Geometrie.

V. Kapitel.
Die extensiven Größen des n-dimensionalen Raumes. Einführung in die geometrische Physik.

Berichtigungen.

Seite 5 in Formel (3, 6) in der 2. Zeile, 1. Formel lies: $a(b + c) = ab + ac$
statt: $a(b + c) = ac + bc$.

Seite 61 in Formel (35, 24) in der 2. Zeile rechts lies: $\binom{g+1}{i}$ statt: $\binom{g+1}{1}$.

Seite 63 in Formel (36, 12) lies: $\sum\limits_{i_1, i_2 = 1, 1}^{n, n}$ statt: $\sum\limits_{i_1, i_2 = 0, 0}^{n, n}$.

Seite 78 in Formel (39, 3) lies: $\mathfrak{P}_1 = [e_0, e_1]$ statt: $\mathfrak{P}_1 = [e_0, \bar{e}_1]$.

Einführung.

Die Mathematik, Physik, Geometrie und geometrische Physik.

Unter einer *Größe* verstehen wir in dieser Schrift irgendeinen Gegenstand einer Berechnung, der sich zahlenmäßig, d. h. seiner Größe nach erfassen läßt. Größen, die dem Gebiete der Physik angehören, nennen wir *physikalische Größen*. Größen, die dem Gebiete der Geometrie angehören, nennen wir *geometrische Größen*.

Da der allgemeinsten überhaupt denkbaren Größe drei wesentliche Eigenschaften zukommen, nämlich 1. ihr rein zahlenmäßig erfaßbarer Wert oder *Betrag*, 2. ihre räumliche Ausdehnung, Extension, geometrische *Stufenzahl* bzw. räumliche Dimension, 3. ihre Benennung, physikalische Dimension oder kurz *Dimension*, so zerfällt das gesamte Gebiet der Lehre von den Größen dementsprechend in vier große Hauptgebiete, nämlich: 1. in die *Mathematik*, die die Größen nur ihrem Betrage nach erfaßt, das ist die Lehre von den Zahlen, die *Arithmetik*, die Lehre von den Gleichungen, die *Algebra* und die Lehre von den Funktionen, die *Analysis*, 2. in die *Physik*, die die Größen ihrem Betrag und ihrer physikalischen Dimension nach erfaßt, 3. in die *Geometrie*, die nur den Betrag und die Stufenzahl der Größen berücksichtigt, und schließlich 4. in die *geometrische Physik* oder *algebraische Geometrie und Physik*, die den Betrag, die Stufenzahl und die physikalische Dimension der Größen in Rechnung stellt. Die Gebiete der Physik sowie der Geometrie umfassen somit das Gebiet der Mathematik. Die geometrische Physik hingegen umfaßt die Mathematik, die Geometrie und die Physik. Ihr Lehrgebäude ist also am umfangreichsten und ihre Lehren sind daher am praktischsten verwendbar.

Entsprechend der gegebenen Einteilung behandeln wir im *ersten Kapitel* die *Zahlen*. Sie geben uns die Einführung in das Gebiet der Mathematik. Im *zweiten Kapitel* besprechen wir die *Skalare*, worunter wir in dieser Schrift Größen verstehen, die Produkte aus einer Zahl, nämlich ihrem Betrag und ihrer physikalischen Dimension darstellen. Ihre Lehre gibt die Einführung in das Gebiet der Physik. Das *dritte Kapitel* bringt das Wesentlichste aus dem Gebiete der *Kombinationslehre*, deren Lehren zur mathematischen Darstellung der folgenden Kapitel benötigt werden. Im *vierten Kapitel* befassen wir uns mit den *geometrischen Größen des n-dimensionalen Raumes*, denen nur ein Betrag und eine Stufenzahl zukommt. Ihre Lehre vermittelt uns die Einführung in die *n*-dimensionale Geometrie. Das letzte und *fünfte Kapitel* behandelt die *extensiven Größen des n-dimensionalen Raumes*, welchen ein Betrag, eine Stufenzahl und eine physikalische Dimension zukommt. Ihre Lehre bildet schließlich die Grundlage der geometrischen Physik oder der algebraischen Geometrie und Physik.

I. Kapitel. Die Zahlen. Einführung in die Mathematik.

1. Die natürlichen Zahlen.

Die Grundelemente jeder mathematisch-geometrischen-physikalischen Betrachtung bilden die Zahlen. Um alle Unklarheiten zu vermeiden, soll zunächst eine Übersicht über die verschiedenartigen möglichen Zahlbegriffe gegeben werden. Die Grundlage jeder Untersuchung bilden die *natürlichen Zahlen*, nämlich die *positiven, ganzen Zahlen,* einschließlich der *Null*:

$$(1,1) \qquad 0, \; +1, \; +2, \; +3, \; +4, \; +5, \ldots$$

Ihre Gesamtheit nennen wir den *Bereich* $\mathfrak{N}$ *der natürlichen Zahlen* n oder den *Bereich* $\mathfrak{N}$ *der positiven ganzen Zahlen* n. Wir schreiben deshalb auch:

$$(1,2) \qquad \mathfrak{N} = \text{alle natürlichen Zahlen } n \quad \text{oder}$$
$$\mathfrak{N} = 0, \; +1, \; +2, \; +3, \; +4, \ldots$$

Diese Zahlen stehen in einer bestimmten Rangordnung:

$(1,3)$ Jede in $(1,1)$ weiter links (rechts) stehende Zahl nennen wir *kleiner* (*größer*) oder in Zeichen $<$ ($>$) als die weiter rechts (links) stehende Zahl. Je zwei Zahlen aus $(1,1)$ sind *ungleich* oder *voneinander verschieden*, in Zeichen $\neq$, irgend eine Zahl aus $(1,1)$ nennen wir nur zu sich selbst *gleich* oder in Zeichen $=$.

Beispiel: $+3 < +7, \; +7 > +3, \; +3 \neq +7, \; +3 = +3.$

Null ist die kleinste natürliche Zahl, eine größte natürliche Zahl gibt es nicht. Die Einheit der natürlichen Zahlen $+1$ nennen wir stets die *absolute Einheit* oder die *reelle Einheit*.

$(1,4)$ Das Zeichen $\geq$ soll heißen: *„größer oder gleich“*,
Das Zeichen $\leq$ soll heißen: *„kleiner oder gleich“*.

$(1,5)$ Das Zeichen *„folgt“*: $\rightarrow$ ($\leftarrow$) oder *„logische Folge“* soll heißen: aus den links (rechts) von $\rightarrow$ ($\leftarrow$) stehenden Aussagen folgen stets die rechts (links) von $\rightarrow$ ($\leftarrow$) stehenden Aussagen.

$(1,6)$ Das Zeichen $\leftrightarrow$ soll heißen: Die Aussagen rechts folgen aus den linksstehenden und die Aussagen links aus den rechtsstehenden Aussagen.

$(1,7)$ Wir bezeichnen irgendwelche Zahlen stets mit kleinen lateinischen Buchstaben a, b, n, m, $\ldots$ und falls erforderlich zur Unterscheidung auch durch kleine lateinische Buchstaben mit angehängten kleinen Zahlen, den *Indizes*, z. B. a_1, a_2, $\ldots$ oder auch mit angehängten kleinen Buchstaben, die wiederum einen Zahlenindex tragen, wie z. B. a_{i_1}, a_{i_2}, $\ldots$ darin bedeuten die Indizes i_1, i_2, $\ldots$ selbst wieder irgendwelche Zahlen.

(1, 8) Die Null und nur sie bezeichnen wir außer durch 0 auch durch o. die Eins und nur sie bezeichnen wir außer durch 1 auch durch e, so daß gilt: $o = 0$, $e = 1$.

(1, 9) E Unter einem *System von Elementen* $\mathfrak{S}$, in dem im allgemeinen auch die Null o und die Eins e vorkommen wird, verstehen wir irgend eine endliche oder eine unendliche Gesamtheit von Zahlen: $\mathfrak{S} = a, b, c, \ldots,$ $o, e, \ldots$, die aus irgend einem Zahlbereich, z. B. aus dem Bereich $\mathfrak{N}$ der natürlichen Zahlen herausgegriffen sind.

Diese Elemente brauchen in keiner besonderen Anordnung zu stehen. Ein und dieselbe Zahl kann darin auch auf verschiedene Art und Weise bezeichnet oder dargestellt sein und auch mehrmals auftreten.

Die Namengebungen bezüglich der Zahlenbereiche, Rechenoperationen und Rechengesetze findet der Leser in Punkt 12 übersichtlich zusammengestellt, worauf wir schon jetzt ausdrücklich verweisen wollen.

2. Die Grundgesetze der Addition oder der Rechenoperation erster Stufe.

Verknüpfen wir in (1, 2) irgend zwei Zahlen des Bereiches $\mathfrak{N}$ durch die Addition, so erhalten wir immer wieder eine Zahl des Bereiches $\mathfrak{N}$. Wir sagen deshalb, die Addition ist im Bereich $\mathfrak{N}$ uneingeschränkt ausführbar und setzen darum fest:

(2, 1) A *Im System* $\mathfrak{S}$ *ist die Addition uneingeschränkt ausführbar*, wenn darin die Gesetze der Addition A gelten:

A_a: Das assoziative Gesetz $a + (b + c) = (a + b) + c$

A_n: Die Existenz der Null $a + o = a$, $o + a = a$

A_k: Das kommutative Gesetz $a + b = b + a$.

Als *Klammerregel* bezeichnen wir folgende Schreibweise, an der wir von nun an stets festhalten wollen:

(2, 2) Treten in einer Gleichung mehrere Rechenoperationen hintereinander auf, so wollen wir unter dem nicht eingeklammerten Ausdruck stets jenen verstehen, in welchem nach dem folgenden Schema alle Klammern gleich zuerst auftreten und welchem unseren Begriffsbildungen zufolge ein immer eindeutig bestimmter Sinn beigelegt werden kann.

$$a + b + c + d + f + \cdots = \{[[(a + b) + c] + d\} + f + \cdots$$

Bringen wir die Zahlen $(1, 2, 3, \ldots, r)$ in eine andere Reihenfolge $(i_1, i_2, i_3, \ldots, i_r)$, stellen wir sie also nur um, so nennen wir das Symbol:

$$(2, 3) \qquad \begin{Bmatrix} 1 & 2 & 3 & \ldots & r \\ i_1 & i_2 & i_3 & \ldots & i_r \end{Bmatrix}$$

eine *Umstellung oder eine Permutation*.

Das assoziative Gesetz A_a^* für beliebig viele Summanden lautet:

(2, 4) A_a^* Die Summe aus mehreren Summanden ist von der Art der Zusammenfassung beliebig vieler nebeneinanderstehender Summanden zu Teilsummen unabhängig. Die Reihenfolge der Summanden in allen diesen Teilsummen darf jedoch nicht geändert werden. Es gilt dabei: $A_a \rightarrow A_a^*$.

Das kommutative Gesetz A_k^* für beliebig viele Summanden lautet:

(2, 5) A_k^* Die Summe aus mehreren Summanden ist von der Reihenfolge der Summanden unabhängig, d. h.

$$a_{i_1} + a_{i_2} + \cdots + a_{i_r} = a_1 + a_2 + \cdots + a_r,$$

wenn darin (2, 3) irgend eine Permutation bedeutet. Es gilt dabei: A_a, $A_k \rightarrow A_k^*$.

Für Summen, die dem Gesetz A_k^* gehorchen, gebraucht man auch häufig die folgenden vereinfachten Schreibweisen:

(2, 6)
$$a_1 + a_2 + \cdots + a_n = \sum_{i=1}^{n} a_i,$$

(2, 7)
$$a_1 + a_2 + \cdots + a_n = a_\nu,$$

darin nennt man $\sum$ ein *Summenzeichen* und sagt: *es wird summiert über den Index i von 1 bis n* oder *der Index i läuft von 1 bis n*. Den Index i in (2, 6) nennen wir einen *Aufzählungsindex*. Man schreibt nämlich statt

(2, 8)
$$a_1,\ a_2,\ a_3, \cdots, a_n,$$

(2, 9)
$$a_i,\ (i = 1,\ 2,\ 3, \ldots, n) \quad \text{oder kurz } a_i.$$

In der Schreibweise (2, 7) hingegen wird auch noch das Summenzeichen weggelassen und summiert über den kleinen griechischen Index ν, welcher als kleines griechisches n schon von selbst die Summierung von 1 bis klein lateinisch n andeutet. Wir nennen darin ν einen *Summationsindex* und halten an folgender Bezeichnungsregel fest:

(2, 10)   Aufzählungsindex bezeichnen wir nur durch kleine lateinische Buchstaben, Summationsindex nur durch kleine griechische Buchstaben.

(2, 11)   Ist in der Summe $a_1 + a_2 + \cdots + a_n$ jeder Summand des Systems $\mathfrak{S}$ gleich a, wobei n eine natürliche Zahl ist, so nennen wir das Ergebnis *das natürliche n-fache von a* und schreiben: $a + a + \cdots + a = na$.

Sind n und m natürliche Zahlen, so gelten im System $\mathfrak{S}$ die Sätze:

(2, 12)
$$0a = o, \quad 1a = a, \quad na = an,$$
$$(n + m)a = na + ma, \quad n(a + b) = na + nb,$$
$$n(ma) = (nm)a.$$

3. Die Grundgesetze der Multiplikation oder der Rechenoperation zweiter Stufe.

Wir erklären jetzt weiter:

(3, 1) M *Im System $\mathfrak{S}$ ist die Multiplikation uneingeschränkt ausführbar*, wenn darin die Gesetze der Multiplikation M gelten:

     M_a: Das assoziative Gesetz $a(bc) = (ab)c$

     M_n: Die Existenz der Eins $ae = a,\ ea = a$

     M_k: Das kommutative Gesetz $ab = ba$.

Die *Klammerregel* lautet:

(3, 2)
$$a\,b\,c\,d\,f\ldots = \{[(ab)c]d\}f \ldots$$

Das assoziative Gesetz M_a^* für beliebig viele Faktoren lautet:

(3, 3) M_a^* Das Produkt aus mehreren Faktoren ist von der Art der Zusammenfassung beliebig vieler nebeneinanderstehender Faktoren zu Teilprodukten unabhängig. Die Reihenfolge der Faktoren in allen diesen Teilprodukten darf jedoch nicht geändert werden. Es gilt dabei: $M_a \to M_a^*$.

Das kommutative Gesetz M_k^* für beliebig viele Faktoren lautet:

(3, 4) M_k^* Das Produkt aus mehreren Faktoren ist von der Reihenfolge der Faktoren unabhängig, d. h. es gilt: $a_{i_1} a_{i_2} a_{i_3} \ldots a_{i_r} = a_1 a_2 a_3 \ldots a_r$, wenn darin (2, 3) irgend eine Permutation bedeutet. Es gilt dabei: $M_a,\ M_k \to M_k^*$.

Für Produkte, die dem Gesetz M_k^* gehorchen, gebraucht man auch häufig folgende vereinfachte Schreibweise:

$$(3, 5) \qquad a_1 a_2 a_3 \ldots a_n = \prod_{i=1}^{n} a_i ,$$

darin nennt man $\prod$ ein *Produktzeichen* und sagt: *Es wird multipliziert über den Index i von 1 bis n.* Der Index i heißt darin wieder ein *Aufzählungsindex.* Ein wichtiges Gesetz, welches die Addition mit der Multiplikation verbindet, ist:

(3, 6) D Das distributive Gesetz:

$$a(b + c) = ac + bc, \qquad (b + c)a = ba + ca,$$

darin kann die Multiplikation nicht mit der Addition vertauscht werden. Das distributive Gesetz für Summen von mehr als zwei Summanden lautet:

$$(3, 7)\ D^*: \qquad a\Big(\sum_{i=1}^{n} b_i\Big) = \sum_{i=1}^{n} (a\, b_i), \qquad \Big(\sum_{i=1}^{n} b_i\Big) a = \sum_{i=1}^{n} (b_i\, a) .$$

Für Produkte von zwei Summen ergibt sich:

$$(3, 8) \qquad \Big(\sum_{i=1}^{n} a_i\Big)\Big(\sum_{k=1}^{m} b_k\Big) = \sum_{i=1}^{n}\Big[a_i \sum_{k=1}^{m} b_k\Big] = \sum_{k=1}^{m}\Big[\Big(\sum_{i=1}^{n} a_i\Big) b_k\Big],$$

$$\Big(\sum_{i=1}^{n} a_i\Big)\Big(\sum_{k=1}^{m} b_k\Big) = \sum_{i=1}^{n}\Big(\sum_{k=1}^{m} a_i b_k\Big) = \sum_{k=1}^{m}\Big(\sum_{i=1}^{n} a_i b_k\Big) .$$

Man benützt deshalb dafür die beiden Schreibweisen:

$$\Big(\sum_{i=1}^{n} a_i\Big)\Big(\sum_{k=1}^{m} b_k\Big) = \sum_{i=1}^{n}\sum_{k=1}^{m} a_i b_k = \sum_{i,\, k=1,\, 1}^{n,\, m} a_i b_k .$$

Für Produkte von beliebig vielen Summen verwendet man die folgende Schreibweise:

$$(3, 9) \qquad \Big(\sum_{i_1=k_1}^{n_1} a_{i_1}\Big)\Big(\sum_{i_2=k_2}^{n_2} b_{i_2}\Big) \ldots \Big(\sum_{i_r=k_r}^{n_r} q_{ir}\Big) = \sum_{i_1=k_1}^{n_1}\sum_{i_2=k_2}^{n_2} \ldots \sum_{i_r=k_r}^{n_r} a_{i_1} b_{i_2} \ldots q_{ir} =$$

$$= \sum_{i_1,\, i_2,\, \ldots,\, i_r = k_1,\, k_2,\, \ldots,\, k_r}^{n_1,\, n_2,\, \ldots,\, n_r} a_{i_1} b_{i_2} \ldots q_{ir} .$$

Zum Beweis von (3, 7) bis (3, 9) benötigt man nur die Gesetze A_a und D, nicht aber A_k.

(3, 10)   Ist in einem Produkt $a_1 a_2 a_3 \ldots a_n$ von n Zahlen des Systems $\mathfrak{S}$ jeder Faktor gleich a, wobei n eine natürliche Zahl ist, so nennen wir das Ergebnis die *n-te natürliche Potenz von a* und schreiben in Zeichen:
$$a a a \ldots a = a^n$$

speziell setzt man noch:

(3, 11) $$a^0 = e, \quad a^1 = a, \quad a^{n+1} = a^n\, a \qquad \text{für} \qquad (n = 0, 1, 2 \ldots)$$

(3, 12)   Sind n und m natürliche Zahlen, so folgt
$$M_a \to a^n\, a^m = a^{n+m}, \quad (a^n)^m = a^{n\, m},$$
$$M_a, M_k \to (a\, b)^n = a^n\, b^n\,.$$

4. Die Grundgesetze des Potenzierens oder der Rechenoperation dritter Stufe.

Wir erklären jetzt weiter:

(4, 1) P *Im System $\mathfrak{S}$ ist das Potenzieren uneingeschränkt ausführbar*, wenn darin die Gesetze des Potenzierens P gelten:

P_a: Das Gesetz $(a^b)\,(a^c) = a^{b+c}$,

P_b: Das Gesetz $(a^b)^c = a^{b\,c}$,

P_c: Das Gesetz $(a\,b)^c = a^c\, b^c$.

Die Addition, Multiplikation und das Potenzieren heißen auch die *direkten Rechenoperationen erster, zweiter und dritter Stufe.*

Setzen wir jetzt die Regeln der gewöhnlichen Algebra für die Addition, Multiplikation und das Potenzieren von natürlichen Zahlen als bekannt voraus, wählen wir als System $\mathfrak{S}$ den Bereich $\mathfrak{N}$ und nehmen wir (1, 8) als gültig an, so erkennen wir jetzt die Richtigkeit folgenden Satzes:

(4, 2)   Im Bereich $\mathfrak{N}$ der natürlichen Zahlen sind die Addition, die Multiplikation und das Potenzieren uneingeschränkt ausführbar.

5. Die inverse Rechenoperation erster Stufe. Die Subtraktion.

Wir erklären:

(5, 1) S *Im System $\mathfrak{S}$ ist die Subtraktion uneingeschränkt ausführbar*, wenn gilt: Ist b ein beliebiges Element von $\mathfrak{S}$, so ist die Gleichung $x + b = o$ immer durch ein Element x von $\mathfrak{S}$ erfüllt. Wir schreiben $x = (-b)$ und nennen x *zu b entgegengesetzt.*

Man benützt auch die folgenden Schreibweisen:

(5, 2) $$(-a) = -a, \quad a + (-b) = a - b\,.$$

Auf Grund dieser Festsetzung erweitern wir den Bereich $\mathfrak{N}$ der natürlichen Zahlen n durch die Einführung der negativen Zahlen g' zum *Bereich $\mathfrak{G}$ der ganzen Zahlen g*. Ist n irgend eine natürliche Zahl, so kann eine negative ganze Zahl g' dargestellt werden durch

(5, 3) $$g' = -n\,.$$

Jede ganze Zahl g kann daher dargestellt werden in einer der beiden Formen:

(5, 4) $$g = +n \quad \text{oder} \quad g = -n$$

oder anders kurz ausgedrückt in der Doppelform:

$$(5,5) \qquad g = \pm n.$$

Wir schreiben deshalb:

(5, 6) $\mathfrak{G}$ = alle ganzen Zahlen = alle natürlichen Zahlen n + alle negativen ganzen Zahlen g' oder

$$\mathfrak{G} = \cdots -4, \; -3, \; -2, \; -1, \; 0, \; +1, \; +2, \; +3, \; +4, \ldots$$

Auch diese Zahlen stehen wieder wie der Bereich $\mathfrak{N}$ der natürlichen Zahlen in einer bestimmten Rangordnung. Es gilt (1, 3), wenn darin (1, 1) durch (5, 6) ersetzt wird. Daraus folgt:

(5, 7) Jede positive Zahl ist > 0, jede positive Zahl ist $>$ als jede negative Zahl. Jede negative Zahl ist < 0, jede negative Zahl ist $<$ als jede positive Zahl.

Im Bereich $\mathfrak{G}$ der ganzen Zahlen gibt es weder eine größte Zahl noch eine kleinste Zahl.

Beispiel:
$$+3 > -7, \quad +3 > 0, \quad +7 > +3,$$
$$-7 < -3, \quad -3 < 0, \quad -7 < +3.$$

Der Begriff der natürlichen Vielfachen na einer Zahl a des Systems kann jetzt auf den Begriff der *ganzzahligen Vielfachen* ga erweitert werden.

6. Die inverse Rechenoperation zweiter Stufe. Die Division.

Wir erklären:

(6, 1) Q Sind im System $\mathfrak{S}$ Elemente $b \neq o$ vorhanden, und ist b sonst ein beliebiges Element aus $\mathfrak{S}$, dann *ist im System die Division uneingeschränkt ausführbar*, wenn die Gleichung $xb = e$ immer durch ein Element x des Systems $\mathfrak{S}$ erfüllt ist. Wir schreiben $x = b^{-1}$ und nennen x *zu b reziprok.*

Man benützt auch die folgenden Schreibweisen:

$$(6,2) \qquad b^{-1} = e : b = e/b = \frac{e}{b}, \quad a\,b^{-1} = a : b = a/b = \frac{a}{b}, \quad b \neq o.$$

Die Potenzen des zu $a \neq o$ reziproken Elementes a heißen auch die *negativen Potenzen von a*. Ist n eine natürliche Zahl, so setzt man

$$(6,3) \qquad a^0 = e, \quad a^{-1} = e/a, \quad a^{-n} = a^{-n+1}\,a^{-1}, \qquad (n = 0, 1, 2, \ldots)$$
$$(a^{-1})^n = a^{-n}.$$

Setzen wir jetzt die Rechenregeln der gewöhnlichen Algebra für die Addition, die Subtraktion, die Multiplikation und das Potenzieren von ganzen Zahlen als bekannt voraus, wählen wir als System $\mathfrak{S}$ den Bereich $\mathfrak{N}$ und nehmen wir (1, 8) als gültig an, so erkennen wir die Richtigkeit folgenden Satzes:

(6, 4) Im Bereich $\mathfrak{G}$ der ganzen Zahlen sind die Addition, die Subtraktion, die Multiplikation und das Potenzieren uneingeschränkt ausführbar.

(6, 5) Man nennt ein von o verschiedenes Element a eines Systems $\mathfrak{S}$ ein *singuläres Element* oder einen *Nullteiler*, wenn gilt: $a \neq 0$, $b \neq 0$, $ab = 0$.

Solche Elemente gibt es im Bereich $\mathfrak{N}$, $\mathfrak{G}$ und den erst später zu erklärenden Bereichen $\mathfrak{R}$, $\mathfrak{Z}$, $\mathfrak{K}$ nicht. Wir werden aber später andere Bereiche kennen lernen, in welchen bei entsprechender Deutung (6, 5) erfüllt ist. Wir erklären deshalb jetzt:

(6, 6) N Ein System $\mathfrak{S}$ enthält keine Nullteiler, wenn gilt:

$$ab = o \to a = o \quad \text{oder} \quad b = o \quad \text{oder} \quad a = o,\ b = o.$$

Auf Grund der Festsetzungen (6, 1) und (6, 2) erweitern wir jetzt den Bereich $\mathfrak{G}$ der ganzen Zahlen g durch die Einführung der Brüche b' zum *Bereich $\mathfrak{R}$ der rationalen Zahlen r*. Sind g, g_1 und g_2 irgendwelche ganze Zahlen und gelten die Beziehungen $b' g_2 = g_1$, $ge = g$, so kann, wie sich daraus mit Hilfe der bekanntgegebenen Gesetze folgern läßt, gezeigt werden, daß jeder Bruch b' und jede ganze Zahl g durch

(6, 7) $$b' = g_1/g_2, \quad g = g/e$$

dargestellt werden kann. Nennen wir jede ganze Zahl einen *unechten Bruch* und jeden Bruch eine rationale Zahl r, so gilt für jede rationale Zahl r die Darstellung

(6, 8) $$r = g_1/g_2 .$$

Wir schreiben deshalb:

(6, 9) $\mathfrak{R} =$ alle rationalen Zahlen $r =$ alle ganzen Zahlen $g +$ alle Brüche b'
oder $\mathfrak{R} =$ Gesamtheit aller Brüche.

Man kann leicht zeigen, daß jede rationale Zahl r entweder gleich einer ganzen Zahl g sein muß, oder zwischen zwei aufeinanderfolgenden ganzen Zahlen g und $g + 1$ in der geordneten Reihe der ganzen Zahlen (5, 6) liegt, denn es gelten der Reihe nach bei Einführung der neuen ganzen Zahl $\bar{g}$ durch (6, 11) die Beziehungen:

(6, 10) $$g \leqq (g_1/g_2) < g + 1,$$
(6, 11) $$\bar{g} = g_1 - g\, g_2,$$
(6, 12) $$0 \leqq \bar{g} < g_2, \quad 0 \leqq (\bar{g}/g_2) < 1,$$

d. h. aber $\bar{g}$ ist eine der ganzen Zahlen aus der folgenden Reihe:

(6, 13) $$0,\ 1,\ 2,\ 3,\ \ldots,\ g_2 - 2,\ g_2 - 1,$$

daraus folgt jetzt:

(6, 14) $$(g_1/g_2) = g + (\bar{g}/g_2),$$

d. h. jede rationale Zahl $r = g_1/g_2$ kann eindeutig in die Summe aus einer ganzen Zahl g und einem sogenannten — nach der Eigenschaft (6, 12) — nicht negativen *echten Bruch* $\bar{g}/g_2$, der stets zwischen Null und Eins liegt, zerlegt werden. Man nennt g *den Quotienten* und $\bar{g}$ *den Rest der Division* g_1 *durch* g_2. Gilt im Sonderfall $\bar{g} = 0$, so folgt:

(6, 15) $$\bar{g} = 0, \quad (g_1/g_2) = g, \quad g_1 = g\, g_2 .$$

Wir sagen dann, g_1 *ist durch* g_2 *teilbar* oder g_1 *ist ein Vielfaches*, nämlich *das g-fache von* g_2. Auch die rationalen Zahlen stehen wieder wegen (6, 10) in einer Rangordnung und es gelten für sie übertragen auch wieder die Gesetze (1, 3) und (5, 7)

Beispiele: $(17/5) = 3 + (2/5), \quad (-18/5) = (-4) + (2/5),$
$$(24/12) = 2 + (0/12) = 2 .$$

7. Die Dezimalbrüche.

Wir gehen jetzt zu einer anderen Darstellungsform einer beliebigen rationalen Zahl s nämlich dem Dezimalbruch s, über. Unter einer *Ziffer* verstehen wir eines der zehn Zahlzeichen:

$$(7, 1) \qquad\qquad 0, \ 1, \ 2, \ 3, \ 4, \ 5, \ 6, \ 7, \ 8, \ 9.$$

Sind die Zahlen

$$(7, 2) \qquad\qquad a_n, \ a_{n-1}, \ a_{n-2}, \ \ldots, a_1, \ a_0, \ a_{-1}, \ a_{-2}, \ a_{-3}, \ \ldots$$

irgendwelche Ziffern, so kann jede rationale Zahl s dargestellt werden in der Form:

$$7, 3) \qquad s = \pm \, [a_n \, 10^n + a_{n-1} \, 10^{n-1} + a_{n-2} \, 10^{n-2} + \cdots +$$
$$+ \, a_1 \, 10^1 + a_0 \, 10^0 + a_{-1} \, 10^{-1} + a_{-2} \, 10^{-2} + a_{-3} \, 10^{-3} + \cdots],$$

oder wenn s wie üblich als Dezimalbruch geschrieben wird, in der Form:

$$(7, 4) \qquad s = \pm \, a_n \, a_{n-1} \, a_{n-2} \ldots a_2 \, a_1 \, a_0, \ a_{-1} \, a_{-2} \, a_{-3} \ldots.$$

Einen Dezimalbruch, bei welchem endlich viele Stellen (unendlich viele Stellen) von Null verschieden sind, nennen wir einen *endlichen (unendlichen) Dezimalbruch*. Einen unendlichen Dezimalbruch, bei welchem sich ein und dieselbe Ziffer oder ein und dieselbe Gruppe von Ziffern immer wieder von neuem wiederholt, nennt man einen *unendlichen periodischen Dezimalbruch*. Es läßt sich jetzt folgender Satz beweisen:

(7, 5) Jede rationale Zahl r ist darstellbar als endlicher oder als unendlicher, aber periodischer Dezimalbruch und umgekehrt: Jeder endliche oder unendliche, aber periodische Dezimalbruch bestimmt eine rationale Zahl.

Beispiele:

$$1 = 0,999 \ldots = 0,\dot{9}, \quad 15 = 14,999 \ldots = 14,\dot{9}, \quad 27/1000 = 0,027,$$
$$1603/100 = 16,03, \quad 343/99 = 3 + 46/99 = 3,464646 \ldots = 3,\dot{4}\dot{6}.$$
$$1880771/99900 = 18 + 82571/99900 = 18 + (82653 - 82)/99900 =$$
$$= 18,82653653653 \ldots = 18,82\dot{6}5\dot{3}.$$

Wegen (7, 5) treffen wir jetzt die Festsetzung:

(7, 6) Unter einer *irrationalen Zahl r'* verstehen wir jeden unendlichen, aber nicht mehr periodischen Dezimalbruch.

8. Die inversen Rechenoperationen dritter Stufe, das Radizieren und das Logarithmieren.

Da für die gewöhnliche Addition und Multiplikation im Bereich der rationalen Zahlen je für sich das kommutative Gesetz A_k in (2, 1) bzw. M_k in (3, 1) gilt, und deshalb zwei Summanden in einer Summe bzw. zwei Faktoren in einem Produkt vertauschbar sind, so besitzt die Addition wie die Multiplikation nur je eine Art inverser Rechenoperationen, nämlich die Subtraktion und die Division. Anders ist dies bei der Rechenoperation dritter Stufe, dem Potenzieren. Sind a und b natürliche Zahlen, so gilt beim Potenzieren im allgemeinen das kommutative Gesetz nicht, denn es gilt der Satz:

(8, 1) Die Gleichung $a^b = b^a$ besitzt im Bereich $\mathfrak{N}$ der natürlichen Zahlen nur die einzigen Lösungen $a = b =$ einer beliebigen natürlichen Zahl oder $a = 2$, $b = 4$ oder $a = 4$, $b = 2$.

Daher ist also im allgemeinen $a^b \neq b^a$. Somit liefert die Rechenoperation des Potenzierens zwei voneinander verschiedene Umkehrungen. Wir geben deshalb die folgenden Erklärungen:

a) Die erste inverse Rechenoperation dritter Stufe, das Radizieren oder Wurzelziehen.

(8, 2) R Sind a und $b \neq o$ sonst aber beliebige Elemente aus dem System $\mathfrak{S}$, dann *ist im System $\mathfrak{S}$ das Radizieren oder Wurzelziehen uneingeschränkt* ausführbar, wenn die Gleichung $x^b = a$ immer durch mindestens ein Element x des Systems $\mathfrak{S}$ erfüllt werden kann. Wir schreiben $x = \sqrt[b]{a}$ und nennen x die b-te Wurzel aus a.

Man benützt auch die folgende Schreibweise:

$$(8, 3) \qquad\qquad x = \sqrt[b]{a} = a^{1/b}\,.$$

Die Potenzen dieses Elementes x nennen wir auch die *Bruchpotenzen von a*. Ist r ein Bruch und damit eine rationale Zahl $r = g_1/g$, so setzt man dann nach den Regeln der Algebra

$$(8, 4) \qquad\qquad a^r = a^{g_1/g} = \left(\sqrt[g]{a}\right)^{g_1}, \quad g \neq 0\,.$$

Setzen wir im Bereich der ganzen Zahlen $\mathfrak{G}$ z. B. in (8, 2) $b = 2$ und $a = 9$, so zeigt sich, daß die *zweite Wurzel* oder *Quadratwurzel* aus 9 gleich $+ 3$ oder gleich $- 3$ sein kann. Beim Anschreiben der zweiten Wurzeln läßt man dabei der Einfachheit halber stets den Zweier oberhalb des Wurzelzeichens weg. Um außerdem die hier auftretende Zweideutigkeit bezüglich des Vorzeichens der Quadratwurzel zu vermeiden, schreibt man genauer in eindeutiger Form:

$$(8, 5) \qquad {}_+\sqrt[2]{9} = {}_+\sqrt{9} = + 3, \quad {}_-\sqrt[2]{9} = {}_-\sqrt{9} = - 3\,.$$

b) Die zweite inverse Rechenoperation dritter Stufe, das Logarithmieren.

(8, 6) L Sind a und b beliebige Elemente aus dem System $\mathfrak{S}$, dann *ist im System $\mathfrak{S}$ das Logarithmieren uneingeschränkt ausführbar*, wenn die Gleichung $b^x = a$ immer durch mindestens ein Element x des Systems $\mathfrak{S}$ erfüllt werden kann. Wir schreiben $x = {}^b\!\log a$ und nennen x den Logarithmus aus a zur Basis b.

Setzen wir jetzt die Regeln der gewöhnlichen Algebra für die Addition, Subtraktion, Multiplikation, Division und das Potenzieren von Brüchen als bekannt voraus, wählen wir als System $\mathfrak{S}$ den Bereich $\mathfrak{R}$ der rationalen Zahlen und nehmen wir (1, 8) als gültig an, so erkennen wir die Richtigkeit des Satzes:

(8, 7) Im Bereich $\mathfrak{R}$ der rationalen Zahlen sind die Addition, die Subtraktion, die Multiplikation, die Division und das Potenzieren uneingeschränkt ausführbar.

9. Die irrationalen Zahlen und die komplexen Zahlen.

Die Auflösung der Gleichungen in (8, 2) bzw. in (8, 6) nach x ist in den Bereichen $\mathfrak{R}$, $\mathfrak{G}$, ja sogar auch noch in $\mathfrak{R}$ in vielen Fällen unmöglich. Um wenigstens diese Gleichungen teilweise lösbar zu machen, wird deshalb der Bereich $\mathfrak{R}$ der rationalen Zahlen noch zweimal erweitert. Einesteils führt die Forderung der

Lösbarkeit der beiden Gleichungen zur Einführung der von uns bereits genannten irrationalen Zahlen, andrerseits zur Einführung der komplexen Zahlen.

a) Suchen wir z. B. die Lösungen der Gleichung (9, 1)

$$(9, 1) \qquad\qquad x^2 - 2 = 0,$$

nämlich $x =_+ \sqrt{2}$ und $x =_- \sqrt{2}$, so kann die positive Lösung, die auch kurz mit $x = \sqrt{2}$ bezeichnet wird, durch den unendlichen Dezimalbruch

$$(9, 2) \qquad\qquad \sqrt{2} = 1{,}41421 \ldots$$

dargestellt werden. Es gibt dabei eine genau bestimmte Vorschrift, nämlich die *Operation des Quadratwurzelziehens*, mit deren Hilfe jederzeit beliebig viele Stellen des Dezimalbruches in (9, 2) rechts ermittelt werden können. $\sqrt{2}$ ist aber keine rationale Zahl mehr und kann auf keine Weise als Quotient zweier ganzer Zahlen dargestellt werden. Damit also die Gleichung (9, 1) noch lösbar bleibt, muß der Bereich $\Re$ der rationalen Zahlen r durch die Einführung der irrationalen Zahlen r' zum *Bereich $\Im$ der reellen Zahlen s* erweitert werden. Treffen wir dann wegen (7, 5) und (7, 6) die Festsetzung:

(9, 3) Unter einer *reellen Zahl s* verstehen wir jeden beliebigen endlichen oder unendlichen, periodischen oder nicht periodischen, positiven oder negativen Dezimalbruch,

wobei wir in (7, 3) die allgemeine Darstellung einer reellen Zahl s kennen gelernt haben, so können wir schreiben:

(9, 4) $\Im$ = alle reellen Zahlen s = alle rationalen Zahlen r + alle irrationalen Zahlen r' oder $\Im$ = Gesamtheit aller positiven und negativen Dezimalbrüche.

Es kann jetzt gezeigt werden, daß jede irrationale Zahl zwischen zwei aufeinanderfolgenden ganzen Zahlen liegt, ähnlich wie eine rationale Zahl. Deshalb stehen auch die reellen Zahlen wieder in einer Rangordnung und es gelten für sie übertragen auch wieder die Gesetze (1, 3) und (5, 7).

b) Suchen wir ferner die Lösungen der Gleichung:

$$(9, 5) \qquad\qquad x^2 + 1 = 0,$$

nämlich $x =_+ \sqrt{-1}$ und $x =_- \sqrt{-1}$, so erkennt man leicht, daß diese Lösungen in keiner Weise als reelle Zahlen dargestellt werden können. Man bezeichnet eine Lösung dieser Gleichung mit i, die andere ist dann gleich $-i$. Die neu eingeführte Größe i nennt man *die imaginäre Einheit* im Gegensatz zur *reellen Einheit* $+1$.

$$(9, 6) \qquad\qquad i = \sqrt{-1}.$$

Wir setzen jetzt folgenden Begriff fest:

(9, 7) Unter einer *rein imaginären Zahl s'* verstehen wir irgend ein Produkt der imaginären Einheit i mit einer reellen Zahl s, also in Zeichen $s' = is$.

Damit jetzt die Gleichung (9, 5) noch lösbar bleibt, muß der Bereich der reellen Zahlen s durch die Einführung der imaginären Zahlen s' zum *Bereich $\Re$ der komplexen Zahlen z* erweitert werden. Treffen wir dann wegen (9, 7) die Festsetzung

(9, 8)   Unter einer gemeinen komplexen Zahl z verstehen wir die Summe aus einer reellen Zahl s_1 und einer rein imaginären Zahl is_2, wobei i die imaginäre Einheit bedeutet und s_2 eine zweite reelle Zahl ist. $z = s_1 + is_2$.

Man nennt speziell:

(9, 9) z eine *gemischt-komplexe Zahl*, wenn in $z = s_1 + is_2$ gilt $s_1 \neq 0$, $s_2 \neq 0$,
        z eine *rein imaginäre Zahl*,   wenn in $z = s_1 + is_2$ gilt $s_1 = 0$, $s_2 \neq 0$,
        z eine *reelle Zahl*,   wenn in $z = s_1 + is_2$ gilt $s_1 \neq 0$, $s_2 = 0$.

Daher erklären wir jetzt:

(9, 10)   Die reellen Zahlen s und die komplexen Zahlen z zusammengenommen bilden den Bereich $\Re$ der komplexen Zahlen z oder $\Re =$ alle reellen Zahlen $s +$ alle komplexen Zahlen z.

Mittels dieser Einführung erkennt man jetzt die Richtigkeit folgenden Satzes:

(9, 11)   Im Bereich $\Im$ der reellen Zahlen sind die Addition, die Subtraktion, die Multiplikation, die Division und das Potenzieren uneingeschränkt, hingegen das Radizieren und das Logarithmieren nicht uneingeschränkt ausführbar.

10. Die algebraischen Gleichungen.

Es sei n eine natürliche Zahl $\geqq 1$, ferner seien die $n + 1$ Größen

(10, 1) $$a_n, a_{n-1}, \ldots, a_1, a_0,$$

irgendwelche fest und unveränderlich gegebene reelle Zahlen sogenannte *Konstanten*. Wir nennen dann die Gleichung

(10, 2) $$a_n x^n + a_{n-1} x^{n-1} + a_{n-2} x^{n-2} + \cdots + a_2 x^2 + a_1 x + a_0 = 0$$
$$\text{mit} \quad a_n \neq 0, \quad n \geqq 1$$

eine *algebraische Gleichung n-ten Grades mit der Unbekannten x*. Der Ausdruck, welcher die linke Seite der Gleichung bildet, wird zur Abkürzung mit $f(x)$ bezeichnet.

(10, 3) $$f(x) = a_n x^n + a_{n-1} x^{n-1} + \cdots + a_2 x^2 + a_1 x + a_0.$$

Erteilt man der Zahl x der Reihe nach bestimmte Werte, z. B. $x_1, x_2, x_3 \ldots$, so werden diesen Werten durch (10, 3) bestimmte Zahlwerte von $f(x)$ eindeutig zugeordnet, die wir mit $f(x_1)$, $f(x_2)$, $f(x_3)$, $\ldots$ bezeichnen wollen. x nennt man in diesem Falle *die Veränderliche* und $f(x)$ *eine ganze rationale Funktion der Veränderlichen x*, falls die Zahlen (10, 1) Konstante, d. h. unveränderliche Zahlen sind. Da $f(x)$ einen vielgliedrigen Ausdruck darstellt, so wird $f(x)$ auch ein *Polynom n-ten Grades in der einen Veränderlichen x* genannt. Statt (10, 3) kann auch folgende Darstellung gegeben werden:

(10, 4) $$f(x) = \sum_{i=0}^{n} a_i x^i.$$

Diese Form nennt man auch die *Normalform des Polynoms in der einen Veränderlichen x*. Die Summanden $a_i x^i$ ($i = 0, 1, 2, \ldots, n$) heißen die *Glieder des Polynoms*, a_i heißt der *Koeffizient des Gliedes $a_i x^i$*, der Exponent i heißt der *Grad dieses Gliedes*. Unter dem *Grad des Polynoms* versteht man jedoch den größten aller Exponenten, die in den Gliedern mit von Null verschiedenen Exponenten auftreten. Die *Polynome vom Grad Null* sind die *Konstanten*. Die Polynome vom Grad 1, 2, 3, 4, ... heißen der Reihe nach *lineare, quadratische, kubische, biquadratische, ... Polynome*. Die zugehörigen Gleichungen

$$(10,5) \qquad \sum_{i=0}^{n} a_i x^i = 0$$

heißen entsprechend der Reihe nach *lineare, quadratische, kubische, biquadratische ... Gleichungen*. Ein Polynom, dessen sämtliche Koeffizienten in $(10,1)$ gleich Null sind, nennt man ein *Nullpolynom* und sagt von ihm, *daß es keinen Grad besitzt*. Jede Lösung x der Gleichung $(10,2)$ nennt man auch eine *Wurzel der algebraischen Gleichung n-ten Grades*. Da jede dieser Wurzeln den Ausdruck $(10,3)$ nach der Forderung $(10,2)$ zu Null macht, so heißt jede solche Wurzel x auch eine *Nullstelle des Polynoms* $f(x)$. Es läßt sich der folgende Satz beweisen:

$(10,6)$ Jede algebraische Gleichung n-ten Grades mit einer *Unbekannten* x besitzt genau n Wurzeln oder ein Polynom n-ten Grades in einer Veränderlichen besitzt genau n Nullstellen.

Bezeichnen wir diese n Nullstellen mit

$$(10,7) \qquad x_1,\ x_2,\ x_3,\ \ldots,\ x_n,$$

so läßt sich beweisen, daß das Polynom $(10,3)$ dann in folgender Form als Produkt dargestellt werden kann:

$$(10,8) \qquad f(x) = a_n (x - x_1)(x - x_2) \ldots (x - x_n),$$

darin nennt man die einzelnen Faktoren

$$(10,9) \qquad x - x_1,\ x - x_2,\ \ldots,\ x - x_n$$

die *Wurzelfaktoren* und speziell $x - x_i$ den zur *Wurzel* x_i der *Gleichung* $(10,2)$ gehörigen *Wurzelfaktor*. Gilt im Sonderfall:

$$(10,10) \qquad x_1 = x_2 = \cdots = x_k \neq x_{k+1},\ x_k \neq x_{k+2},\ \ldots,\ x_k \neq x_n,$$

so nennt man x_1 eine *k-fache Wurzel der Gleichung* $(10,2)$. Besitzt die Gleichung $(10,2)$ unter ihren n Wurzeln nur m voneinander verschiedene, gilt also $m < n$ und ist x_1 eine n_1-fache, x_2 eine n_2-fache usw., x_m eine n_m-fache Wurzel, wobei auch einige der Zahlen n_1, n_2, ..., n_m gleich Eins sein können, so ergibt sich statt $(10,8)$ die Darstellung

$$(10,11) \qquad f(x) = a_n (x - x_1)^{n_1}(x - x_2)^{n_2} \ldots (x - x_m)^{n_m}, \qquad \text{wobei}$$
$$n_1 + n_2 + n_3 + \cdots + n_m = n \qquad \text{gilt.}$$

Nach Satz $(10,6)$ gilt für jede der Wurzeln x_i, $(i = 1, 2, \ldots, n)$

$$(10,12) \qquad f(x_i) = 0,\ (i = 1, 2, \ldots, n).$$

Hat man die n Wurzeln einer algebraischen Gleichung irgendwie gefunden, so ergeben sich für sie die wichtigen n Kontrollformeln:

$$(10,13) \qquad x_1 + x_2 + x_3 + \cdots + x_n = (-1)^1 a_{n-1}/a_n,$$
$$x_1 x_2 + x_1 x_3 + x_1 x_4 + \cdots + x_{n-1} x_n = (-1)^2 a_{n-2}/a_n,$$
$$x_1 x_2 x_3 + x_1 x_3 x_4 + \cdots + x_{n-2} x_{n-1} x_n = (-1)^3 a_{n-3}/a_n$$
$$\cdots\cdots\cdots\cdots\cdots\cdots\cdots\cdots\cdots$$
$$x_1 x_2 x_3 \ldots x_n = (-1)^n a_0/a_n.$$

Hier stehen in der i-ten Gleichung auf der linken Seite die Summen aller möglichen Produkte von je i der Wurzeln (10, 7). Nach unseren späteren Ausführungen im Kapitel III der Kombinationslehre lautet die i-te Gleichung

$$(10, 14) \qquad \sum_{k_1, k_2, \ldots, k_i} x_{k_1} x_{k_2} \ldots x_{k_i} = (-1)^i\, a_{n-i}/a_n, \qquad (i = 1, 2, \ldots, n)$$

darin ist die Summe über alle

$$(10, 15) \qquad K_n^i = \binom{n}{i} = \frac{n(n-1)(n-2) \ldots (n-i+1)}{1 \cdot 2 \cdot 3 \quad \ldots \quad i}$$

Kombinationen $(k_1, k_2, \ldots, k_i)$ ohne Wiederholung zur i-ten Klasse der n Elemente 1, 2, 3, ..., n zu erstrecken. Wir erklären jetzt:

(10, 16) G Sind (10, 1) Elemente eines Systems $\mathfrak{S}$, dann *ist darin das Lösen von Gleichungen uneingeschränkt ausführbar*, wenn die Gleichung (10, 2) immer durch mindestens ein Element x des Systems $\mathfrak{S}$ erfüllt werden kann. x nennt man eine *Wurzel der Gleichung (10, 2)*.

Es gilt jetzt der Satz:

(10, 17)   Im Bereich $\mathfrak{K}$ der komplexen Zahlen sind die Addition, die Subtraktion, die Multiplikation, die Division, das Potenzieren, das Radizieren und das Lösen von algebraischen Gleichungen uneingeschränkt, ausführbar.

11. Die algebraischen und transzendenten Zahlen.

(11, 1)   Unter einer *algebraischen Zahl* verstehen wir jede Zahl, die die Wurzel einer algebraischen Gleichung x in (10, 2) ist, deren Koeffizienten (10, 1) aber ganze Zahlen sind.

(11, 2)   Unter einer *transzendenten Zahl* verstehen wir jede nicht algebraische Zahl.

Die bekanntesten transzendenten Zahlen sind die Zahlen:

(11, 3) $e = 2{,}718281 \ldots$ die *Basis der natürlichen Logarithmen*, $\pi = 3{,}141592 \ldots$ die *Ludolphische Zahl*.

(11, 4)   Alle rationalen Zahlen sind algebraische Zahlen, denn die rationale Zahl $x = g_1/g_2$, $g_2 \neq 0$ ist die Wurzel einer algebraischen Gleichung ersten Grades $g_2 x - g_1 = 0$.

(11, 5)   Die irrationalen und die komplexen Zahlen sind teils algebraische und teils transzendente Zahlen.

12. Übersicht über die Rechengesetze, Zahlenbereiche und Rechenoperationen.

Sie sind durch folgende Tabellen gegeben:

(12, 1)   Tabelle der Rechengesetze.

E Begriff: System von Elementen (1, 9)	Q Gesetze der Division (6, 1)
A Gesetze der Addition (2, 1)	N Nullteilergesetz (6, 6)
M Gesetze der Multiplikation (3, 1)	R Gesetze des Radizierens (8, 2)
D Distributives Gesetz (3, 6)	L Gesetze des Logarithmierens (8, 6)
P Gesetze des Potenzierens (4, 1)	G Lösen von algebraischen Gleichungen
S Gesetze der Subtraktion (5, 1)	(10, 16)

(12, 2)   Tabelle der Zahlenbereiche.

Name des Bereiches		Darstellung der Zahlen	Erweiterungen
$\mathfrak{N}$	natürliche Zahlen	$n = 0, 1, 2, 3, \ldots$	negative ganze Zahlen $g' = -n$
$\mathfrak{G}$	ganze Zahlen	$g = \ldots -3, -2, -1, 0, +1, +2, +3, \ldots$	Brüche $b' = g_1/g_2 \neq g$
$\mathfrak{R}$	rationale Zahlen	$r = g_1/g_2, \; g_2 \neq 0$	irrationale $\{\, r' =$ unendlicher Zahlen $\{$ nicht per. Dezimalbruch
$\mathfrak{Z}$	reelle Zahlen	$s = \pm a_n a_{n-1} \ldots a_2 a_1 a_0, a_{-1} a_{-2} a_{-2} \ldots$	imaginäre Zahlen $s' = is$
$\mathfrak{K}$	komplexe Zahlen	$z = s_1 + is_2, \; i = \sqrt{-1}$	

(12, 3)   Tabelle über die Ausführbarkeit der einzelnen Rechenoperationen in den einzelnen Zahlbereichen.

Im Zahlbereich	uneingeschränkt ausführbar	Formel
$\mathfrak{N}$	A, M, P	(4, 2)
$\mathfrak{G}$	A, M, P, S	(6, 4)
$\mathfrak{R}$	A, M, P, S, Q	(8, 7)
$\mathfrak{Z}$	A, M, P, S, Q	(9, 11)
$\mathfrak{K}$	A, M, P, S, Q, R, G	(10, 17)

(12, 4)   Namen der Zahlen in den Rechenoperationen.

Rechenoperation	Zeichen	Rechenoperation	Stufe	Rechenbeispiel	Name der passiven Zahl a	Name der aktiven Zahl b	Name des Ergebnisses c
Addition	A	direkte	1	$a + b = c$	Augend (Summand)	Auctor (Summand)	Summe
Multiplikation	M	direkte	2	$ab = c$	Multiplikand (Faktor)	Multiplikator (Faktor)	Produkt
Potenzierung	P	direkte	3	$a^b = c$	Basis	Exponent	Potenz
Subtraktion	S	inverse	1	$a - b = c$	Minuend	Subtrahend	Differenz
Division	Q	inverse	2	$a : b = c$	Dividend (Zähler)	Divisor (Nenner)	Quotient (Bruch)
Radizierung	R	1. inverse	3	$\sqrt[b]{a} = c$	Radikand	Wurzelexponent	Wurzel
Logarithmierung	L	2. inverse	3	$^b\log a = c$	Logarithmand	Logarithmenbasis	Logarithmus

(12, 5)   **Die Umkehrungen der Rechenoperationen.**

Rechenoperation	Zeichen	Gesucht wird die passive Zahl x		Gesucht wird die aktive Zahl y	
Addition	A	$x+b=c$	$x=c-b$	$a+y=c$	$y=-a+c$
Multiplikation	M	$xb=c$	$x=c:b$	$ay=c$	$y=c:a$
Potenzierung	P	$x^b=c$	$x=\sqrt[b]{c}$	$a^y=c$	$y={}^a\log c$
Subtraktion	S	$x-b=c$	$x=c+b$	$a-y=c$	$y=a-c$
Division	Q	$x:b=c$	$x=cb$	$a:y=c$	$y=a:c$
Radizierung	R	$\sqrt[b]{x}=c$	$x=c^b$	$\sqrt[y]{a}=c$	$y={}^c\log a$
Logarithmierung	L	${}^b\log x=c$	$x=b^c$	${}^y\log a=c$	$y=\sqrt[c]{a}$

13. Die Ordnung der reellen Zahlen.

Alle reellen Zahlen lassen sich in eine Ordnung bringen. Es gelten hierbei folgende Grundgesetze.

(13, 1) $a>b \longleftrightarrow b<a\,.$

(13, 2) $a=b,\quad b>c \rightarrow a>c,$

               $a>b,\quad b=c \rightarrow a>c,$

               $a>b,\quad b>c \rightarrow a>c\,.$

(13, 3) $a>b \rightarrow a+c>b+c,$

               $a>b \rightarrow a-c>b-c,$

               $a>b \rightarrow a-b>0\,.$

(13, 4) $a>b,\quad c>d \rightarrow a+c>b+d\,.$

(13, 5) $a>b,\quad c>0 \rightarrow ac>bc,$

               $a>b,\quad c<0 \rightarrow ac<bc,$

               $a>b \rightarrow a-b>0 \rightarrow b-a<0 \rightarrow -a< -b\,.$

(13, 6) $a>b,\quad c>0 \rightarrow (a/c)>(b/c),$

               $a>b,\quad c<0 \rightarrow (a/c)<(b/c)\,.$

(13, 7) $a>0 \longleftrightarrow -a<0,$

               $a<0 \longleftrightarrow -a>0,$

               $a>0,\quad b>0 \rightarrow a+b>0\,.$

(13, 8) $a \neq 0 \longleftrightarrow a^2>0,$

$$\sum_{i=1}^{n} a_i^2 = 0 \longleftrightarrow a_i=0,\quad (i=1,2,\ldots,n)\,.$$

(13, 9)   Zwischen zwei um Eins voneinander verschiedenen natürlichen bzw. ganzen Zahlen gibt es keine weiteren natürlichen bzw. ganzen Zahlen mehr. Der Bereich $\mathfrak{N}$ der natürlichen Zahlen und der Bereich $\mathfrak{G}$ der ganzen Zahlen heißen deshalb *diskret*.

(13, 10)   Zwischen irgend zwei ungleichen rationalen bzw. reellen Zahlen liegen immer noch beliebig viele weitere rationale bzw. reelle Zahlen. Der Bereich $\Re$ der rationalen Zahlen bzw. der Bereich $\mathfrak{Z}$ der reellen Zahlen heißen deshalb *dicht*. Es gilt z. B.

$$r_1 < (r_1 + r_2)/2 < r_2 \, .$$

14. Das Vorzeichen der reellen Zahlen.

Unter dem *Vorzeichen einer reellen Zahl* $a \neq 0$ geschrieben sign a, gesprochen *Signum von* a versteht man:

(14, 1)   sign $a = +1$ wenn $a > 0$,   sign $a = -1$ wenn $a < 0$,

sign 0 ist nicht definiert, wir sagen auch, es existiert nicht. Es gelten die wichtigen Sätze:

(14, 2)   sign $(a_1 a_2 \ldots a_n) =$ sign $a_1 \cdot$ sign $a_2 \cdot \ldots \cdot$ sign a_n ,

                 sign $(a_1/a_2) =$ sign $a_1/$sign a_2 .

15. Der absolute Betrag der reellen und der komplexen Zahlen.

a) Unter dem *absoluten Betrag* oder *absoluten Wert* $|a|$ *einer reellen Zahl* a versteht man:

(15, 1) $a > 0 \rightarrow |a| = a$, $a < 0 \rightarrow |a| = -a$, $a = 0 \rightarrow |a| = 0$,

oder in anderer Form:

(15, 2) $|a| = {}_+\sqrt{a^2}$.

Für den absoluten Betrag der Zahlen gelten die im folgenden aufgeführten Rechenregeln:

(15, 3) $a > 0 \rightarrow |a| > 0$, $a = 0 \rightarrow |a| = 0$, $a < 0 \rightarrow |a| > 0$.

(15, 4) $a \neq 0 \rightarrow a = ($sign $a) \cdot |a|$.

(15, 5) $|a| = |-a|$, $|a - b| = |b - a|$,

           $a \geqq 0$, $|x| = a \rightarrow x = a$ oder $x = -a$,

           $a > 0$, $|x| < a \rightarrow -a < x < +a$,

           $a > 0$, $|x - b| < a \rightarrow b - a < x < b + a$,

           $-|a| \leqq a \leqq +|a|$,

           $-|b| \leqq u \leqq +|b| \leftrightarrow |u| \leqq |b|$.

(15, 6) $|a + b| \leqq |a| + |b|$, $\left| \sum_{i=1}^{n} a_i \right| \leqq \sum_{i=1}^{n} |a_i|$,

           $|a + b| \geqq \big| |a| - |b| \big|$, $|a - b| \geqq \big| |a| - |b| \big|$,

           $|a - b| \geqq |a| - |b|$, $|a - b| \geqq |b| - |a|$.

(15, 7) $|ab| = |a| \cdot |b|$, $\left| \prod_{i=1}^{n} a_i \right| = \prod_{i=1}^{n} |a_i|$,

           $|a/b| = |a|/|b|$.

b) Unter dem *absoluten Betrag* $|z|$ *der gemeinen komplexen Zahl* z

(15, 8) $z = a + ib$, $i = \sqrt{-1}$

verstehen wir folgende reelle Zahl:

$$(15, 9) \qquad |z| = |a + ib| = {}_+\sqrt{a^2 + b^2}\,.$$

Unter der *zu z konjugiert-komplexen Zahl* $\bar{z}$ versteht man die Zahl:

$$(15, 10) \qquad \bar{z} = a - ib\,.$$

(15, 11) Es gilt der Satz: $\qquad |z| = {}_+\sqrt{z \cdot \bar{z}}\,.$

Für mehrere komplexe Zahlen gelten ferner die folgenden Beziehungen:

$$(15, 12) \qquad |z_1 + z_2| \leqq |z_1| + |z_2|\,, \quad |z_1 \pm z_2| \geqq ||z_1| - |z_2||\,,$$
$$|z_1 \cdot z_2| = |z_1| \cdot |z_2|\,, \quad |z| = |-z|\,,$$
$$z \neq 0 \leftrightarrow |z| > 0\,.$$

16. Die Maßeinheiten der Zahlen.

(16, 1)   Unter der *Maßeinheit einer reellen Zahl* verstehen wir die Einheit der natürlichen Zahlen $+1$, die sogenannte *absolute Einheit* oder *reelle Einheit*.

(16, 2)   Unter der *Maßeinheit einer komplexen Zahl* verstehen wir die reelle Einheit $+1$ und die imaginäre Einheit $i = \sqrt{-1}$ zusammengenommen, also symbolisch geschrieben den Ausdruck: $(+1, +i)$.

II. Kapitel. Die Skalare. Einführung in die Physik.

17. Die physikalischen Größen, Maßzahlen und Maßeinheiten.

a) Unter dem Ausdruck *Größe* verstehen wir irgend einen Gegenstand einer Berechnung, der sich zahlenmäßig, d. h. seiner Größe nach, erfassen läßt. Größen, die dem Gebiete der Mechanik, der Akustik, der Wärmelehre, der Elektrizitätslehre, der Lehre vom Magnetismus und der Optik entnommen sind, nennen wir kurz *mechanische, akustische, thermische, elektrische, magnetische und optische Größen*. Da alle diese Größen dem Gebiete der theoretischen und praktischen Physik angehören, so nennen wir sie alle zusammengenommen kurz auch *physikalische Größen*.

Wollen wir mit physikalischen Größen rechnen, so müssen wir sie messen. Dazu benötigt man eine *physikalische Maßeinheit* oder kurz eine *Maßeinheit*. Die Maßeinheit, mit der irgend eine Größe in irgend eine Rechnung eingeführt wird, nennt man auch die *Dimension dieser Größe*. In der Physik werden z. B. Kräfte in kg oder in irgend einem Vielfachen dieser Maßeinheit, z. B. in t gemessen. Von der Wahl der Maßeinheit ist die *Maßzahl der Größe* abhängig. Wir sagen z. B. in der Mechanik, eine gegebene Kraft besitze die Größe von 8300 kg und nennen 8300 die *Maßzahl* und kg die *Dimension* oder *physikalische Dimension* oder *Benennung dieser Größe*. Unter einem *Skalar* verstehen wir in dieser Schrift ausnahmslos eine benannte Zahl, d. h. irgend eine mit einer Maßeinheit multiplizierte Zahl, also jede physikalische Größe, wie z. B. die eben genannte Kraft.

Vergrößert (verkleinert) man die Maßeinheit einer Größe, so nimmt im gleichen Maße die Maßzahl dieser Größe ab (zu). Messen wir die Kraft von 8300 kg

z. B. in t, wobei 1 t das tausendfache eines kg ist, so sinkt die Maßzahl von 8300 auf den tausendsten Teil, nämlich 8,3 herab, dieselbe Kraft beträgt dann 8,3 t. Messen wir somit eine physikalische Größe p mit verschiedenen Maßeinheiten $[p_i]$ bzw. $[p_k]$, so erhalten wir die zugehörigen, voneinander verschiedenen Maßzahlen p_i bzw. p_k. Nach dem eben Besprochenen muß dann stets das Produkt p aus der Maßzahl und der zugehörigen Maßeinheit denselben Wert behalten, d. h. also für jeden Skalar p gilt der Satz:

$$(17, 1) \qquad p = p_i\,[p_i] = p_k\,[p_k]\,.$$

Ist darin die Maßeinheit $[p_k]$ gleich dem n-fachen der Maßeinheit $[p_i]$, wobei n eine reelle Zahl ist, so wird die Maßzahl p_k gleich dem n-ten Teil der Maßzahl p_i. Also gelten die Beziehungen:

$$(17, 2) \qquad [p_k] = n\,[p_i], \quad p_k = (1/n)\,p_i\,.$$

Aus (17, 1) und (17, 2) folgen die Beziehungen:

$$(17, 3) \qquad [p_k]:[p_i] = n:1, \quad p_i:p_k = n:1\,,$$
$$p_i \ : \ p_k \ = \ [p_k]:[p_i] = n:1\,.$$

(17, 4) Unter einem *Nullskalar* verstehen wir in dieser Schrift jeden Skalar, dessen Maßzahl gleich null ist, während seine Maßeinheit beliebig gewählt sein kann. Wir stellen ihn wie folgt dar: $o = 0\,[o_i] = 0\,[o_k]$.

Beispiel: Für unser Zahlenbeispiel lauten die angegebenen Beziehungen wie folgt: $p = 8300\,[\mathrm{kg}] = 8,3\,[\mathrm{t}]$. In der Praxis läßt man die eckige Klammer weg und schreibt dafür bequemer kurz $p = 8300\,\mathrm{kg} = 8,3\,\mathrm{t}$. Es gilt dann $\mathrm{t}:\mathrm{kg} = 8300:8,3 = 1000:1$.

b) Die Maßeinheit aller reellen Zahlen ist die absolute Einheit $+\,1$. Man sagt fälschlich eine Zahl sei dimensionslos. Wir sagen richtiger:

(17, 5) Jede reelle Zahl p besitzt die Dimension 1 oder genauer in Zeichen
$$p = p\,[1],$$

d. h. alle Zahlen fassen wir von jetzt ab stets als spezielle Skalare mit der Dimension 1 auf.

c) Gehen in eine Rechnung auch komplexe Maßzahlen ein, so sprechen wir von *komplexen Größen* bzw. *komplexen Skalaren*. Die Maßzahlen dieser Skalare erscheinen als komplexe Zahlen in der Form:

$$(17, 6) \qquad p_i = p_i' + i p_i'', \quad p_k = p_k' + i p_k'', \quad i = \sqrt{-1}\,.$$

Der zugehörige komplexe Skalar p in (17, 1) kann dann jederzeit in einen reellen und in einen imaginären Bestandteil zerlegt werden, denn setzt man (17. 6) in (17, 1) ein, so folgt:

$$(17, 7) \qquad p = p_i'[p_i] + i \cdot p_i''[p_i] = p_k'[p_k] + i \cdot p_k''[p_k]$$

Aus der Lehre von den komplexen Größen folgt dann mit den neuen Abkürzungen p' und p'' für den reellen und den imaginären Bestandteil des Skalars p weiter:

$$(17, 8) \qquad p' = p_i'[p_i] = p_k'[p_k], \quad p'' = p_i''\,[p_i] = p_k''\,[p_k]\,.$$

Also die Darstellung:

$$(17, 9) \qquad p = \overset{\cdot}{p}' + i\,p'' ,$$

womit nur wieder der Satz ausgedrückt wird, daß die reellen und die imaginären Bestandteile eines komplexen Skalars, in verschiedenen Maßeinheiten gemessen, je für sich gleich sein müssen. Aus (17, 2) und (17, 3) folgen auch noch die weiteren wichtigen Beziehungen:

$$(17, 10) \qquad p_i' : p_k' = n : 1 , \quad p_i'' : p_k'' = n : 1$$

Wir nennen p' *den reellen Bestandteil* und p'' *den imaginären Bestandteil des komplexen Skalars* p. Ähnlich wie bei den Zahlen sprechen wir wieder von *reellen, rein imaginären und gemein-komplexen Skalaren.*

18. Bezeichnungsgrundsätze.

Wir vereinbaren jetzt folgende Bezeichnungsgrundsätze:

(18, 1)   Alle Skalare, also auch alle Zahlen, ob reell oder komplex, bezeichnen wir in unseren Formeln durch kleine lateinische Buchstaben.

Von dieser Regel weichen wir nur ab, wenn wir dem allgemeinen Brauch der Bezeichnung der verschiedenartigen Skalare in der theoretischen Physik folgen und dabei nicht zu Mißverständnissen über die Art der Größen kommen wollen, so z. B. bei der Bezeichnung der Winkelgeschwindigkeit durch ω, der elektrischen Feldstärke durch $\mathfrak{E}$, der Leistung durch N usw.

(18, 2)   Für die Buchstabenbezeichnungen der einzelnen Größen verwenden wir nach Möglichkeit die Formelzeichen des Ausschusses für Einheiten und Formelgrößen AEF, d. h. verschiedene Größen werden durch verschiedene, aber genau bestimmte Buchstaben bezeichnet.

Wir bezeichnen so z. B. die Längen mit s, die Massen mit m, die Zeiten mit t usw.

(18, 3)   Mehrere voneinander verschiedene Skalare bezeichnen wir auch ähnlich wie in der Mathematik durch p_1, p_2, p_3, ... oder in diesem Kapitel auch kurz durch p_ν, ($\nu = 1, 2, 3, \ldots$) (ν ist hier Aufzählungsindex).

In den angegebenen Formeln ersetzen wir dann den Buchstaben p einfach durch p_ν und schreiben daher statt (17, 1) die Gleichung:

$$(18, 4) \qquad p_\nu = p_{\nu i}\,[p_{\nu i}] = p_{\nu k}\,[p_{\nu k}]$$

und entsprechend alle übrigen Gleichungen. Schreiben wir aber die Gleichung (17, 1) z. B. für die Masse m an, so setzen wir statt dem Buchstaben p, den wir für beliebige Größen benützen, einfach den Buchstaben m und schreiben daher:

$$(18, 5) \qquad m = m_i\,[m_i] = m_k\,[m_k] .$$

19. Das absolute Maßsystem Nr. 1 der theoretischen Physik.

a) In der Physik lassen sich erfahrungsgemäß alle Maßeinheiten auf dem Begriff einiger weniger Grundmaßeinheiten aufbauen. Als *absolute Grundmaßeinheiten* wählen wir für die

$(19, 1)$ Länge s das Zentimeter . . . . $[e_{11}] = [s_1] = [\text{cm}]$,

Masse m die Grammasse . . . . $[e_{21}] = [m_1] = [\text{g*}]$,

Zeit t die Sekunde . . . . $[e_{31}] = [t_1] = [\text{sk}]$,

Wärmemenge Q die Grammkalorie . . . . $[e_{41}] = [Q_1] = [\text{cal}]$,

Temperatur ϑ den Celsiusgrad . . . . . . $[e_{51}] = [\vartheta_1] = [\,^0\text{C}]$,

Dielektrische Leitfähigkeit des Mediums $\varDelta$,
die elektrostatisch gemessene Einheit der di-
elektrischen Leitfähigkeit . . . . $[e_{61}] = [\varDelta_1] = [\text{dil}]$,

Magnetische Leitfähigkeit des Mediums $\varPi$,
die elektromagnetisch gemessene Einheit der
magnetischen Leitfähigkeit . . . . $[e_{71}] = [\varPi_1] = [\text{mal}]$,

Lichtstärke I die Hefnerkerze . . . . . . $[e_{81}] = [I_1] = [\text{HK}]$.

Eine nähere Erklärung der Begriffe $\varDelta$ und $\varPi$ geben hierbei die Grundformeln in $(25, 33)$ für das Coulombsche Gesetz.

b) Alle übrigen gebräuchlichen Maßeinheiten der Physik lassen sich aus den Grundmaßeinheiten $(19, 1)$ ableiten. Wir verstehen beispielsweise unter der *Geschwindigkeit v eines Körpers* den Weg, den der Körper in der Zeiteinheit zurücklegt. Dieser Weg ist daher zu messen in der Einheit [cm pro sk] oder [cm/sk] oder $[\text{cm}^1 \text{sk}^{-1}]$ oder ausgeschrieben $[\text{cm}^1 \, \text{g*}^0 \text{sk}^{-1} \, \text{cal}^0 \, {}^0\text{C}^0 \, \text{dil}^0 \, \text{mal}^0 \, \text{HK}^0]$. Man erkennt allgemein leicht die Gültigkeit folgenden Satzes:

Im absoluten Maßsystem Nr. 1 gemessen wird irgend eine physikalische Größe p_ν $(\nu = 1, 2, 3, \ldots)$ stets darstellbar sein durch das System der folgenden Gleichungen:

$(19, 2)$ $\quad p_\nu = p_{\nu 1}[p_{\nu 1}]$, $\quad p_{\nu 1} = $ Maßzahl, $\quad [p_{\nu 1}] = $ absolute Maßeinheit.

$(19, 3)$
$$[p_{\nu 1}] = [e_{11}^{\lambda_{\nu 1}} \; e_{21}^{\lambda_{\nu 2}} \; e_{31}^{\lambda_{\nu 3}} \; e_{41}^{\lambda_{\nu 4}} \; e_{51}^{\lambda_{\nu 5}} \; e_{61}^{\lambda_{\nu 6}} \; e_{71}^{\lambda_{\nu 7}} \; e_{81}^{\lambda_{\nu 8}}] =$$
$$= [s_1^{\lambda_{\nu 1}} \; m_1^{\lambda_{\nu 2}} \; t_1^{\lambda_{\nu 3}} \; Q_1^{\lambda_{\nu 4}} \; \vartheta_1^{\lambda_{\nu 5}} \; \varDelta_1^{\lambda_{\nu 6}} \; \varPi_1^{\lambda_{\nu 7}} \; I_1^{\lambda_{\nu 8}}] =$$
$$= [\text{cm}^{\lambda_{\nu 1}} \; \text{g*}^{\lambda_{\nu 2}} \; \text{sk}^{\lambda_{\nu 3}} \; \text{cal}^{\lambda_{\nu 4}} \; {}^0\text{C}^{\lambda_{\nu 5}} \; \text{dil}^{\lambda_{\nu 6}} \; \text{mal}^{\lambda_{\nu 7}} \; \text{HK}^{\lambda_{\nu 8}}]\,.$$

Darin bedeuten $\lambda_{\nu 1}, \lambda_{\nu 2}, \lambda_{\nu 3}, \ldots, \lambda_{\nu 8}$ bestimmt gegebene, und die physikalische Größe p_ν genau eindeutig charakterisierende Potenzexponenten, zumeist positive oder negative ganze Zahlen und $p_{\nu 1}$ in $(19, 2)$ irgend eine bestimmt gegebene reelle oder komplexe Maßzahl. Die übrigen Größen sind in $(19, 1)$ erklärt worden.

c) Wählen wir nur eine bestimmt gegebene physikalische Größe p aus, dann schreiben wir in den eben angegebenen Formeln statt p_ν einfach wieder p und statt λ_ν einfach λ und erhalten die Darstellungen:

$(19, 4)$ $\quad p = p_1[p_1]$, $\quad p_1 = $ Maßzahl, $\quad [p_1] = $ absolute Maßeinheit.

$(19, 5)$
$$[p_1] = [e_{11}^{\lambda_1} \; e_{21}^{\lambda_2} \; e_{31}^{\lambda_3} \; e_{41}^{\lambda_4} \; e_{51}^{\lambda_5} \; e_{61}^{\lambda_6} \; e_{71}^{\lambda_7} \; e_{81}^{\lambda_8}] =$$
$$= [s_1^{\lambda_1} \; m_1^{\lambda_2} \; t_1^{\lambda_3} \; Q_1^{\lambda_4} \; \vartheta_1^{\lambda_5} \; \varDelta_1^{\lambda_6} \; \varPi_1^{\lambda_7} \; I_1^{\lambda_8}]$$
$$= [\text{cm}^{\lambda_1} \; \text{g*}^{\lambda_2} \; \text{sk}^{\lambda_3} \; \text{cal}^{\lambda_4} \; {}^0\text{C}^{\lambda_5} \; \text{dil}^{\lambda_6} \; \text{mal}^{\lambda_7} \; \text{HK}^{\lambda_8}]\,.$$

Irgend eine physikalische Größe p ist im absoluten Maßsystem Nr. 1 somit gegeben durch einen Ausdruck der folgenden Form:

$(19, 6)$
$$p = p_1[s_1^{\lambda_1} \; m_1^{\lambda_2} \; t_1^{\lambda_3} \; Q_1^{\lambda_4} \; \vartheta_1^{\lambda_5} \; \varDelta_1^{\lambda_6} \; \varPi_1^{\lambda_7} \; I_1^{\lambda_8}]\,.$$

Darin sind p_1 irgend eine bestimmt gegebene reelle oder komplexe Maßzahl und $\lambda_1, \lambda_2, \ldots, \lambda_8$ irgendwelche bestimmt gegebene, meist positive oder negative ganzzahlige Potenzexponenten, hingegen $s_1, m_1, \ldots, I_1$ die durch $(19, 1)$ festgesetzten absoluten Grundmaßeinheiten.

Die Maßeinheit $[p_1]$ in (19, 5) nennen wir zum Unterschied von den absoluten Grundmaßeinheiten in (19, 1) eine *abgeleitete, absolute Maßeinheit*. Fassen wir alle aus den absoluten Grundmaßeinheiten (19, 1) abgeleiteten absoluten Maßeinheiten (19, 5) in einem System zusammen, so sprechen wir von einem *Maßsystem*. Als grundlegendes Maßsystem, welches wir mit Nr. 1 belegen wollen, verwenden wir in der theoretischen Physik das *absolute Maßsystem*, das von uns auch als das *theoretisch-physikalische Maßsystem Nr. 1* mit den Grundmaßeinheiten (19, 1) bezeichnet wird.

d) Wollen wir bestimmte Größen eines abgegrenzten Teilgebietes der Physik, z. B. mechanische, elektrische Größen usw. darstellen, so werden sich immer einzelne der Potenzexponenten λ_1, λ_2, ..., λ_8 in (19, 6) gleich null ergeben. Die zugehörigen Potenzen der Grundmaßeinheiten s_1, m_1, ..., I_1 können dann, da sie den Wert 1 besitzen, als Faktoren in der Darstellung (19, 6) der Einfachheit halber weggelassen werden. Damit erhalten wir die folgenden Darstellungen für

$$(19, 7) \quad \text{mechanische und akustische Größen} \quad p = p_1 \, [s_1^{\lambda_1} \, m_1^{\lambda_2} \, t_1^{\lambda_3}] \,,$$
$$\text{thermische Größen} \ \ldots \ldots \ldots \ p = p_1 \, [s_1^{\lambda_1} \, m_1^{\lambda_2} \, t_1^{\lambda_3} \, Q_1^{\lambda_4} \, \vartheta_1^{\lambda_5}] \,,$$
$$\text{elektrische und magnetische Größen} \ \ p = p_1 \, [s_1^{\lambda_1} \, m_1^{\lambda_2} \, t_1^{\lambda_3} \, \Delta_1^{\lambda_6} \, \Pi_1^{\lambda_7}] \,,$$
$$\text{optische Größen} \ \ldots \ldots \ldots \ p = p_1 \, [s_1^{\lambda_1} \, m_1^{\lambda_2} \, t_1^{\lambda_3} \, I_1^{\lambda_8}] \,.$$

Artet im Sonderfall der Skalar p in (19, 4) in eine reelle Zahl aus, so muß dessen Dimension $[p_1] = [1]$ also gleich der reellen Einheit $+ 1$ nach (16, 1) sein. Dies ist, wie aus (19, 5) hervorgeht, nur dann möglich, wenn alle Potenzexponenten λ_i gleichzeitig verschwinden. Also gilt für eine Zahl folgende wichtige Beziehung:

$$(19, 8) \qquad \lambda_1 = \lambda_2 = \cdots = \lambda_8 = 0, \quad [p_1] = [1], \quad p = p_1 \, [1] \,.$$

Beispiel: Die absolute Krafteinheit belegt man mit dem neuen Namen Dyn. Eine Kraft von 7,8 Dyn kann nach (19, 7) wie folgt dargestellt werden. Wir setzen darin:

$$p = P, \quad p_1 = P_1 = 7{,}8, \quad \lambda_1 = 1, \ \lambda_2 = 1, \quad \lambda_3 = -2 \,,$$

dann ergibt sich

$$P = 7{,}8 \, [s_1^1 \, m_1^1 \, t_1^{-2}] = 7{,}8 \, [\mathrm{cm}^1 \, \mathrm{g}^{*1} \, \mathrm{sk}^{-2}] = 7{,}8 \, [\mathrm{Dyn}] \,.$$

20. Darstellung der Größen in einem beliebigen Maßsystem Nr. *k*.

a) Wir gehen jetzt von unserem absoluten Maßsystem Nr. 1 zu einem beliebigen anderen Maßsystem, das von uns mit der Nummer k belegt werden soll über. Wir wählen als Grundmaßeinheiten dieses neuen Maßsystems beliebige, aber fest gewählte Vielfache unserer absoluten Grundmaßeinheiten (19, 1) aus, nämlich:

$$(20, 1) \quad \sigma_{1k} \ \text{Zentimeter für die Länge } s \ \ldots \ldots \ [e_{1k}] = [s_k] \ = \sigma_{1k} \, [\mathrm{cm}],$$
$$\sigma_{2k} \ \text{Grammassen für die Masse } m \ \ldots \ [e_{2k}] = [m_k] = \sigma_{2k} \, [\mathrm{g}^{*}],$$
$$\sigma_{3k} \ \text{Sekunden für die Zeit } t \ \ldots \ldots \ [e_{3k}] = [t_k] \ = \sigma_{3k} \, [\mathrm{sk}],$$
$$\sigma_{4k} \ \text{Grammkalorien für die Wärmemenge } Q \ [e_{4k}] = [Q_k] = \sigma_{4k} \, [\mathrm{cal}],$$
$$\sigma_{5k} \ \text{Grad Celsius für die Temperatur } \vartheta \ . \ [e_{5k}] = [\vartheta_k] = \sigma_{5k} \, [{}^{0}\mathrm{C}],$$
$$\sigma_{6k} \ \text{dil für die dielektrische Leitfähigkeit } \Delta \ [e_{6k}] = [\Delta_k] = \sigma_{6k} \, [\mathrm{dil}].$$
$$\sigma_{7k} \ \text{mal für die magnetische Leitfähigkeit } \Pi \ [e_{7k}] = [\Pi_k] = \sigma_{7k} \, [\mathrm{mal}].$$
$$\sigma_{8k} \ \text{Hefnerkerzen für die Lichtstärke } I \ . \ . \ [e_{8k}] = [I_k] \ = \sigma_{8k} \, [\mathrm{HK}].$$

Die Größen $\sigma_{\nu k}$ ($\nu = 1, 2, 3, \ldots, 8$) sind dabei in der Regel reelle Zahlen und sämtlich ungleich null zu wählen.

b) Man bezeichnet in (20, 1) die Vielfachen und Teile der absoluten Grundmaßeinheiten (19, 1) auch häufig durch Vorsetzen folgender Vergrößerungs- und Verkleinerungssilben, so z. B. beim Grundmaß Gramm g und Meter m mit:

(20, 2)

T oder Terra, das Billionen	oder 10^{12} -fache	$\cdots$ Tg	$\ldots$ Tm
G oder Giga, das Milliarden	oder 10^{9} -fache	$\ldots$ Gg	$\ldots$ Gm
M oder Mega, das Millionen	oder 10^{6} -fache	$\ldots$ Mg	$\ldots$ Mm
k oder Kilo, das Tausend	oder 10^{3} -fache	$\ldots$ kg	$\ldots$ km
h oder Hekto, das Hundert	oder 10^{2} -fache	$\cdots$ hg	$\ldots$ hm
D oder Deka, das Zehn	oder 10^{1} -fache	$\ldots$ Dg	$\ldots$ Dm
Ohne Vorsilbe, das Ein	oder 10^{0} -fache	$\ldots$ g	$\ldots$ m
d oder Dezi, das Zehntel	oder 10^{-1} -fache	$\ldots$ dg	$\ldots$ dm
c oder Zenti, das Hundertstel	oder 10^{-2} -fache	$\ldots$ cg	$\ldots$ cm
m oder Milli, das Tausendstel	oder 10^{-3} -fache	$\ldots$ mg	$\ldots$ mm
μ oder Mikro, das Millionstel	oder 10^{-6} -fache	$\ldots$ μg	$\ldots$ μm
n oder Nanno, das Milliardstel	oder 10^{-9} -fache	$\ldots$ ng	$\ldots$ nm
p oder Pico, das Billionstel	oder 10^{-12}-fache	$\ldots$ pg	$\ldots$ pm

c) Entsprechend unseren Formeln (19, 1) bis (19, 7) für das absolute Maßsystem Nr. 1 können wir jetzt leicht dieselben Formeln für das Maßsystem Nr. k anschreiben. Im Maßsystem Nr. k gemessen wird irgend eine physikalische Größe p_ν, ($\nu = 1, 2, 3, \ldots$) stets darstellbar sein durch folgendes Gleichungssystem:

$$(20, 3) \qquad p_\nu = p_{\nu k} [p_{\nu k}], \quad p_{\nu k} = \text{Maßzahl}, \quad [p_{\nu k}] = \text{Maßeinheit im}$$
$$\text{Maßsystem Nr. } k.$$

$$(20, 4) \qquad [p_{\nu k}] = [e_{1k}^{\lambda_{\nu 1}} \; e_{2k}^{\lambda_{\nu 2}} \; e_{3k}^{\lambda_{\nu 3}} \; e_{4k}^{\lambda_{\nu 4}} \; e_{5k}^{\lambda_{\nu 5}} \; e_{6k}^{\lambda_{\nu 6}} \; e_{7k}^{\lambda_{\nu 7}} \; e_{8k}^{\lambda_{\nu 8}}] =$$
$$= [s_k^{\lambda_{\nu 1}} \; m_k^{\lambda_{\nu 2}} \; t_k^{\lambda_{\nu 3}} \; Q_k^{\lambda_{\nu 4}} \; \vartheta_k^{\lambda_{\nu 5}} \; \Delta_k^{\lambda_{\nu 6}} \; \Pi_k^{\lambda_{\nu 7}} \; I_k^{\lambda_{\nu 8}}] .$$

Darin bedeuten $\lambda_{\nu 1}, \lambda_{\nu 2}, \lambda_{\nu 3}, \ldots, \lambda_{\nu 8}$ bestimmt gegebene und die physikalische Größe p_ν genau eindeutig charakterisierende Potenzexponenten, zumeist positive oder negative ganze Zahlen [es sind dies genau dieselben Zahlen wie in (19, 3)] und $p_{\nu k}$ irgend eine bestimmt gegebene reelle oder komplexe Maßzahl. Die übrigen Größen sind in (20, 1) erklärt worden.

d) Wählen wir wieder eine einzelne physikalische Größe p aus, dann schreiben wir in den angegebenen Formeln statt p_ν einfach wieder p und statt λ_ν wieder λ und erhalten die gegebenen Darstellungen in der Form:

$$(20, 5) \qquad p = p_k [p_k], \quad p_k = \text{Maßzahl}, \quad [p_k] = \text{Maßeinheit im}$$
$$\text{Maßsystem Nr. } k.$$

$$(20, 6) \qquad [p_k] = [e_{1k}^{\lambda_1} \; e_{2k}^{\lambda_2} \; e_{3k}^{\lambda_3} \; e_{4k}^{\lambda_4} \; e_{5k}^{\lambda_5} \; e_{6k}^{\lambda_6} \; e_{7k}^{\lambda_7} \; e_{8k}^{\lambda_8}],$$
$$= [s_k^{\lambda_1} \; m_k^{\lambda_2} \; t_k^{\lambda_3} \; Q_k^{\lambda_4} \; \vartheta_k^{\lambda_5} \; \Delta_k^{\lambda_6} \; \Pi_k^{\lambda_7} \; I_k^{\lambda_8}] .$$

Eine bestimmte physikalische Größe p wird also gegeben sein durch einen Ausdruck folgender Form:

$$(20,7) \qquad p = p_k \,[s_k^{\lambda_1}\, m_k^{\lambda_2}\, t_k^{\lambda_3}\, Q_k^{\lambda_4}\, \vartheta_k^{\lambda_5}\, \Delta_k^{\lambda_6}\, \Pi_k^{\lambda_7}\, I_k^{\lambda_8}]\,.$$

Darin sind p irgend eine bestimmt gegebene reelle oder komplexe Maßzahl und $\lambda_1, \lambda_2, \ldots, \lambda_8$ irgendwelche bestimmt gegebene, meist positive oder negative ganzzahlige Potenzexponenten, hingegen $s_k, m_k, \ldots, I_k$ die durch (20, 1) festgesetzten Grundmaßeinheiten im Maßsystem Nr. k.

e) Für spezielle Größen aus den Teilgebieten der Physik erhalten wir analog zu (19, 7) die folgenden Darstellungen für

$(20,8)$ mechanische und akustische Größen $p = p_k\,[s_k^{\lambda_1}\, m_k^{\lambda_2}\, t_k^{\lambda_3}]$,

thermische Größen $p = p_k\,[s_k^{\lambda_1}\, m_k^{\lambda_2}\, t_k^{\lambda_3}\, Q_k^{\lambda_4}\, \vartheta_k^{\lambda_5}]$,

elektrische und magnetische Größen $p = p_k\,[s_k^{\lambda_1}\, m_k^{\lambda_2}\, t_k^{\lambda_3}\, \Delta_k^{\lambda_6}\, \Pi_k^{\lambda_7}]$,

optische Größen $p = p_k\,[s_k^{\lambda_1}\, m_k^{\lambda_2}\, t_k^{\lambda_3}\, I_k^{\lambda_8}]\,.$

f) Artet der Skalar p wieder in eine Zahl aus, so folgt aus (19, 8), daß auch die Dimension einer reellen Zahl im Maßsystem Nr. k wegen (20, 6) wieder gleich 1 sein muß. Es gelten für eine reelle Zahl im Maßsystem Nr. k folgende wichtige Beziehungen:

$$(20,9) \qquad \lambda_1 = \lambda_2 = \cdots = \lambda_8 = 0\,, \quad [p_k] = 1\,, \quad p = p_k\,[1]\,, \quad p_k = p_1\,.$$

$(20,10)$ Artet ein Skalar in eine reelle Zahl aus, so hat er in verschiedenen Maßsystemen immer dieselbe Maßzahl und dieselbe Dimension [1].

g) Zwischen den Maßeinheiten $[p_k]$ in (20, 6) und $[p_1]$ in (19, 5) läßt sich eine Beziehung aufstellen, wenn man die Formeln in (19, 1) und (20, 1) miteinander verbindet. Es ergibt sich der Reihe nach:

$$[s_k^{\lambda_1}\, m_k^{\lambda_2}\, t_k^{\lambda_3}\, Q_k^{\lambda_4}\, \vartheta_k^{\lambda_5}\, \Delta_k^{\lambda_6}\, \Pi_k^{\lambda_7}\, I_k^{\lambda_8}] = \sigma_{1k}^{\lambda_1}\, \sigma_{2k}^{\lambda_2}\, \sigma_{3k}^{\lambda_3}\, \sigma_{4k}^{\lambda_4}\, \sigma_{5k}^{\lambda_5}\, \sigma_{6k}^{\lambda_6}\, \sigma_{7k}^{\lambda_7}\, \sigma_{8k}^{\lambda_8} \cdot$$
$$\cdot\,[s_1^{\lambda_1}\, m_1^{\lambda_2}\, t_1^{\lambda_3}\, Q_1^{\lambda_4}\, \vartheta_1^{\lambda_5}\, \Delta_1^{\lambda_6}\, \Pi_1^{\lambda_7}\, I_1^{\lambda_8}]\,,$$

also das Ergebnis:

$$(20,11) \qquad [p_k] = \alpha_k\,[p_1]\,, \quad \alpha_k = \sigma_{1k}^{\lambda_1}\, \sigma_{2k}^{\lambda_2}\, \sigma_{3k}^{\lambda_3}\, \sigma_{4k}^{\lambda_4}\, \sigma_{5k}^{\lambda_5}\, \sigma_{6k}^{\lambda_6}\, \sigma_{7k}^{\lambda_7}\, \sigma_{8k}^{\lambda_8}\,.$$

Da aber wieder die Gleichung

$$(20,12) \qquad p = p_1\,[p_1] = p_k\,[p_k]$$

bestehen muß, wenn derselbe Skalar p einmal im Maßsystem Nr. 1 und einmal im Maßsystem Nr. k dargestellt werden soll, so folgt, daß dann zwischen den Maßzahlen p_1 und p_k auch andererseits die Beziehung besteht:

$$(20,13) \qquad p_k = (1/\alpha_k)\,p_1\,.$$

Wird der Index k in (20, 11) gleich 1 gesetzt, so folgt sofort, daß für jeden beliebigen Skalar p immer $\alpha_1 = 1$ sein muß. Zusammenfassend erhalten wir also für die Umrechnung der Maßzahlen und Maßeinheiten einer physikalischen Größe p vom Maßsystem Nr. 1 ins Maßsystem Nr. k und umgekehrt die folgenden grundlegenden Formeln:

$$(20,14) \qquad \alpha_1 = 1\,, \quad \alpha_k = \sigma_{1k}^{\lambda_1}\, \sigma_{2k}^{\lambda_2}\, \sigma_{3k}^{\lambda_3}\, \sigma_{4k}^{\lambda_4}\, \sigma_{5k}^{\lambda_5}\, \sigma_{6k}^{\lambda_6}\, \sigma_{7k}^{\lambda_7}\, \sigma_{8k}^{\lambda_8}\,,$$
$$p_k = (1/\alpha_k)\,p_1\,, \quad p_1 = \alpha_k\,p_k\,,$$
$$[p_k] = \alpha_k\,[p_1]\,, \quad [p_1] = (1/\alpha_k)\,[p_k]\,.$$

h) Wollen wir jetzt weiter gleich direkt von einem Maßsystem Nr. 1 auf ein Maßsystem Nr. k umrechnen, so erhalten wir der Reihe nach die Beziehungen:

$$p = p_i\,[p_i] = p_k\,[p_k], \quad \alpha_i = [p_i]/[p_1], \quad \alpha_k = [p_k]/[p_1],$$
$$\alpha_i = p_1/p_i, \quad \alpha_k = p_1/p_k, \quad [p_i]/[p_k] = \alpha_i/\alpha_k, \quad p_i/p_k = \alpha_k/\alpha_i$$

und daraus die grundlegenden Umrechnungsgleichungen:

(20, 15)
$$p_i = (\alpha_k/\alpha_i)\,p_k \quad \text{für die Maßzahlen},$$
$$[p_i] = (\alpha_i/\alpha_k)\,[p_k] \quad \text{für die Maßeinheiten},$$
$$\alpha_1 = 1, \quad \alpha_i = \sigma_{1i}^{\lambda_1}\,\sigma_{2i}^{\lambda_2}\,\sigma_{3i}^{\lambda_3}\,\sigma_{4i}^{\lambda_4}\,\sigma_{5i}^{\lambda_5}\,\sigma_{6i}^{\lambda_6}\,\sigma_{7i}^{\lambda_7}\,\sigma_{8i}^{\lambda_8},$$
$$\alpha_k = \sigma_{1k}^{\lambda_1}\,\sigma_{2k}^{\lambda_2}\,\sigma_{3k}^{\lambda_3}\,\sigma_{4k}^{\lambda_4}\,\sigma_{5k}^{\lambda_5}\,\sigma_{6k}^{\lambda_6}\,\sigma_{7k}^{\lambda_7}\,\sigma_{8k}^{\lambda_8}.$$

Eine nachträgliche Proberechnung ergibt die bequemen Kontrollformeln:

(20, 16)
$$p_1 = \alpha_i p_i = \alpha_k p_k \quad \text{für die Maßzahlen},$$
$$[p_1] = [p_i]/\alpha_i = [p_k]/\alpha_k \quad \text{für die Maßeinheiten}.$$

21. Die allgemeine Definitionsgleichung einer beliebigen physikalischen Größe p.

a) Ist γ irgend eine reelle oder komplexe Zahl, so läßt sich die allgemeine Definitionsgleichung irgend einer physikalischen skalaren Größe p auf folgende Form bringen:

(21, 1)
$$p = \gamma\, s^{\lambda_1}\, m^{\lambda_2}\, t^{\lambda_3}\, Q^{\lambda_4}\, \vartheta^{\lambda_5}\, \Delta^{\lambda_6}\, \Pi^{\lambda_7}\, I^{\lambda_8}.$$

Darin bedeuten wieder $\lambda_1, \lambda_2, \ldots, \lambda_8$ die die Größe p genau charakterisierenden gegebenen, meist ganzzahligen, positiven oder negativen Potenzexponenten. Setzen wir jetzt im Maßsystem Nr. k

(21, 2)
$$s = s_k\,[s_k], \quad m = m_k\,[m_k], \quad \ldots, \quad I = I_k\,[I_k],$$

worin $s_k, m_k, \ldots, I_k$ fest gegebene reelle oder komplexe Maßzahlen sind, so folgt durch Einsetzen von (21, 2) in (21, 1) die Darstellung:

(21, 3)
$$p = \gamma\, s_k^{\lambda_1}\, m_k^{\lambda_2}\, t_{k}^{\lambda_3}\, Q_k^{\lambda_4}\, \vartheta_k^{\lambda_5}\, \Delta_k^{\lambda_6}\, \Pi_k^{\lambda_7}\, I_k^{\lambda_8}\cdot$$
$$\cdot\,[s_k^{\lambda_1}\, m_k^{\lambda_2}\, t_k^{\lambda_3}\, Q_k^{\lambda_4}\, \vartheta_k^{\lambda_5}\, \Delta_k^{\lambda_6}\, \Pi_k^{\lambda_7}\, I_k^{\lambda_8}].$$

Setzen wir darin wieder in Übereinstimmung mit unseren früheren Gleichungen

(21, 4)
$$p_k = \gamma\, s_k^{\lambda_1}\, m_k^{\lambda_2}\, t_k^{\lambda_3}\, Q_k^{\lambda_4}\, \vartheta_k^{\lambda_5}\, \Delta_k^{\lambda_6}\, \Pi_k^{\lambda_7}\, I_k^{\lambda_8},$$
$$[p_k] = [s_k^{\lambda_1}\, m_k^{\lambda_2}\, t_k^{\lambda_3}\, Q_k^{\lambda_4}\, \vartheta_k^{\lambda_5}\, \Delta_k^{\lambda_6}\, \Pi_k^{\lambda_7}\, I_k^{\lambda_8}],$$

so erhalten wir wieder unsere alte Darstellung des Skalars p im Maßsystem Nr. k:

(21, 5)
$$p = p_k\,[p_k].$$

b) Im absoluten Maßsystem Nr. 1 ergibt sich dann analog dazu die Darstellung:

(21, 6)
$$p_1 = \gamma\, s_1^{\lambda_1}\, m_1^{\lambda_2}\, t_1^{\lambda_3}\, Q_1^{\lambda_4}\, \vartheta_1^{\lambda_5}\, \Delta_1^{\lambda_6}\, \Pi_1^{\lambda_7}\, I_1^{\lambda_8},$$
$$[p_1] = [s_1^{\lambda_1}\, m_1^{\lambda_2}\, t_1^{\lambda_3}\, Q_1^{\lambda_4}\, \vartheta_1^{\lambda_5}\, \Delta_1^{\lambda_6}\, \Pi_1^{\lambda_7}\, I_1^{\lambda_8}],$$
$$p = p_1\,[p_1].$$

Da aber die Beziehungen

(21, 7) $\quad [s_k] = \sigma_{1k}[s_1], \quad [m_k] = \sigma_{2k}[m_1], \quad \ldots, \quad [I_k] = \sigma_{8k}[I_1],$

(21, 8) $\quad s \;= s_1[s_1], \quad m = m_1[m_1], \quad \ldots, \quad I = I_1[I_1],$

(21, 9) $\quad s_k = (1/\sigma_{1k})s_1, \quad m_k = (1/\sigma_{2k})m_1, \quad \ldots, \quad I_k = (1/\sigma_{8k})I_1$

bestehen müssen, so ergibt sich für die Maßzahlen und Maßeinheiten wieder wegen

$$(21, 10) \qquad p_k = (1/\alpha_k)\, p_1, \quad [p_k] = \alpha_k\, [p_1]$$

und wegen (21, 4) und (21, 6) die Umrechnungszahl

$$(21, 11) \qquad \alpha_k = \sigma_{1k}^{\lambda_1}\, \sigma_{2k}^{\lambda_2}\, \sigma_{3k}^{\lambda_3}\, \sigma_{4k}^{\lambda_4}\, \sigma_{5k}^{\lambda_5}\, \sigma_{6k}^{\lambda_6}\, \sigma_{7k}^{\lambda_7}\, \sigma_{8k}^{\lambda_8}.$$

c) Verallgemeinern wir jetzt diese Gleichungen auf beliebige physikalische Maßsysteme — nicht mehr mit acht Grundmaßeinheiten (19, 1) bzw. (20, 1) wie bisher, sondern gleich allgemein — mit r-Grundmaßeinheiten

$$(21, 12) \qquad [e_{11}], \quad [e_{21}], \quad \ldots, \quad [e_{r1}]$$

im absoluten Maßsystem Nr. 1 bzw. mit den r-Grundmaßeinheiten

$$(21, 13) \qquad [e_{1k}], \quad [e_{2k}], \quad \ldots, \quad [e_{rk}]$$

im Maßsystem Nr. k, wobei wieder die Beziehungen

$$(21, 14) \qquad [e_{\nu k}], = \sigma_{\nu k}\, [e_{\nu 1}], \quad (\nu = 1, 2, 3, \ldots, r)$$

entsprechend (21, 7) — worin die $\sigma_{\nu k}$ reelle Zahlen sind — bestehen, so erhalten wir allgemein für die Definitionsgleichung irgend einer physikalischen, skalaren Größe p entsprechend den Formeln (21, 1) die Darstellung:

$$(21, 15) \qquad p = \gamma\, e_1^{\lambda_1}\, e_2^{\lambda_2}\, e_3^{\lambda_3} \ldots e_r^{\lambda_r}.$$

Setzen wir entsprechend (21, 2) im Maßsystem Nr. k

$$(21, 16) \qquad e_1 = e_{1k}\,[e_{1k}], \quad e_2 = e_{2k}\,[e_{2k}], \ldots, e_r = e_{rk}\,[e_{rk}],$$

worin wieder die Größen

$$(21, 17) \qquad e_{1k}, \quad e_{2k}, \ldots, e_{rk}$$

fest gegebene reelle oder komplexe Zahlen sind, so erhalten wir die beiden Darstellungen:

$$(21, 18) \qquad \begin{aligned} p_k &= \gamma\, e_{1k}^{\lambda_1}\, e_{2k}^{\lambda_2} \ldots e_{rk}^{\lambda_r} \\ [p_k] &= [e_{1k}^{\lambda_1}\, e_{2k}^{\lambda_3} \ldots e_{rk}^{\lambda_r}]. \end{aligned}$$

$$(21, 19) \qquad \begin{aligned} p_1 &= \gamma\, e_{11}^{\lambda_1}\, e_{21}^{\lambda_2} \ldots e_{r1}^{\lambda_r} \\ [p_1] &= [e_{11}^{\lambda_1}\, e_{21}^{\lambda_2} \ldots e_{r1}^{\lambda_r}]. \end{aligned}$$

Die Umrechnungsgleichungen von einem System aufs andere sind dann gegeben durch:

$$(21, 20) \qquad \begin{aligned} p_i &= (\alpha_k/\alpha_i)\, p_k \quad \text{für die Maßzahlen,} \\ [p_i] &= (\alpha_i/\alpha_k)\, [p_k] \quad \text{für die Maßeinheiten,} \\ [e_{\nu i}] &= \sigma_{\nu i}\,[e_{\nu 1}], \quad [e_{\nu k}] = \sigma_{\nu k}\,[e_{\nu 1}], \\ p &= p_i\,[p_i] = p_k\,[p_k] \\ \alpha_1 &= 1, \quad \alpha_i = \sigma_{1i}^{\lambda_1}\, \sigma_{2i}^{\lambda_2}\, \sigma_{3i}^{\lambda_3} \ldots \sigma_{ri}^{\lambda_r} \\ &\quad\ \alpha_k = \sigma_{1k}^{\lambda_1}\, \sigma_{2k}^{\lambda_2}\, \sigma_{3k}^{\lambda_3} \ldots \sigma_{rk}^{\lambda_r}. \end{aligned}$$

d) Haben wir jetzt schließlich in Anlehnung an die eben gegebenen Formeln (21, 14) bis (21, 20) beliebig viele physikalische skalare Größen p_ν ($\nu = 1, 2, 3, \ldots$) gegeben durch ihre Definitionsgleichungen

$$(21, 21) \qquad p_\nu = \gamma_\nu\, e_1^{\lambda_{\nu 1}}\, e_2^{\lambda_{\nu 2}}\, e_3^{\lambda_{\nu 3}} \ldots e_r^{\lambda_{\nu r}}$$

und gelten für die Einheiten wieder die Beziehungen (21, 16), sowie im Maßsystem Nr. k die Umrechnungsbeziehungen (21, 14) bei Bezugnahme auf das absolute Maßsystem Nr. 1, so erhalten wir analog zu (21, 17) bis (21, 20) die neuen Formen der Umrechnungsgleichungen:

$$(21,22) \qquad p_{\nu k} = \gamma_\nu e_{1\,k}^{\lambda\,\nu 1} e_{2\,k}^{\lambda\,\nu 2} \cdots e_{r\,k}^{\lambda\,\nu r}, \qquad [p_{\nu k}] = [e_{1\,k}^{\lambda\,\nu 1} e_{2\,k}^{\lambda\,\nu 2} \cdots e_{r\,k}^{\lambda\,\nu r}].$$

$$(23,23) \qquad p_{\nu 1} = \gamma_\nu e_{11}^{\lambda\,\nu 1} e_{21}^{\lambda\,\nu 2} \cdots e_{r\,1}^{\lambda\,\nu r}, \qquad [p_{\nu 1}] = [e_{11}^{\lambda\,\nu 1} e_{21}^{\lambda\,\nu 2} \cdots e_{r\,1}^{\lambda\,\nu r}].$$

$$(21,24) \qquad p_{\nu i} = (\alpha_{\nu k}/\alpha_{\nu i})\, p_{\nu k} \quad \text{für die Maßzahlen,}$$
$$[p_{\nu i}] = (\alpha_{\nu i}/\alpha_{\nu k})\, [p_{\nu k}] \quad \text{für die Maßeinheiten,}$$
$$[e_{\nu i}] = \sigma_{\nu i}\, [e_{\nu 1}], \quad [e_{\nu k}] = \sigma_{\nu k}\, [e_{\nu 1}]$$
$$p = p_{\nu i}\, [p_{\nu i}] = p_{\nu k}\, [p_{\nu k}],$$
$$\alpha_1 = 1, \quad \alpha_{\nu i} = \sigma_{1i}^{\lambda\,\nu 1}\, \sigma_{2i}^{\lambda\,\nu 2}\, \sigma_{3i}^{\lambda\,\nu 3} \cdots \sigma_{r\,i}^{\lambda\,\nu r}$$
$$\alpha_{\nu k} = \sigma_{1k}^{\lambda\,\nu 1}\, \sigma_{2k}^{\lambda\,\nu 2}\, \sigma_{3k}^{\lambda\,\nu 3} \cdots \sigma_{r\,k}^{\lambda\,\nu r}.$$

Schreiben wir in diesen Gleichungen:

$$(21,25) \qquad 8 \text{ statt } r, \quad s \text{ statt } e_1, \quad m \text{ statt } e_2, \quad t \text{ statt } e_3, \quad Q \text{ statt } e_4,$$
$$\vartheta \text{ statt } e_5, \quad \Delta \text{ statt } e_6, \quad \Pi \text{ statt } e_7, \quad I \text{ statt } e_8,$$

$$(21,26) \qquad p \text{ statt } p_\nu, \quad \gamma \text{ statt } \gamma_\nu, \quad \alpha \text{ statt } \alpha_\nu, \quad \lambda \text{ statt } \lambda_\nu,$$

so erhalten wir daraus wieder die entsprechenden Gleichungen (21, 1) bis (21, 11). Schreiben wir dagegen in diesen Gleichungen nur (21, 26), so erhalten wir daraus die Gleichungen (21, 17) bis (21, 20).

22. Die Maßzahlprobe und die Dimensionsprobe einer physikalischen Gleichung.

a) Eine der wichtigsten Prüfungen der Formeln beim praktischen Rechnen ist die Prüfung auf die Richtigkeit ihrer physikalischen Dimension. Alle in einer Gleichung links und rechts des Gleichheitszeichens stehenden und in ihren mathematischen Ausdrücken durch Plus- und Minus-Zeichen verbundenen Glieder müssen, im gleichen Maßsystem gemessen, dieselbe Dimension oder Maßeinheit aufweisen, um zueinander addiert bzw. voneinander subtrahiert oder gleichgesetzt werden zu können. Wir nennen deshalb nur solche *Skalare*, die in ein und demselben Maßsystem Nr. k gemessen dieselbe Dimension besitzen, *gleichartig* und *addierbar*. Stehen also z. B. die $n + 1$ Skalare (22, 1) in der Beziehung (22, 2)

$$(22,1) \qquad p_0, \quad p_1, \quad p_2, \quad p_3, \ldots, \quad p_n,$$

$$(22,2) \qquad p_0 = p_1 + p_2 + p_3 + \cdots + p_n$$

und gilt im Maßsystem Nr. k die Bedingung der Gleichartigkeit der Skalare (22, 1), nämlich

$$(22,3) \qquad [p_{0k}] = [p_{1k}] = [p_{2k}] = \cdots = [p_{nk}],$$

wobei wieder für jeden der $n + 1$ Skalare (22, 1) die Beziehungen (21, 21) bis (21, 24) bestehen, so muß wegen (22, 2), (22, 3) und (21, 24), wie sich leicht ergibt, auch die Beziehung

$$(22,4) \qquad p_{0k} = p_{1k} + p_{2k} + p_{3k} + \cdots + p_{nk}$$

für die Maßzahlen im Maßsystem Nr. k bestehen. Da aber (22, 3) gilt, so müssen wegen (21, 22) auch die Beziehungen

$$(22,5) \qquad \begin{aligned} \lambda_{01} &= \lambda_{11} = \lambda_{21} = \cdots = \lambda_{n1}, \\ \lambda_{02} &= \lambda_{12} = \lambda_{22} = \cdots = \lambda_{n2}, \\ &\cdot \quad \cdot \quad \cdot \quad \cdot \quad \cdot \quad \cdot \quad \cdot \quad \cdot \\ \lambda_{0r} &= \lambda_{1r} = \lambda_{2r} = \cdots = \lambda_{nr} \end{aligned}$$

bestehen. Mittels (22, 4) und (22, 5) folgt aber sofort wegen (21, 22) auch die Gültigkeit der Gleichungen:

$$(22,6) \qquad \gamma_0 = \gamma_1 + \gamma_2 + \cdots + \gamma_n.$$

Die Gleichungen (22, 4) und (22, 6) nennen wir die *Maßzahlenprobe* und die Gleichungen (22, 3) und (22, 5) die *Dimensionsprobe*.

Skalare, die in ein und demselben Maßsystem Nr. *k* gemessen verschiedene Dimensionen besitzen, nennen wir *ungleichartig* und *nicht addierbar*. Z. B. kann eine Länge und eine Kraft nicht mehr addiert werden. Das Ergebnis ist in einem solchen Falle nicht mehr zu einer Summe zusammenziehbar. Es bleibt immer ein Ausdruck, welcher aus zwei Gliedern besteht. Meter und Tonnen können eben nicht addiert werden. Liegt also irgend eine physikalische Gleichung vor, die die Form (22, 2) besitzt, so wird sie überhaupt nur dann einen Sinn haben, wenn neben ihr auch die Beziehung (22, 3) besteht. Wären in einer solchen Gleichung aber z. B. Längen und Kräfte gemischt, so müßte für sich die Summe der Längen einander gleich und die Summe der Kräfte einander gleich sein und die gegebene Gleichung würde dann in zwei Gleichungen je für die Längen und je für die Kräfte für sich, und zwar je von der Form (22, 2) zerfallen müssen.

b) Stehen die $n + 1$ Skalare (22, 1) hingegen in der Beziehung:

$$(22,7) \qquad p_0 = \sigma p_1 p_2 \ldots p_n,$$

worin σ irgend eine reelle Zahl bedeutet, so ergibt sich durch Einsetzen von (21, 24) im Maßsystem Nr. *k* die Gleichung:

$$(22,8) \qquad p_{0k}[p_{0k}] = \sigma p_{1k} p_{2k} \ldots p_{nk} [p_{1k}][p_{2k}] \ldots [p_{nk}].$$

In dieser Gleichung sind alle Größen durch die zusammengehörigen Maßeinheiten eines bestimmten Maßsystems Nr. *k* ausgedrückt. Sie muß daher in die einzelnen Teilgleichungen

$$(22,9) \qquad p_{0k} = \sigma\, p_{1k} p_{2k} \ldots p_{nk} \quad \text{für die Maßzahlen,}$$

$$(22,10) \qquad [p_{0k}] = [p_{1k}][p_{2k}] \ldots [p_{nk}] \ \text{für die Maßeinheiten}$$

von selbst zerfallen. Setzen wir jetzt in (22, 10) die Gleichungen (21, 22) ein, so folgt mit der Bedeutung des Summenzeichens

$$(22,11) \qquad \Sigma = \sum_{\nu=1}^{n}$$

zunächst die wichtige Beziehung:

$$[e_{1k}^{\lambda_{01}} e_{2k}^{\lambda_{02}} \cdot\ \cdot\ e_{rk}^{\lambda_{0r}}] = [e_{1k}^{\Sigma\lambda_{\nu1}} e_{2k}^{\Sigma\lambda_{\nu2}} \ldots e_{rk}^{\Sigma\lambda_{\nu r}}],$$

d. h. aber es müssen die grundlegenden Forderungen

$$(22,12) \qquad \lambda_{01} = \sum_{\nu=1}^{n} \lambda_{\nu1}, \quad \lambda_{02} = \sum_{\nu=1}^{n} \lambda_{\nu2}, \ \ldots, \quad \lambda_{0\nu} = \sum_{\nu=1}^{n} \lambda_{\nu r}$$

erfüllt sein. Setzen wir noch in (22, 9) die Gleichungen (21, 22) ein, so folgt mit Berücksichtigung von (22, 11) sofort die Beziehung:

$$(22,13) \qquad \gamma_0 = \sigma \gamma_1 \gamma_2 \ldots \gamma_n.$$

Die Gleichungen (22, 9) und (22, 13) nennen wir wieder die *Maßzahlenprobe* und die Gleichungen (22, 10) und (22, 12) die *Dimensionsprobe*.

c) In der Gleichung (22, 2) können jetzt z. B. auch die $n + 1$ Skalare (22, 1) nach folgendem Schema jeder für sich aus einem Produkt beliebig vieler anderer Skalare entstanden gedacht werden:

$$(22, 14) \qquad \underbrace{(r_1 r_2 \ldots r_7)} = \underbrace{(q_1 q_2)} + \underbrace{(s_1 s_2 s_3)} + \cdots + \underbrace{(t_1 t_2 \ldots t_5)} \qquad \text{oder}$$

$$(22, 15) \qquad p_0 \;=\; p_1 \;+\; p_2 \;+ \cdots + \; p_n \quad .$$

Um diese Gleichung zu kontrollieren, muß also zuerst wieder untersucht werden, ob die in runden Klammern durch Plus- und Minus-Zeichen getrennt stehenden Glieder links und rechts des Gleichheitszeichens dieselbe Dimension aufweisen. Die Dimensionen und Maßzahlen der einzelnen Klammerausdrücke werden dabei nach dem Verfahren unter b) gefunden. Damit können auch komplizierter gebaute physikalische Gleichungen der allgemeinen Form (22, 14) auf ihre Richtigkeit hinsichtlich der Maßzahlen und Dimensionen geprüft werden.

d) Die gegebenen Untersuchungen zeigen jetzt deutlich, *daß also das ganze System der Definitionsgleichungen, der Maßzahlen und der Maßeinheiten — natürlich auch das erst später zu beschreibende geometrische System — der Größen durch die Auswahl eines bestimmt gewählten Maßsystems — und eines bestimmt gewählten geometrischen Grundsystems — gegenseitig genau aufeinander abgestimmt sein muß.* Die theoretischen und praktischen Physiker, sowie die Techniker, sind erst durch die Einführung des absoluten Maßsystems zu einer allgemeinen internationalen Verständigung gekommen. *Es wurde deshalb vereinbart, allen wissenschaftlichen Untersuchungen das* von uns in Punkt 19 beschriebene *absolute Maßsystem Nr. 1 zugrunde zu legen.* Je nach Bedarf kann dann aber auch ein beliebiges anderes Maßsystem Nr. k entsprechend unserer Beschreibung in Punkt 20 zur Lösung irgend einer physikalischen Aufgabe benützt werden; denn wie die Gegenüberstellung der Gleichungen (22, 2) und (22, 4) einerseits, sowie der Gleichungen (22, 7) und (22, 9) andrerseits zeigt, *bleibt jede Gleichung zwischen beliebigen physikalischen Größen (22, 2) und (22, 7) auch für die Maßzahlen selbst (22, 4) und (22, 9) in jedem beliebigen Maßsystem Nr. k gültig.* Die Gleichung (22, 2) zerfällt also in die Gleichung (22, 4) für die Maßzahlen und in die Gleichung (22, 3) für die Maßeinheiten. Ebenso zerfällt die Gleichung (22, 7) in die Gleichung (22,9) für die Maßzahlen und in die Gleichung (22, 10) für die Maßeinheiten.

e) Verwendet man in einer physikalischen Gleichung jedoch Maßeinheiten, die durch das Maßsystem nicht mehr gegenseitig aufeinander abgestimmt sind, so verändern die Definitionsgleichungen häufig ihre äußere Form. Wir wollen dies an einem einfachen Grundsatz der Mechanik — Arbeit ist gleich Kraft mal Weg — vor Augen führen. Es gilt im absoluten Maßsystem die Beziehung:

$$(22, 16) \qquad\qquad A = P \cdot s$$

und im Maßsystem Nr. k für die Maßzahlen und Maßeinheiten:

$$(22, 17) \qquad\qquad A_k = P_k \cdot s_k, \quad [A_k] = [P_k] \cdot [s_k],$$

oder in Form eines Zahlenbeispieles:

$$(22, 18) \qquad 1000\,[\text{kgm}] = 50\,[\text{kg}] \cdot 20\,[\text{m}]$$
$$1000 = 50 \cdot 20, \quad [\text{kgm}] = [\text{kg}] \cdot [\text{m}].$$

Das Gesetz (22, 16) nimmt aber sofort einen Zahlenfaktor und somit eine andere Form an, wenn wir links und rechts des Gleichheitszeichens Dimensionen verwenden, die durch das Maßsystem nicht mehr gegenseitig aufeinander abgestimmt sind, z. B.:

$$(22, 19) \qquad\qquad A = 100\,P \cdot s$$

mit unserem Zahlenbeispiel:

$$(22, 20) \qquad 100\,[\mathrm{tcm}] = 100\,[\mathrm{cm/m}] \cdot 0{,}05\,[\mathrm{t}] \cdot 20{,}0\,[\mathrm{m}]$$
$$100 = 100 \cdot 0{,}05 \cdot 20{,}0\,, \quad [\mathrm{tcm}] = [\mathrm{cm/m}] \cdot [\mathrm{t}] \cdot [\mathrm{m}]\,.$$

Aus diesem Beispiel erkennt man deutlich, *daß also auch die Gestalt der verwendeten Formeln abhängig ist von dem ihrem Aufbau zugrunde gelegten Maßsystem.*

f) In einer Formel können aber auch ohne weiteres Maßeinheiten, die nicht ein und demselben Maßsystem angehören, verwendet werden. Solche Formeln finden zumeist bei der Aufstellung von Tabellen Verwendung. Bei Benützung derartiger Formeln ist jedenfalls größte Vorsicht am Platze. Für wissenschaftliche Untersuchungen sind sie sicher unzweckmäßig. Z. B. kann das Hookesche Gesetz wie folgt zahlenmäßig ausgewertet werden:

$$(22, 21) \qquad\quad \Delta l = l \cdot P\ /\ E \cdot F$$
$$[\mathrm{m}] = [\mathrm{m}] \cdot [\mathrm{kg}]/[\mathrm{kg/m^2 m}] \cdot [\mathrm{mm^2}]\,.$$

Hier sind die Dimensionen nicht einheitlich, sondern vermischt gewählt. Dies ist ein Beispiel dafür, daß eine Formel, nicht wie in (22, 18), bei Anwendung beliebiger, nicht gegenseitig aufeinander abgestimmter Maßeinheiten ihre Form nicht unbedingt verändern muß.

23. Die Maßsysteme der Mechanik und Akustik bzw. der Schwingungslehre.

a) Eine Übersicht über die Größen der Mechanik gibt die Tabelle (23, 1) am Schluß des Buches. *Das absolute Maßsystem Nr. 1* verwendet nach (20, 1) bzw. (19, 1) die folgenden Vielfachen der Grundmaßeinheiten

$$(23, 2) \qquad\qquad \sigma_{11} = 1, \quad \sigma_{21} = 1, \quad \sigma_{31} = 1,$$

d. h. die ursprünglichen absoluten Grundmaßeinheiten (19, 1) selbst

$$(23, 3) \qquad\qquad [s_1] = [\mathrm{cm}], \quad [m_1] = [\mathrm{g^*}], \quad [t_1] = [\mathrm{sk}]$$

Das Zentimeter, die Grammasse und die Sekunde.

Also wird wegen (19,7) die Definitionsgleichung einer mechanischen Größe p in diesem Maßsystem gegeben sein durch

$$(23, 4) \qquad\qquad p = p_1\,[s_1^{\lambda_1}\,m_1^{\lambda_2}\,t_1^{\lambda_3}] = p_1\,[\mathrm{cm}^{\lambda_1}\,\mathrm{g^*}^{\lambda_2}\,\mathrm{sk}^{\lambda_3}]\,,$$

wobei p_1, λ_1, λ_2, λ_3 als reelle Zahlen fest gegeben sein müssen. Somit wird wegen (21, 20) und (23, 2)

$$(23, 5) \qquad\qquad \alpha_1 = \sigma_{11}^{\lambda_1}\,\sigma_{21}^{\lambda_2}\,\sigma_{31}^{\lambda_3} = 1$$

für jede beliebige mechanische Größe p unabhängig von λ_1, λ_2, λ_3. Für *das physikalisch-praktische Maßsystem Nr. 2* unserer Tabelle (23, 1) ergeben sich entsprechend zu den Gleichungen (23, 2) bis (23, 5) die folgenden Beziehungen:

(23, 6) $\sigma_{12} = 10^2, \quad \sigma_{22} = 10^3, \quad \sigma_{32} = 1,$

(23, 7) $[s_2] = [\mathrm{m}], \quad [m_2] = [\mathrm{kg*}], \quad [t_2] = [\mathrm{sk}].$

Das Meter, die kg-Masse, die Sekunde.

(23, 8) $p = p_2 \left[s_2^{\lambda_1} \, m_2^{\lambda_2} \, t_2^{\lambda_3} \right] = p_2 \left[\mathrm{m}^{\lambda_1} \, \mathrm{kg*}^{\lambda_2} \, \mathrm{sk}^{\lambda_3} \right],$

(23, 9) $\alpha_2 = \sigma_{12}^{\lambda_1} \, \sigma_{22}^{\lambda_2} \, \sigma_{32}^{\lambda_3} = 10^{2\lambda_1 + 3\lambda_2}.$

Für das *technische Maßsystem Nr. 3* unserer Tabelle (23, 1) folgt analog:

(23, 10) $\sigma_{13} = 10^2, \quad \sigma_{23} = 9{,}81 \cdot 10^3, \quad \sigma_{33} = 1,$

(23, 11) $[s_3] = [\mathrm{m}], \quad [m_3] = [\mathrm{TM}], \quad [t_3] = [\mathrm{sk}].$

Das Meter, die technische Masseneinheit, die Sekunde.

(23, 12) $p = p_3 \left[s_3^{\lambda_1} \, m_3^{\lambda_2} \, t_3^{\lambda_3} \right] = p_3 \left[\mathrm{m}^{\lambda_1} \, \mathrm{TM}^{\lambda_2} \, \mathrm{sk}^{\lambda_3} \right],$

(23, 13) $\alpha_3 = \sigma_{13}^{\lambda_1} \, \sigma_{23}^{\lambda_2} \, \sigma_{33}^{\lambda_3} = 9{,}81^{\lambda_2} \cdot 10^{2\lambda_1 + 3\lambda_2}.$

Für das *elektrotechnische Maßsystem Nr. 4* in Tabelle (23, 1) folgt:

(23, 14) $\sigma_{14} = 10^9, \quad \sigma_{24} = 10^{-11}, \quad \sigma_{34} = 1,$

(23, 15) $[s_4] = [\mathrm{E}], \quad [m_4] = [\mathrm{Mi}], \quad [t_4] = [\mathrm{sk}].$

Der Erdquadrant, die Dekapicogrammasse Mi, die Sekunde.

(23, 16) $p = p_4 \left[s_4^{\lambda_1} \, m_4^{\lambda_2} \, t_4^{\lambda_3} \right] = p_4 \left[\mathrm{E}^{\lambda_1} \, \mathrm{Mi}^{\lambda_2} \, \mathrm{sk}^{\lambda_3} \right],$

(23, 17) $\alpha_4 = \sigma_{14}^{\lambda_1} \, \sigma_{24}^{\lambda_2} \, \sigma_{34}^{\lambda_3} = 10^{9\lambda_1 - 11\lambda_2}.$

b) In allen vier Maßsystemen lautet dabei die allgemeine Definitionsgleichung einer rein mechanischen Größe nach (21, 1)

(23, 18) $p = \gamma \, s^{\lambda_1} \, m^{\lambda_2} \, t^{\lambda_3}$

und ihre Maßzahl und Maßeinheit in irgend einem Maßsystem Nr. k ist dann nach (21, 4)

(23, 19) $p_k = \gamma \, s_k^{\lambda_1} \, m_k^{\lambda_2} \, t_k^{\lambda_3}, \quad [p_k] = \left[s_k^{\lambda_1} \, m_k^{\lambda_2} \, t_k^{\lambda_3} \right].$

c) Ist die rein mechanische Größe p im Sonderfall eine reelle Zahl, so können wir in (23, 18) setzen

(23, 20) $p = \gamma, \quad \lambda_1 = \lambda_2 = \lambda_3 = 0,$

für sie wird also nach den Gleichungen (22, 5), (22, 9), (22, 13), (22, 16)

(23, 21) $\alpha_1 = \alpha_2 = \alpha_3 = \alpha_4 = \sigma_{1k}^0 \, \sigma_{2k}^0 \, \sigma_{3k}^0 = 1.$

d) In der Tabelle (23, 1) sind auch die allgemeinen Umrechnungsgleichungen für die Maßzahlen sowie die Werte der wichtigsten mechanischen Konstanten, nämlich der Größen (23, 22) enthalten.

(23, 22)   Erdbeschleunigung $g = 980{,}665 \, \mathrm{cm}^1 \, \mathrm{g*}^0 \, \mathrm{sk}^{-2}$

Gravitationskonstante $C = 6{,}658 \cdot 10^{-8} \, \mathrm{cm}^3 \, \mathrm{g*}^{-1} \, \mathrm{sk}^{-2},$

Planksches Wirkungsquantum $h = 6{,}55 \cdot 10^{-27} \, \mathrm{cm}^2 \, \mathrm{g*}^1 \, \mathrm{sk}^{-1},$

Lichtgeschwindigkeit $c = 3{,}0 \cdot 10^{10} \, \mathrm{cm}^1 \, \mathrm{g*}^0 \, \mathrm{sk}^{-1}.$

Ferner enthält die Tabelle alle Umrechnungszahlen α_i sowie alle Definitionsgleichungen der wichtigsten mechanischen Größen in der Reihenfolge ihres natürlichen Aufbaues.

e) Da die Kraft P gegeben wird durch die Definitionsgleichung

$$(23, 23) \qquad P = s^1\, m^1\, t^{-2},$$

so kann daraus umgekehrt für die Masse m die Definitionsgleichung

$$(23, 24) \qquad m = s^{-1}\, P^{+1}\, t^{+2}$$

angenommen werden, wenn die Kraft P als gegeben betrachtet wird. Setzt man diese Beziehung in (23, 18) ein, so folgt daraus, daß die Definitionsgleichung einer mechanischen Größe p auch in der Form

$$p = \gamma\, s^{\lambda_1 - \lambda_2}\, P^{\lambda_2}\, t^{\lambda_3 + 2\lambda_2},$$

also mit den neuen Exponenten

$$(23, 25) \qquad \mu_1 = \lambda_1 - \lambda_2, \quad \mu_2 = \lambda_2, \quad \mu_3 = 2\lambda_2 + \lambda_3$$

auch in der Form

$$(23, 26) \qquad p = \gamma\, s^{\mu_1}\, P^{\mu_2}\, t^{\mu_3}$$

geschrieben werden kann. Aus (23, 25) folgt dann noch umgekehrt:

$$(23, 27) \qquad \lambda_1 = \mu_1 + \mu_2, \quad \lambda_2 = \mu_2, \quad \lambda_3 = \mu_3 - 2\mu_2.$$

Da diese Darstellungsart auch gelegentlich beim technischen Maßsystem verwendet wird, so finden sich deshalb in der Tabelle (23, 1) beim absoluten Maßsystem Nr. 1 die Exponenten λ_1, λ_2, λ_3 und beim technischen Maßsystem Nr. 3 die Exponenten μ_1, μ_2, μ_3 angegeben. Allgemein kann also jede mechanische Größe p im Maßsystem Nr. k in folgenden beiden Formen dargestellt werden:

$$(23, 28) \qquad p = p_k\, [s_k^{\lambda_1}\, m_k^{\lambda_2}\, t_k^{\lambda_3}] = p_k\, [s_k^{\mu_1}\, P_k^{\mu_2}\, t_k^{\mu_3}].$$

24. Die Maßsysteme der Wärmelehre.

a) Eine Übersicht über die Größen der Wärmelehre gibt die Tabelle (24, 1) am Schluß des Buches. *Das absolute Maßsystem Nr. 1* verwendet nach (20, 1) bzw. (19, 1) die folgenden Vielfachen der Grundmaßeinheiten

$$(24, 2) \qquad \sigma_{11} = 1, \quad \sigma_{21} = 1, \quad \sigma_{31} = 1, \quad \sigma_{41} = 1, \quad \sigma_{51} = 1,$$

d. h. die ursprünglichen absoluten Grundmaßeinheiten selbst, nämlich

$$(24, 3) \qquad [s_1] = [\mathrm{cm}], \quad [m_1] = [\mathrm{g}^*], \quad [t_1] = [\mathrm{sk}], \quad [Q_1] = [\mathrm{cal}], \quad [\vartheta_1] = [^0\,\mathrm{C}].$$

Das Zentimeter, die Grammasse, die Sekunde, die Grammkalorie und den Grad Celsius.

Wegen (19, 7) muß dann die Definitionsgleichung irgend einer thermischen Größe p in diesem Maßsystem gegeben sein durch:

$$(24, 4) \qquad p = p_1\, [s_1^{\lambda_1}\, m_1^{\lambda_2}\, t_1^{\lambda_3}\, Q_1^{\lambda_4}\, \vartheta_1^{\lambda_5}] = p_1\, [\mathrm{cm}^{\lambda_1}\, \mathrm{g}^{*\lambda_2}\, \mathrm{sk}^{\lambda_3}\, \mathrm{cal}^{\lambda_4}\, {}^0\mathrm{C}^{\lambda_5}],$$

wobei p_1, λ_1, λ_2, λ_3, λ_4, λ_5 als reelle Zahlen fest gegeben sein müssen. Somit wird wegen (21, 20) und (24, 2)

$$(24, 5) \qquad \alpha_1 = \sigma_{11}^{\lambda_1}\, \sigma_{21}^{\lambda_2}\, \sigma_{31}^{\lambda_3}\, \sigma_{41}^{\lambda_4}\, \sigma_{51}^{\lambda_5} = 1,$$

für jede beliebige thermische Größe unabhängig von der Größe von λ_1, λ_2, λ_3, λ_4, λ_5.

Für das *thermische praktische Maßsystem Nr. 2* unserer Tabelle (24, 1) ergeben sich entsprechend zu den Gleichungen (24, 2) bis (24, 5) die folgenden Beziehungen:

(24, 6) $\qquad \sigma_{12} = 10^2, \quad \sigma_{22} = 9,81 \cdot 10^3, \quad \sigma_{32} = 1, \quad \sigma_{42} = 10^3, \quad \sigma_{52} = 1$.

(24, 7) $\quad [s_2] = [\text{m}], \quad [m_2] = [\text{TM}], \quad [t_2] = [\text{sk}], \quad [Q_2] = [\text{kcal}], \quad [\vartheta_2] = [^0\text{C}]$.

Das Meter, die technische Maßeinheit, die Sekunde, die Kilogrammkalorie und der Celsiusgrad.

(24, 8) $\qquad p = p_2 [s_2^{\lambda_1} m_2^{\lambda_2} t_2^{\lambda_3} Q_2^{\lambda_4} \vartheta_2^{\lambda_5}] = p_2 [\text{m}^{\lambda_1} \text{TM}^{\lambda_2} \text{sk}^{\lambda_3} \text{kcal}^{\lambda_4} {}^0\text{C}^{\lambda_5}]$.

(24, 9) $\qquad \alpha_2 = \sigma_{12}^{\lambda_1} \sigma_{22}^{\lambda_2} \sigma_{32}^{\lambda_3} \sigma_{42}^{\lambda_4} \sigma_{52}^{\lambda_5} = 9,81^{\lambda_2} \cdot 10^{2\lambda_1 + 3\lambda_2 + 3\lambda_4}$.

b) In allen Maßsystemen lautet die allgemeine Definitionsgleichung einer rein thermischen Größe p nach (21, 1)

(24, 10) $\qquad\qquad\qquad p = \gamma\, s^{\lambda_1} m^{\lambda_2} t^{\lambda_3} Q^{\lambda_4} \vartheta^{\lambda_5}$

für die Maßzahl und Maßeinheit in irgend einem Maßsystem Nr. k folgt daraus die Gleichung:

(24, 11) $\qquad p_k = \gamma\, s_k^{\lambda_1} m_k^{\lambda_2} t_k^{\lambda_3} Q_k^{\lambda_4} \vartheta_k^{\lambda_5}, \quad [p_k] = [s_k^{\lambda_1} m_k^{\lambda_2} t_k^{\lambda_3} Q_k^{\lambda_4} \vartheta_k^{\lambda_5}]$.

c) Die Tabelle (24, 1) gibt auch wieder die Werte der wichtigsten thermischen Konstanten, nämlich der

(24, 12) $\qquad$ Gaskonstante $\qquad R = 8,315 \cdot 10^7$ cm^2 g^{*1} sk^{-2} ^{0} C^{-1} ,

$\qquad\qquad\qquad$ Wärmeäquivalent $A = (1/427)$ kcal/kgm .

d) Da die Umrechnungsbeziehungen

(24, 13) $\qquad\qquad\qquad 1\, \text{cal} = 4,1863 \cdot 10^7$ cm^2 g^{*1} sk^{-2} ,

(24, 14) $\qquad\qquad\qquad [Q_1] = 4,1863 \cdot 10^7 [s_1^2 m_1^1 t_1^{-2}]$

bestehen, so kann irgend eine thermische Größe der Darstellungsform (24, 4) sofort auf die Darstellungsform

$$p = p_1 \cdot 4,1863^{\lambda_4} \cdot 10^{7\lambda_4} [s_1^{\lambda_1 + 2\lambda_4} m_1^{\lambda_2 + \lambda_4} t_1^{\lambda_3 - 2\lambda_4} \vartheta_1^{\lambda_5}],$$

also mit

(24, 15) $\quad \varrho_1 = \lambda_1 + 2\lambda_4, \quad \varrho_2 = \lambda_2 + \lambda_4, \quad \varrho_3 = \lambda_3 - 2\lambda_4, \quad \varrho_4 = \lambda_5$,

(24, 16) $\quad \sigma_1 = 4,1863^{\lambda_4} \cdot 10^{7\lambda_4}, \quad \overline{p}_1 = p_1 \cdot \sigma_1$

auf die neue Form

(24, 17) $\qquad\qquad p = \overline{p}_1 [s_1^{\varrho_1} m_1^{\varrho_2} t_1^{\varrho_3} \vartheta_1^{\varrho_4}] = \overline{p}_1 [\text{cm}^{\varrho_1} \text{g}^{*\varrho_2} \text{sk}^{\varrho_3} {}^0\text{C}^{\varrho_4}]$

gebracht werden. Aus (24, 15) folgt auch noch umgekehrt:

(24, 18) $\quad \lambda_1 = \varrho_1 - 2\lambda_4, \quad \lambda_2 = \varrho_2 - \lambda_4, \quad \lambda_3 = \varrho_3 + 2\lambda_4, \quad \lambda_5 = \varrho_4$.

e) Da im Maßsystem Nr. 2 die Beziehung (24, 13) wie folgt lautet:

(24, 19) $\qquad\qquad 1\, \text{kcal} = 427\, \text{m}^2\, \text{TM}^1\, \text{sk}^{-2} = 427\, \text{kgm}$,

(24, 20) $\qquad\qquad [Q_2] = 427 [s_2^2 m_2^1 t_2^{-2}]$,

so kann damit irgend eine thermische Größe der Darstellung (24, 8) sofort auf die Darstellungsform

$$p = p_2 \cdot 427^{\lambda_4} [s_2^{\lambda_1 + 2\lambda_4} m_2^{\lambda_2 + \lambda_4} t_2^{\lambda_3 - 2\lambda_4} \vartheta_2^{\lambda_5}],$$

also mit den Abkürzungen (24, 16) und der Abkürzung

(24, 21) $\qquad\qquad\qquad \sigma_2 = 427^{\lambda_4}, \quad \overline{p}_2 = p_2 \sigma_2$

auf die neue Form

(24, 22) $\qquad\qquad p = \overline{p}_2 [s_2^{\varrho_1} m_2^{\varrho_2} t_2^{\varrho_3} \vartheta_2^{\varrho_4}] = \overline{p}_2 [\text{m}^{\varrho_1} \text{TM}^{\varrho_2} \text{sk}^{\varrho_3} {}^0\text{C}^{\varrho_4}]$

gebracht werden. Es gilt auch wieder (24, 15). Die Tabelle (24, 1) enthält außer den Exponenten λ_1, λ_2, λ_3, λ_4, λ_5 auch die Exponenten ϱ_1, ϱ_2, ϱ_3, ϱ_4 und die Umrechnungszahlen σ_1 und σ_2.

25. Die Maßsysteme der Elektrotechnik.

a) Eine Übersicht über die Größen der Elektrotechnik gibt die Tabelle (25, 1) am Schluß des Buches.

Das absolute oder Gaußsche Maßsystem Nr. 1 verwendet nach (20, 1) bzw. nach (19, 1) die folgenden Vielfachen der Grundmaßeinheiten

$$(25, 2) \qquad \sigma_{11} = 1, \quad \sigma_{21} = 1, \quad \sigma_{31} = 1, \quad \sigma_{61} = 1, \quad \sigma_{71} = 1,$$

d. h. die ursprünglichen absoluten Grundmaßeinheiten selbst, nämlich:

$$(25, 3) \qquad [s_1] = [\text{cm}], \quad [m_1] = [\text{g*}], \quad [t_1] = [\text{sk}], \quad [\varDelta_1] = [\text{dil}], \quad [\varPi_1] = [\text{mal}].$$

> Das Zentimeter, die Grammasse, die Sekunde, die elektrostatisch ge·messene Einheit der dielektrischen Leitfähigkeit, und die elektromagnetisch gemessene Einheit der magnetischen Leitfähigkeit.

Also wird wegen (19, 7) die Definitionsgleichung irgend einer elektromagnetischen Größe p in diesem Maßsystem gegeben sein durch

$$(25, 4) \qquad p = p_1 [s_1^{\lambda_1} \, m_1^{\lambda_2} \, t_1^{\lambda_3} \, \varDelta_1^{\lambda_6} \, \varPi_1^{\lambda_7}] = p_1 \, [\text{cm}^{\lambda_1} \, \text{g*}^{\lambda_2} \, \text{sk}^{\lambda_3} \, \text{dil}^{\lambda_6} \, \text{mal}^{\lambda_7}],$$

wobei p_1; λ_1, λ_2, λ_3, λ_6, λ_7 als reelle Zahlen fest gegeben sein müssen. Somit wird wegen (21, 20) und (25, 2)

$$(25, 5) \qquad \alpha_1 = \sigma_{11}^{\lambda_1} \, \sigma_{21}^{\lambda_2} \, \sigma_{31}^{\lambda_3} \, \sigma_{61}^{\lambda_6} \, \sigma_{71}^{\lambda_7} = 1$$

für jede beliebige elektromagnetische Größe p.

Für *das absolute elektrostatische Maßsystem Nr. 2* unserer Tabelle (25, 1) ergibt sich analog zu den Gleichungen (25, 2) bis (25, 5):

$$(25, 6) \qquad \sigma_{12} = 1, \quad \sigma_{22} = 1, \quad \sigma_{32} = 1, \quad \sigma_{62} = 1, \quad \sigma_{72} = 9^1 \cdot 10^{20},$$

$$(25, 7) \quad [s_2] = [\text{cm}], \quad [m_2] = [\text{g*}], \quad [t_2] = [\text{sk}], \quad [\varDelta_2] = [\text{dil}], \quad [\varPi_2] = 9^1 \cdot 10^{20} \, [\text{mal}].$$

> Das Zentimeter, die Grammasse, die Sekunde, die estat. gem. Einheit der dielektrischen Leitf., die estat. gem. Einheit der magnetischen Leitfähigkeit,

$$(25, 8) \qquad p = p_2 [s_2^{\lambda_1} \, m_2^{\lambda_2} \, t_2^{\lambda_3} \, \varDelta_2^{\lambda_6} \, \varPi_2^{\lambda_7}] = p_2 \, [\text{cm}^{\lambda_1} \, \text{g*}^{\lambda_2} \, \text{sk}^{\lambda_3} \, \text{dil}^{\lambda_6} \, \varPi_2^{\lambda_7}],$$

$$(25, 9) \qquad \alpha_2 = \sigma_{12}^{\lambda_1} \, \sigma_{22}^{\lambda_2} \, \sigma_{32}^{\lambda_3} \, \sigma_{62}^{\lambda_6} \, \sigma_{72}^{\lambda_7} = 9^{\lambda_7} \cdot 10^{20\lambda_7}.$$

Für das absolute elektromagnetische Maßsystem Nr. 3 unserer Tabelle (25, 1) ergibt sich wiederum entsprechend:

$$(25, 10) \qquad \sigma_{13} = 1, \quad \sigma_{23} = 1, \quad \sigma_{33} = 1, \quad \sigma_{63} = 9^1 \cdot 10^{20}, \quad \sigma_{73} = 1,$$

$$(25, 11] \qquad [s_3] = [\text{cm}], \quad [m_3] = [\text{g*}], \quad [t_3] = [\text{sk}], \quad [\varDelta_3] = 9^1 \cdot 10^{20} \, [\text{dil}],$$
$$[\varPi_3] = [\text{mal}].$$

> Das Zentimeter, die Grammasse, die Sekunde, die emagn. gem. Einheit der dielektr. Leitf., die emagn. gem. Einheit der magnetischen Leitfähigkeit.

$$(25, 12) \qquad p = p_3 [s_3^{\lambda_1} \, m_3^{\lambda_2} \, t_3^{\lambda_3} \, \varDelta_3^{\lambda_6} \, \varPi_3^{\lambda_7}] = p_3 \, [\text{cm}^{\lambda_1} \, \text{g*}^{\lambda_2} \, \text{sk}^{\lambda_3} \, \varDelta_3^{\lambda_6} \, \text{mal}^{\lambda_7}],$$

$$(25, 13) \qquad \alpha_3 = \sigma_{13}^{\lambda_1} \, \sigma_{23}^{\lambda_2} \, \sigma_{33}^{\lambda_3} \, \sigma_{63}^{\lambda_6} \, \sigma_{73}^{\lambda_7} = 9^{\lambda_6} \cdot 10^{20\lambda_6}.$$

Für das *praktisch elektromagnetische Maßsystem Nr. 4* unserer Tabelle (25, 1) ergibt sich hingegen:

(25, 14) $\sigma_{14} = 10^9$, $\sigma_{24} = 10^{-11}$, $\sigma_{34} = 1$, $\sigma_{64} = 9^1 \cdot 10^2$, $\sigma_{7,4} = 1$,

(25, 15) $[s_4] = [E]$, $[m_4] = [Mi]$, $[t_4] = [sk]$, $[\varDelta_4] = 9^1 \cdot 10^{20}\,[dil]$,
$[\varPi_4] = [mal]$.

Der Erdquadrant, die Dekapicogrammasse Mi, die Sekunde, die prakt. elektromagn. gem. Einheit der dielektr. Leitf., die emagn. gem. Einheit der magnetischen Leitfähigkeit.

(25, 16) $p = p_4 [s_4^{\lambda_1}\, m_4^{\lambda_2}\, t_4^{\lambda_3}\, \varDelta_4^{\lambda_6}\, \varPi_4^{\lambda_7}] = p_4\,[E^{\lambda_1}\, Mi^{\lambda_2}\, sk^{\lambda_3}\, \varDelta_4^{\lambda_6}\, mal^{\lambda_7}]$,

(25, 17) $\alpha_4 = \sigma_{14}^{\lambda_1}\, \sigma_{24}^{\lambda_2}\, \sigma_{34}^{\lambda_3}\, \sigma_{64}^{\lambda_6}\, \sigma_{74}^{\lambda_7} = 9^{\lambda_6} \cdot 10^{9\,\lambda_1 - 11\,\lambda_2 + 2\,\lambda_6}$.

Für *das Maßsystem von Giorgione Nr. 5* oder das *Zentimeter-Sekunden-Volt-Ampere-Maßsystem* erhalten wir die folgenden Formeln:

(25, 18) $\sigma_{15} = 1$, $\sigma_{25} = 10^7$, $\sigma_{35} = 1$, $\sigma_{65} = 9^1 \cdot 10^{11}$, $\sigma_{75} = 10^9$,

(25, 19) $[s_5] = [cm]$, $[m_5] = [Ma]$, $[t_5] = [sk]$, $[\varDelta_5] = 9^1 \cdot 10^{11}\,[dil]$,
$[\varPi_5] = 10^9\,[mal]$.

Das Zentimeter, die Dekamegagrammasse Ma, die Sekunde, die giorgionisch-gemessene Einheit der dielektr. Leitfähigk., die giorgionisch gemessene Einheit der magnetischen Leitfähigkeit,

(25, 20) $p = p_5 [s_5^{\lambda_1}\, m_5^{\lambda_2}\, t_5^{\lambda_3}\, \varDelta_5^{\lambda_6}\, \varPi_5^{\lambda_7}] = p_5\,[cm^{\lambda_1}\, Ma^{\lambda_2}\, sk^{\lambda_3}\, \varDelta_5^{\lambda_6}\, \varPi_5^{\lambda_7}]$,

(25, 21) $\alpha_5 = \sigma_{15}^{\lambda}\, \sigma_{25}^{\lambda_2}\, \sigma_{35}^{\lambda_3}\, \sigma_{65}^{\lambda_6}\, \sigma_{75}^{\lambda_7} = 9^{\lambda_6} \cdot 10^{7\,\lambda_2 + 11\,\lambda_6 + 9\,\lambda_7}$.

Für ein *beliebiges Maßsystem Nr. k* der Tabelle (25, 1) folgt endlich:

(25, 22) σ_{1k}, σ_{2k}, σ_{3k}, σ_{6k}, σ_{7k},

(25, 23) $[s_k] = \sigma_{1k}\,[s_1]$, $[m_k] = \sigma_{2k}\,[m_1]$, $[t_k] = \sigma_{3k}\,[t_1]$,
$[\varDelta_k] = \sigma_{6k}\,[\varDelta_1]$, $[\varPi_k] = \sigma_{7k}\,[\varPi_1]$,

(25, 24) $p = p_k [s_k^{\lambda_1}\, m_k^{\lambda_2}\, t_k^{\lambda_3}\, \varDelta_k^{\lambda_6}\, \varPi_k^{\lambda_7}]$,
$[p_k] = \quad [s_k^{\lambda_1}\, m_k^{\lambda_2}\, t_k^{\lambda_3}\, \varDelta_k^{\lambda_6}\, \varPi_k^{\lambda_7}]$,

(25, 25) $\alpha_k = \sigma_{1k}^{\lambda_1}\, \sigma_{2k}^{\lambda_2}\, \sigma_{3k}^{\lambda_3}\, \sigma_{6k}^{\lambda_6}\, \sigma_{7k}^{\lambda_7}$.

b) Da auch noch die Verhältniszahlen α_3/α_2, α_4/α_3 und α_5/α_3 interessieren, so sind sie in der Tabelle (25, 1) und hier in den folgenden Formeln angegeben:

(25, 26) $\alpha_3/\alpha_2 = \quad 9^{\lambda_6 - \lambda_7} \cdot 10^{20\,\lambda_6 - 20\,\lambda_7}$,
$\alpha_4/\alpha_3 = 10^{9\,\lambda_1 - 11\,\lambda_2 - 18\,\lambda_6}$,
$\alpha_5/\alpha_3 = 10^{7\,\lambda_2 - 9\,\lambda_6 + 9\,\lambda_7}$.

c) In allen Maßsystemen lautet jetzt die allgemeine Definitionsgleichung einer elektromagnetischen Größe p nach (21, 1)

(25, 27) $p = \gamma\, s^{\lambda_1}\, m^{\lambda_2}\, t^{\lambda_3}\, \varDelta^{\lambda_6}\, \varPi^{\lambda_7}$.

Ihre Maßzahl in irgend einem System Nr. k ist daher gegeben durch:

(25, 28) $p_k = \gamma\, s_k^{\lambda_1}\, m_k^{\lambda_2}\, t_k^{\lambda_3}\, \varDelta_k^{\lambda_6}\, \varPi_k^{\lambda_7}$.

d) In der Tabelle (25, 1) sind auch die Werte der wichtigsten elektrotechnischen Konstanten enthalten, nämlich der

$$(25, 29) \qquad \text{Dielektrischen Leitfähigkeit des Äthers} \quad . \quad . \; \Delta_L = 1 \,[\text{dil}]\,,$$
$$\text{Magnetischen Leitfähigkeit des Äthers} \quad . \quad . \; \Pi_L = 1 \,[\text{mal}]\,,$$
$$\text{Lichtgeschwindigkeit im Äther} \quad . \quad . \; v_L = 3 \cdot 10^{10} \,[\text{cm/sk}]\,,$$
$$\text{Elementarladung} \; . \; q = 4{,}77 \cdot 10^{-10} \,[\text{cm}^{3/2}\, \text{g}^{*-1/2}\, \text{sk}^{-1}\, \text{dil}^{1/2}]\,,$$
$$\text{Universellen Konstanten} \; c = 3 \cdot 10^{10} \,[\text{cm}^1\, \text{sk}^1\, \text{dil}^{1/2}\, \text{mal}^{1/2}]\,.$$

Allgemein besteht für irgend ein Medium folgender Zusammenhang zwischen der Geschwindigkeit v der elektromagnetischen Wellen in diesem Medium, der universellen Konstanten c, der dielektrischen Leitfähigkeit des Mediums Δ und der magnetischen Leitfähigkeit des Mediums Π:

$$(25, 30) \qquad\qquad v^2 = c^2/(\Delta \cdot \Pi)\,.$$

Speziell für den Äther und nahezu auch für Luft gilt daher

$$(25, 31) \qquad\qquad v_L^2 = c^2/(\Delta_L \cdot \Pi_L)\,.$$

Im Maßsystem Nr. 1 muß somit die Gleichung bestehen:

$$(25, 32) \qquad\qquad v_{L1}^2 = c_1^2/(\Delta_{L1} \cdot \Pi_{L1})\,,$$

da aber nach (25, 29) zu setzen ist:

$$v_{L1} = 3 \cdot 10^{10}, \quad c_1 = 3 \cdot 10^{10}, \quad \Delta_{L1} = 1, \quad \Pi_{L1} = 1\,,$$

so ist diese Grundgleichung für den Äther also erfüllt. Der Leser überzeugt sich leicht mittels der Angaben der Tabelle (25, 1), daß diese Gleichung auch in jedem beliebigen anderen Maßsystem Nr. k erfüllt ist.

e) Sind Q' und Q'' zwei Elektrizitätsmengen und m' und m'' zwei Magnetismusmengen, so ergibt sich in einem Medium mit der dielektrischen Leitfähigkeit Δ und der magnetischen Leitfähigkeit Π für die Anziehungskraft P dieser beiden Mengen je in der Entfernung s nach dem Coulombschen Gesetz folgendes Gleichungssystem:

$$(25, 33) \qquad P = Q' \cdot Q''/(\Delta \cdot s^2), \quad P = m' \cdot m''/(\Pi \cdot s^2)\,.$$

Durch diese Grundformeln werden die Begriffe Elektrizitätsmenge Q, Magnetismusmenge m, dielektrische Leitfähigkeit Δ und magnetische Leitfähigkeit Π am ehesten der Anschauung näher gebracht.

f) Setzen wir in (25, 30) die Definitionsgleichung für die Geschwindigkeit

$$(25, 34) \qquad\qquad v = s \cdot t^{-1}$$

ein, so ergibt sich leicht die Gültigkeit der beiden Gleichungen:

$$(25, 35) \qquad \Delta = s^{-2}\, t^{+2}\, \Pi^{-1}\, c^{+2}, \qquad (25, 36) \quad \Pi = s^{-2}\, t^{+2}\, \Delta^{-1}\, c^{+2}\,.$$

Setzen wir jetzt weiter diese Beziehungen in die allgemeine Definitionsgleichung (25, 27) ein, so erhalten wir die beiden Formeln:

$$(25, 36) \qquad p = \gamma\, s^{\lambda_1 - 2\lambda_6}\, m^{\lambda_2}\, t^{\lambda_3 + 2\lambda_6}\, \Pi^{\lambda_7 - \lambda_6}\, c^{2\lambda_6},$$
$$p = \gamma\, s^{\lambda_1 - 2\lambda_7}\, m^{\lambda_2}\, t^{\lambda_3 + 2\lambda_7}\, \Delta^{\lambda_6 - \lambda_7}\, c^{2\lambda_7}\,.$$

Setzen wir somit erstens:

$$(25, 37) \quad \tau_1 = \lambda_1 - 2\lambda_6, \quad \tau_2 = \lambda_2, \quad \tau_3 = \lambda_3 + 2\lambda_6, \quad \tau_4 = -\lambda_6 + \lambda_7, \quad \tau_5 = 2\lambda_6,$$

oder umgekehrt

$$(25, 38) \qquad \lambda = \tau_1 + \tau_5, \quad \lambda_3 = \tau_2, \quad \lambda_3 = \tau_3 - \tau_5, \quad \lambda_6 = \tau_5/2,$$
$$\lambda_7 = \tau_4 + (\tau_5/2)\,,$$

so erhält man die Definitionsgleichung in der Form:

$$(25, 39) \qquad p = \gamma \, s^{\tau_1} \, m^{\tau_2} \, t^{\tau_3} \, \Pi^{\tau_4} \, c^{\tau_5} \, .$$

In dieser Form findet sie beim absoluten elektromagnetischen Maßsystem Nr. 3 und beim praktischen elektromagnetischen Maßsystem Nr. 4 Verwendung. Dort sind deshalb für alle elektromagnetischen Größen die Exponenten τ_1, τ_2, τ_3, τ_4, τ_5 angegeben.

Setzen wir hingegen zweitens:

$$(25, 40) \qquad \omega_1 = \lambda_1 - 2\lambda_7, \quad \omega_2 = \lambda_2, \quad \omega_3 = \lambda_3 + 2\lambda_7, \quad \omega_4 = \lambda_6 - \lambda_7, \quad \omega_5 = 2\lambda_7,$$

oder umgekehrt

$$(25, 41) \qquad \lambda_1 = \omega_1 + \omega_5, \quad \lambda_2 = \omega_2, \quad \lambda_3 = \omega - \omega_5, \quad \lambda_6 = \omega_4 + (\omega_5/2), \quad \lambda_7 = \omega_5/2,$$

so erhält man die Definitionsgleichung in der Form:

$$(25, 42) \qquad p = \gamma \, s^{\omega_1} \, m^{\omega_2} \, t^{\omega_3} \, \varDelta^{\omega_4} \, c^{\omega_5} \, .$$

In dieser Form findet sie beim absoluten elektrostatischen Maßsystem Nr. 2 Verwendung. Dort sind deshalb für alle Größen die Exponenten ω_1, ω_2, ω_3, ω_4, ω_5 angegeben.

g) Im Maßsystem Nr. 5 von GIORGIONE verwendet man hingegen neben der Länge und der Zeit zur Darstellung der Größen die Spannung U und die Stromstärke I. Da diese durch die folgenden Definitionsgleichungen

$$(25, 43) \qquad U = s^{1/2} \, m^{1/2} \, t^{-1} \, \varDelta^{-1/2}, \quad I = s^{3/2} \, m^{1/2} \, t^{-2} \, \varDelta^{1/2}$$

gegeben sind, so können aus beiden Gleichungen zunächst folgende Beziehungen durch Multiplikation bzw. Division gefunden werden:

$$(25, 44) \qquad U \cdot I = s^2 \, m^1 \, t^{-3}, \quad U^{-1} \cdot I = s^1 \, t^{-1} \, \varDelta^1,$$

daraus folgt aber sofort:

$$(25, 45) \qquad m = s^{-2} \, t^{+3} \, U^{+1} \, I^{+1}, \quad \varDelta = s^{-1} \, t^{+1} \, U^{-1} \, I^{+1} \, .$$

Setzt man diese Gleichungen in der Formel (25, 42) ein, so ergibt sich die Beziehung

$$p = \gamma \cdot s^{\omega_1 - 2\omega_2 - \omega_4} \, t^{3\omega_2 + \omega_3 + \omega_4} \, U^{\omega_2 - \omega_4} \, I^{\omega_2 + \omega_4} \, c^{\omega_5} \, ;$$

nennt man jetzt die neuen Potenzexponenten der Reihe nach π_1, π_2, π_3, π_4, π_5, so ergeben sich durch diese Substitution wegen (25, 40) die folgenden Gleichungen:

$$(25, 46) \qquad p = \gamma \, s^{\pi_1} \, t^{\pi_2} \, U^{\pi_3} \, I^{\pi_4} \, c^{\pi_5} \, ,$$

$$(25, 47) \qquad \pi_1 = \lambda_1 - 2\lambda_2 - \lambda_6 - \lambda_7, \quad \pi_2 = 3\lambda_2 + \lambda_3 + \lambda_6 + \lambda_7,$$

$$\pi_3 = \lambda_2 - \lambda_6 + \lambda_7, \quad \pi_4 = \lambda_2 + \lambda_6 - \lambda_7, \quad \pi_5 = 2\lambda_7 \, .$$

Wenden wir jetzt die Formel (25, 46) auf irgend eines der Maßsysteme Nr. 2, 3, 4, 5, also auch auf das Giorgionische Maßsystem an, so ergibt sich, weil die universelle Konstante c in den genannten Maßsystemen jedesmal die Maßzahl 1 erhält, stets

$$(25, 48) \qquad c_k = 1, \quad c_k^{\pi_5} = 1 \text{ mit } \pi_5 = \text{beliebig aber} \neq \infty$$

$$\text{im Maßsystem Nr. } k \text{ für } (k = 2, 3, 4, 5),$$

daher kann also die allgemeine Definitionsgleichung (25, 46) irgend einer Größe p

für die Maßzahlen p_k in den Maßsystemen Nr. k in (25, 48) auch wie folgt geschrieben werden:

$$(25, 49) \qquad\qquad p_k = \gamma \, s_k^{\pi_1} \, t_k^{\pi_2} \, U_k^{\pi_3} \, I_k^{\pi_4} \, .$$

Das Giorgionische Maßsystem heißt deshalb auch das Zentimeter-Sekunden-Volt-Ampere-Maßsystem. In der Tabelle sind darum auch die Potenzexponenten π_1, π_2, π_3, π_4 und π_5 angegeben worden.

h) Im Gaußschen Maßsystem Nr. 1 können sofort die *rein elektrischen Größen* von den *rein magnetischen Größen* unterschieden werden. Für die elektrischen Größen gilt in (25, 4) nämlich $\lambda_7 = 0$, für die magnetischen Größen hingegen $\lambda_6 = 0$. Die Maßeinheiten der elektrischen Größen bleiben wegen (25, 6) im elektrostatischen Maßsystem dieselben wie im absoluten Gaußschen Maßsystem. Die Maßeinheiten der magnetischen Größen hingegen bleiben wegen (25, 10) im elektromagnetischen Maßsystem dieselben wie im absoluten Gaußschen Maßsystem. Aus diesem Grunde wurde in der Tabelle (25, 1) das Gaußsche Maßsystem als Grundmaßsystem Nr. 1 ausgewählt.

26. Die Maßsysteme der Beleuchtungstechnik.

Eine Übersicht über die Größen der Beleuchtungstechnik gibt die Tabelle (26, 1) am Schluß des Buches.

Das *absolute Maßsystem Nr. 1* verwendet nach (20, 1) bzw. (19, 1) die folgenden Vielfachen der Grundmaßeinheiten:

$$(26, 2) \qquad\qquad \sigma_{11} = 1, \quad \sigma_{21} = 1, \quad \sigma_{31} = 1, \quad \sigma_{81} = 1,$$

d. h. die ursprünglichen absoluten Grundmaßeinheiten selbst, nämlich

$$(26, 3) \qquad\qquad [s_1] = [\text{cm}], \quad [m_1] = [\text{g*}], \quad [t_1] = [\text{sk}], \quad [I] = [\text{HK}]$$

Das Zentimeter, die Grammasse, die Sekunde, die Hefnerkerze.

Irgend eine lichttechnische Größe wird daher in diesem Maßsystem gegeben sein durch:

$$(26, 4) \qquad\qquad p = p_1 \, [s_1^{\lambda_1} \, m_1^{\lambda_2} \, t_1^{\lambda_3} \, I_1^{\lambda_8}] = p_1 \, [\text{cm}^{\lambda_1} \, \text{g*}^{\lambda_2} \, \text{sk}^{\lambda_3} \, \text{HK}^{\lambda_8}] \, .$$

Darin müssen wieder p_1; λ_1, λ_2, λ_3, λ_8 als reelle Zahlen gegeben sein. Also wird wieder wegen (21, 20) und (26, 2)

$$(26, 5) \qquad\qquad \alpha_1 = \sigma_{11}^{\lambda_1} \, \sigma_{21}^{\lambda_2} \, \sigma_{31}^{\lambda_3} \, \sigma_{81}^{\lambda_8} = 1$$

für jede beliebige Größe p.

Für das *praktisch lichttechnische Maßsystem Nr. 2* unserer Tabelle (26, 1) ergeben sich entsprechend die folgenden Beziehungen:

$$(26, 6) \qquad\qquad \sigma_{12} = 10^2, \quad \sigma_{22} = 9{,}81 \cdot 10^3, \quad \sigma_{32} = 1, \quad \sigma_{82} = 1,$$

$$(26, 7) \qquad\qquad [s_2] = [\text{m}], \quad [m_2] = [\text{TM}], \quad [t_2] = [\text{sk}], \quad [I_2] = [\text{HK}] \, .$$

Das Meter, die technische Masseneinheit, die Sekunde und die Hefnerkerze,

$$(26, 8) \qquad\qquad p = p_2 \, [s_2^{\lambda_1} \, m_2^{\lambda_2} \, t_2^{\lambda_3} \, I_2^{\lambda_8}] = p_2 \, [\text{m}^{\lambda_1} \, \text{TM}^{\lambda_2} \, \text{sk}^{\lambda_3} \, \text{HK}^{\lambda_8}] \, ,$$

$$(26, 9) \qquad\qquad \alpha_2 = \sigma_{12}^{\lambda_1} \, \sigma_{22}^{\lambda_2} \, \sigma_{32}^{\lambda_3} \, \sigma_{82}^{\lambda_8} = 9{,}81^{\lambda_2} \cdot 10^{2\lambda_1 + 3\lambda_2} \, .$$

27. Über die zweckmäßigste Anlage technischer Tabellen.

Es soll hier noch kurz eine Bemerkung über die zweckmäßigste, zahlenmäßige Anlage technischer Tabellen gemacht werden. Wir sollen z. B. die spezifischen Gewichte verschiedener Gase in einer Tabelle in einem bestimmten Maßsystem angeben. Nachfolgend geben wir die spezifischen Gewichte einiger Gase abgerundet auf zwei Dezimalstellen in allen Maßsystemen Nr. 1 bis 4 der Mechanik, sowie die relativen Dichten d der Gase, bezogen auf Luft, als auch den Teil der Tabelle (23, 1) wieder, welcher sich auf den Begriff des spezifischen Gewichtes bezieht.

Tabelle (27, 1).

Maßsystem	Nr. 1	Nr. 2	Nr. 3	Nr. 4	Nr. k	d
Umrechnungszahl α_k	$\alpha_1 = 1$	$\alpha_2 = 10^{-1}$	$\alpha_3 = 9{,}81 \cdot 10^{-1}$	$\alpha_4 = 10^{-29}$	$\alpha_k = \sigma_{1k}^{-2} \sigma_{2k}^{+1} \sigma_{3k}^{-2}$	1
Dimension $[\gamma_k]$	Dyn/cm³	Großdyn/m³	kg/m³	c Dyn/E³	$s_k^{-2} m_k^{+1} t_k^{-2}$	1
Maßzahl γ_k	γ_1	γ_2	γ_3	γ_4	γ_k	d_k
für Luft γ_{kL}	1,27	12,7	1,29	$1{,}27 \cdot 10^{29}$	$1{,}27\, \sigma_{1k}^{+2} \sigma_{2k}^{-1} \sigma_{3k}^{+2}$	1,00
O_2	1,40	14,0	1,43	$1{,}40 \cdot 10^{29}$	$1{,}40\, \sigma_{1k}^{+2} \sigma_{2k}^{-1} \sigma_{3k}^{+2}$	1,11
N_2	1,23	12,3	1,25	$1{,}23 \cdot 10^{29}$	$1{,}23\, \sigma_{1k}^{+2} \sigma_{2k}^{-1} \sigma_{3k}^{+2}$	0,97
H_2	0,09	0,9	0,09	$0{,}09 \cdot 10^{29}$	$0{,}09\, \sigma_{1k}^{+2} \sigma_{2k}^{-1} \sigma_{3k}^{+2}$	0,07
Probe:	$\gamma_1 \quad =$	$\alpha_2 \gamma_2 \quad =$	$\alpha_3 \gamma_3 \quad =$	$\alpha_4 \gamma_4 \quad =$	$\alpha_k \gamma_k$	—

Darin bedeuten γ das spezifische Gewicht des Gases, G dessen Gewicht und V dessen Volumen, ferner γ_L das spezifische Gewicht der Luft und d die relative Dichte des Gases bezogen auf Luft. Es gelten die einfachen Formeln:

$$(27, 2) \qquad \gamma = \gamma_k [\gamma_k] = \gamma_k [s_k^{-2} m_k^{+1} t_k^{-2}] \text{ im Maßsystem Nr. } k\,;$$
$$\gamma = G/V, \quad \gamma_L = G_L/V_L, \quad d = \gamma/\gamma_L\,.$$

Wir erkennen jetzt leicht folgendes: Eine Größe, die in verschiedenen Maßsystemen verschiedene Dimensionen besitzt, weist dort auch verschiedene Maßzahlen auf. Nur eine Größe, die die Dimension [1] besitzt, also eine Zahl, weist in allen Maßsystemen dieselbe Dimension [1] und daher auch dieselbe Maßzahl auf. Statt die spezifischen Gewichte für alle unsere Maßsysteme Nr. 1 bis Nr. 4 in vier voneinander verschiedenen Zahlentabellen wie oben in (27, 1) anzugeben, ist es weit bequemer, nur eine einzige Tabelle für die *relativen Verhältniszahlen d* anzugeben und hinzuzufügen, wie groß die Maßzahlen der Bezugsgröße — hier des spezifischen Gewichtes der Luft — in allen vier Maßsystemen sind. Aus der Tabelle für d und dieser Angabe

$$(27, 3) \qquad \gamma_L = 1{,}27\, \sigma_{1k}^{+2} \sigma_{2k}^{-1} \sigma_{3k}^{+2} [s_k^{-2} m_k^{1} t_k^{-2}] =$$
$$= 1{,}27\, [\text{Dyn/cm}^3] = 12{,}7\, [\text{Großdyn/m}^3] =$$
$$= 1{,}29\, [\text{kg/m}^3] = 1{,}27 \cdot 10^{29}\, [\text{cDyn/E}^3]$$

kann dann jedes spezifische Gewicht irgend eines Gases γ sofort mittels der Formel

$$(27, 4) \qquad \gamma = d \cdot \gamma_L$$

berechnet werden. Die Tabelle für die relativen Zahlen d ist, da d als reiner Zahlwert die Dimension [1] in allen Maßsystemen besitzt, für alle Maßsysteme dieselbe.

Bei Auswertung von Formeln in Tabellen hat man also — um eine allgemeine Gültigkeit der Formeln in jedem beliebigen Maßsystem zu erreichen — zu trachten, stets *nur Tabellen für relative Zahlwerte anzulegen.* Dies gilt insbesondere für die Tabellarisierung von Materialkonstanten verschiedener Stoffe usw. Eine derartige Tabelle ist auch, da sie Verhältniswerte angibt, viel anschaulicher als eine absolute Darstellung der Zahlwerte selbst. Außerdem ergeben sich bei vernünftiger Wahl der Bezugsgröße stets nur Maßzahlen, die um 1 herum liegen werden. *In dem irgend einem Tabellenwerk zugeordneten Formelsystem wird man also stets trachten, möglichst viele Verhältniszahlen einzuführen.*

28. Praktische Winke für die richtige Lösung physikalischer Rechenaufgaben.

a) Um Irrtümer bei der Durchrechnung irgend einer physikalischen Rechenaufgabe der Theorie oder der Praxis zu vermeiden, wird man sich über drei wichtige Punkte Klarheit verschaffen müssen:

Erstens: Man hat zu untersuchen, ob die zur Verwendung gelangenden Formeln, Definitionsformeln, Maßzahlen und Maßeinheiten aller verwendeter Größen schon ein und demselben Maßsystem angehören; andernfalls sind die Formeln, Maßzahlen und Maßeinheiten an Hand unserer Tabellen erst alle in Übereinstimmung zu bringen. Dem Aufbau der Formeln ist hierbei immer das absolute Maßsystem zugrunde zu legen. Während der gesamten Durchrechnung der Rechenaufgabe dürfen dann weiterhin die gewählten Maßeinheiten, der zueinander durch Formeln in Beziehung gesetzten Größen, nicht mehr geändert werden.

Zweitens: Die Auswahl des der Rechnung zugrunde zu legenden Maßsystems Nr. 1 bis 4 bzw. allgemein k wird man der Art der gegebenen Aufgabe weitestgehend anpassen. Führen wir beispielsweise Berechnungen in der Astronomie durch, so werden wir für die Entfernungen, Massen und Zeiten möglichst große Grundmaßeinheiten auswählen. Wir messen dann vielleicht die Entfernungen in Lichtjahren, die Massen in Sonnen- oder Erdmassen, die Zeiten in Jahren usw. Nur so werden auch die stets nach dem absoluten Maßsystem entwickelten Formeln für die Ausrechnung nur kleine Maßzahlen und damit bequeme Zahlenrechnungen ergeben.

Drittens: Hat man dennoch große Maßzahlen in Rechnung zu stellen, so wird man die Zahlen niemals ausschreiben, sondern stets mit Zehnerpotenzen multipliziert darstellen. Wir schreiben beispielsweise statt

$$(28, 1) \qquad 1\ 523\ 000\ 000,\quad 000 \quad \ldots$$
$$\text{Stelle: } 9\ 876\ 543\ 210\ -1-2-3$$

einfacher und übersichtlicher

$$\ldots 0{,}01523 \cdot 10^{11} = 0{,}1523 \cdot 10^{10} = \underline{1{,}523 \cdot 10^{9}} =$$
$$= 15{,}23 \cdot 10^{8} = 152{,}3 \cdot 10^{7} = \ldots,$$

oder statt:

$$(28, 2) \qquad 0,\quad 000 \qquad 005 \qquad 673 \quad \ldots$$
$$\text{Stelle: } 0\ -1-2-3\ -4-5-6\ -7-8-9$$

einfacher und übersichtlicher

$$\ldots 0{,}05673 \cdot 10^{-4} = 0{,}5673 \cdot 10^{-5} = \underline{5{,}673 \cdot 10^{-6}} =$$
$$= 56{,}73 \cdot 10^{-7} = 567{,}3 \cdot 10^{-8}.$$

Am bequemsten sind dabei immer die unterstrichenen Schreibweisen. Will man die Zahlen aussprechen, so merke man sich, daß:

(28, 3)

10^{30}	eine Quintillion	10^{-1}	ein Zehntel
10^{24}	eine Quadrillion	10^{-2}	ein Hundertstel
10^{18}	eine Trillion	10^{-3}	ein Tausendstel
10^{12}	eine Billion	10^{-4}	ein Zehntausendstel
10^{9}	eine Milliarde	10^{-5}	ein Hunderttausendstel
10^{6}	eine Million	10^{-6}	ein Millionstel
10^{5}	Hunderttausend	10^{-9}	ein Milliardstel
10^{4}	Zehntausend	10^{-12}	ein Billionstel
10^{3}	Tausend	10^{-18}	ein Trillionstel
10^{2}	Hundert	10^{-24}	ein Quadrillionstel
10^{1}	Zehn	10^{-30}	ein Quintillionstel
10^{0}	Eins		

darstellen. So sind z. B.

(28, 4) $3{,}864 \cdot 10^{20} = 3{,}864 \cdot 10^{2} \cdot 10^{18} = 386{,}4 \cdot 10^{18} = 386{,}4 \text{ Trillionen}\,,$

(28, 5) $8{,}57 \cdot 10^{-17} = 8{,}57 \cdot 10^{-5} \cdot 10^{-12} = 8{,}57 \text{ Hunderttausendbillionstel}\,.$

Unter Berücksichtigung dieser praktischen Winke wird man umfangreiche und oft auch falsche Zahlenrechnungen leicht vermeiden können. Außerdem wird die Möglichkeit einer Kontrolle der Rechnung, ohne welche jede Zahlenrechnung überhaupt wertlos ist, stets einfach und übersichtlich gegeben sein.

b) Wir wollen jetzt, um das Gesagte zu vertiefen, eine Rechenaufgabe aus der Mechanik in allen vier Maßsystemen unserer Tabelle (23, 1) praktisch durchführen.

1. Beispiel: Man berechne die notwendige Beschleunigungsarbeit eines D-Zuges, dessen Lokomotive eine Masse von $2 \cdot 10^5$ kg*-Massen aufweist und von dessen 10 Wagen jeder eine Masse von $5 \cdot 10^4$ kg*-Massen besitzt. Es soll eine Fahrgeschwindigkeit von 108 km/h erreicht werden.

Lösung. 1. Arbeit: Die Angaben sind in Formeln zu fassen, für die gefragten Größen sind Endformeln aufzustellen:

(28, 6) $m = (2 \cdot 10^5 + 10 \cdot 5 \cdot 10^4)\,\text{kg}^* = 7{,}0 \cdot 10^5 \,\text{kg}^*\,,$

$v = 1{,}08 \cdot 10^2 \text{ km/h}, \quad A = m\,v^2/2 \text{ Formel im absoluten Maßsystem}.$

2. Arbeit: Wir wählen uns ein für die Rechnung passendes Maßsystem, z. B. das physikalisch-praktische Maßsystem Nr. 2 aus. In diesem Maßsystem haben wir für die vorkommenden Größen nach unserer Tabelle (23, 1) folgende zusammengehörige Maßeinheiten zu verwenden:

$$m \ldots \text{kg}^*, \quad v \ldots \text{m/sk}, \quad A \ldots \text{Wsk}\,.$$

Wir haben also nur die Angabe v umzurechnen. Dies geschieht am einfachsten auf folgende Art:

(28, 7) $1 \text{ km/h} = 1000 \text{ m}/3600 \text{ sk} = 2{,}78 \cdot 10^{-1} \text{ m/sk}\,,$

daraus erhalten wir

$$v = 1{,}08 \cdot 10^2 \cdot 2{,}78 \cdot 10^{-1} \text{ m/sk} = 3{,}0 \cdot 10^1 \text{ m/sk}$$

und damit ergeben sich die aufeinander abgestimmten Maßzahlen, Maßeinheiten und Formeln

$$(28, 8) \qquad m = 7,0 \cdot 10^5\,[\text{kg*}], \quad m_2 = 7,0 \cdot 10^5,$$
$$v = 3,0 \cdot 10^1\,[\text{m/sk}], \quad v_2 = 3,0 \cdot 10^1,$$
$$A = A_2\,[\text{Wsk}], \qquad A_2 = m_2 v_2^2/2 .$$

3. Arbeit: Ausrechnung des Ergebnisses durch Einsetzen in die Formeln.

$$A_2 = 7,0 \cdot 10^5 \cdot (3,0 \cdot 10^1)^2/2 = 3,15 \cdot 10^8 , \qquad \text{also ausgerechnet}$$
$$(28, 9) \qquad A = 3,15 \cdot 10^8\,[\text{Wsk}], \quad A_2 = 3,15 \cdot 10^8 .$$

4. Arbeit: Will man sich das Ergebnis wieder irgendwie gut vorstellbar machen, so bezieht man dasselbe neuerdings auf die gewünschte Maßeinheit. Wünschen wir z. B. das Ergebnis in kWh, so verwandeln wir es wieder analog zu (28, 7):

$$(28, 10) \qquad 1\,\text{Wsk} = 10^{-3}\,\text{kW} \cdot 1\,\text{h}/3600 = 2,78 \cdot 10^{-7}\,\text{kWh} .$$

Damit erhalten wir das gewünschte Ergebnis aus (28, 9) zu

$$A = 3,15 \cdot 10^8 \cdot 2,78 \cdot 10^{-7}\,\text{kWh}; \qquad \text{oder ausgerechnet zu}$$
$$(28, 11) \qquad A = 87,5\,[\text{kWh}].$$

Wir wollen nun dasselbe Rechenbeispiel noch in den anderen drei Maßsystemen unserer Tabelle (23, 1) durchrechnen.

5. Arbeit: Die Umrechnung gelingt sofort mit Hilfe unserer Umrechnungstabellen in (23, 1) für die Maßzahlen p wie folgt:

$$(28, 12) \qquad \text{Für die Geschwindigkeit } v \text{ gilt } \lambda_1 = 1, \quad \lambda_2 = 0, \quad \lambda_3 = -1 ,$$
$$\text{Für die Masse } m \text{ gilt } \ldots\ldots \lambda_1 = 0, \quad \lambda_2 = 1, \quad \lambda_3 = \;\;\; 0 ,$$
$$\text{Für die Arbeit } A \text{ gilt } \ldots\ldots \lambda_1 = 2, \quad \lambda_2 = 1, \quad \lambda_3 = -2 .$$

Somit wird der Reihe nach, entsprechend den allgemeinen Formeln der Tabelle (23, 1)

$$(28, 13) \quad p_1 = p_2 \cdot 10^{2\lambda_1 + 3\lambda_2}, \quad p_2 = \text{gegeben}, \quad p_3 = p_2 \cdot 9{,}81^{-\lambda_2}, \quad p_4 = p_2 \cdot 10^{-7\lambda_1 + 14\lambda_2},$$
$$v_1 = v_2 \cdot 10^2, \qquad v_2 = 3,0 \;\cdot 10^1, \qquad v_3 = v_2, \qquad v_4 = v_2 \cdot 10 ,$$
$$m_1 = m_2 \cdot 10^3, \qquad m_2 = 7,0 \;\cdot 10^5, \quad m_3 = m_2 \cdot 9,81, \quad m_4 = m_2 \cdot 10^{14},$$
$$A_1 = A_2 \cdot 10^7, \qquad A_2 = 3,15 \cdot 10^8, \quad A_3 = A_2 \cdot 9,81, \quad A_4 = A_2 .$$

Somit lauten die Zahlenrechnungen in den vier verschiedenen Maßsystemen

$$(28, 14) \qquad A_1 = m_1 v_1^2/2, \quad (3,15 \cdot 10^{15}) = (7 \cdot 10^8) \cdot (3 \cdot 10^3)^2/2,$$
$$A_2 = m_2 v_2^2/2, \quad (3,15 \cdot 10^8) \;\; = (7 \cdot 10^5) \cdot (3 \cdot 10^1)^2/2,$$
$$A_3 = m_3 v_3^2/2, \quad (30,8 \cdot 10^8) \;\; = (68,67 \cdot 10^5) \cdot (3 \cdot 10^1)^2/2,$$
$$A_4 = m_4 v_4^2/2, \quad (3,15 \cdot 10^8) \;\; = (7 \cdot 10^{19}) \cdot (3 \cdot 10^{-6})^2/2 .$$

Also lautet das Ergebnis in allen vier Maßsystemen für die einzelnen Größen

$$(28, 15) \qquad m = 7 \cdot 10^8\,\text{g*} = 7 \cdot 10^5\,\text{kg*} = 6,867 \cdot 10^6\,\text{TM} = 7 \cdot 10^{19}\,\text{Mi},$$
$$v = 3 \cdot 10^3\,\text{cm/sk} = 3 \cdot 10^1\,\text{m/sk} = 3,0 \cdot 10^1\,\text{m/sk} = 3 \cdot 10^{-6}\,\text{E/sk},$$
$$A = 3,15 \cdot 10^{15}\,\text{Erg} = 3,15 \cdot 10^8\,\text{J} = 3,08 \cdot 10^9\,\text{kgm} = 3,15 \cdot 10^8\,\text{J} .$$

Die Arbeit beträgt also z. B. 3,08 Milliarden kgm.

Damit ist die Anwendung unserer Dimensionstabellen in der Praxis gezeigt.

2. Beispiel: Das Newtonsche Gravitationsgesetz für die Anziehungskraft P zweier Massen m' und m'' in der Entfernung s mit der Gravitationskonstanten C lautet im absoluten Maßsystem Nr. 1 der Tabelle (23, 1):

(28, 16)　　　$P_1 = C_1\, m_1'\, m_1''/s_1^2,\quad [\mathrm{cm\ g^*\ sk^{-2}}] = [\mathrm{cm^3\ g^{*-1}\ sk^{-2}}] \cdot [\mathrm{g^*}] \cdot [\mathrm{g^*}]/[\mathrm{cm^2}],$

$\qquad\qquad\quad C_1 = 6{,}658 \cdot 10^{-8}\,.$

Wie ändert sich die Konstante C, wenn P in t, m' und m'' in t*-Massen und s in km ausgedrückt wird?

Lösung. 1. Arbeit: Wir stellen zunächst folgendes fest: Die verlangten Maßeinheiten sind nicht mehr zusammengehörige Maße eines Maßsystems, denn würden wir im Maßsystem Nr. k die Wahl treffen:

(28, 17)　　　　　　　$\sigma_{1k} = 10^5,\quad \sigma_{2k} = 10^3,\quad \sigma_{3k} = 1\,,$

d. h. die neuen Grundmaßeinheiten

(28, 18)　　　　　　$[s_k] = [\mathrm{km}],\quad [m_k] = [\mathrm{t^*}],\quad [t_k] = [\mathrm{sk}]$

verwenden, so ergeben sich nach (28, 16) aus unserer Tabelle (23, 1) die Umrechnungszahlen

für die Kraft P . . . . $\alpha_k = (10^5)^1 \cdot (10^3)^1 \cdot (1)^{-2} = 10^8,$

für die Gravitationskonstante C　$\alpha_k = (10^5)^3 \cdot (10^3)^{-1} \cdot (1)^{-2} = 10^{12}.$

Somit lauten die Umrechnungsgleichungen für die Maßeinheiten

(28, 19)　　　　　$[s_k] = 10^5\,[s_1],\quad [m_k] = 10^3\,[m_1],\quad [t_k] = [t_1],$

$\qquad\qquad\quad [P_k] = 10^8\,[P_1],\quad [C_k] = 10^{12}\,[C_1]\,.$

Für die Maßzahlen ergeben sich dann nach unseren Regeln die Umrechnungsgleichungen:

(28, 20)　　$s_1 = 10^5\,s_k,\quad m_1 = 10^3\,m_k,\quad t_1 = t_k,\quad P_1 = 10^8\,P_k,\quad C_1 = 10^{12}\,C_k\,.$

Setzen wir diese Formeln in unsere alte Gleichung für die Maßzahlen in (28, 16) ein, so ergibt sich daraus sofort, wie wir schon wissen, die Gültigkeit derselben Gleichung auch für die neuen Maßzahlen, nämlich:

(28, 21)　　　　　$P_1 = C_1\, m_1'\, m_1''/s_1^2 \rightarrow P_k = C_k\, m_k'\, m_k''/s_k^2\,.$

2. Arbeit: Suchen wir aber dennoch eine Formel aufzustellen, in welcher die Größen in den gewünschten Maßeinheiten eingesetzt werden können, so ergibt sich wieder eine Formel, deren Aufbau nicht mehr dem absoluten Maßsystem entsprechen kann und die daher einen Zahlenfaktor erhalten muß. Dieser Zahlenfaktor kann in unserem besonderen Falle jedoch in die neue Gravitationskonstante eingerechnet werden, so daß durch diesen Kunstgriff die alte Gleichungsform erhalten bleibt. Die neue Formel ergibt sich auf folgendem Wege. Wir bezeichnen die neuen Einheiten und Maßzahlen mit dem Index 0. Gewünscht wurde von uns:

(28, 22)　　　$[P_0] = [\mathrm{t}],\quad [m_0] = [\mathrm{t^*}],\quad [s_0] = [\mathrm{km}]\qquad$ oder

$\qquad\qquad [P_0] = 9{,}81 \cdot 10^8\,[P_1],\quad [m_0] = 10^6\,[m_1],\quad [s_0] = 10^5\,[s_1],$

somit gilt für die neuen Maßzahlen die Beziehung:

(28, 23)　　　　　$P_1 = 9{,}81 \cdot 10^8\,P_0,\quad m_1 = 10^6\,m_0,\quad s_1 = 10^5\,s_0\,.$

Setzen wir diese Beziehungen in die Grundgleichungen (28, 16) ein, so folgt

$$9{,}81 \cdot 10^8 \, P_0 = C_1 \cdot 10^6 \, m_0' \cdot 10^6 \, m_0''/10^{10} \, s_0^2 \qquad \text{oder}$$

(28, 24) $\qquad P_0 = C_0 \, m_0' \, m_0''/s_0^2, \qquad C_0 = C_1 \cdot 9{,}81^{-1} \cdot 10^{-6} = 6{,}79 \cdot 10^{-15}\,.$

Wir haben also schließlich zu setzen:

(28, 25) $\qquad\qquad C_1 = 9{,}81 \cdot 10^6 \, C_0, \quad [C_0] = 9{,}81 \cdot 10^6 \, [C_1]\,.$

Die neue Maßeinheit $[C_0]$ ist aber jetzt in vermischten Grundmaßeinheiten ausgedrückt. Denn entsprechend der Formel (28, 19) hätten wir in ein und demselben Maßsystem $[C_0] = 10^{12} \, [C_1]$ und nicht (28, 25) setzen müssen. Das Formelsystem (28, 24) entspricht deshalb nicht mehr dem absoluten Maßsystem. Für theoretische Untersuchungen ist es nicht mehr geeignet, wohl aber für die zahlenmäßige Auswertung von Rechenbeispielen. Dieses Beispiel zeigt uns auch die Richtigkeit folgenden Satzes:

(28, 26) In einer Gleichung, die n Größen miteinander verbindet, können die Maßeinheiten von $(n - 1)$ Größen willkürlich ausgewählt werden. Die Maßeinheit der n-ten Größe ist dann aber eindeutig bestimmt.

3. Arbeit: Wir gehen jetzt dazu über, ein Paar, auf das Newtonsche Gravitationsgesetz bezügliche, Rechenbeispiele zahlenmäßig durchzurechnen.

1. Die Anziehungskraft zweier Gramm*-Massen in 1 cm Entfernung ist nach Formel (28, 16) gegeben durch:

$$P_1 = (6{,}658 \cdot 10^{-8}) \cdot (1) \cdot (1)/(1)^2 = 6{,}658 \cdot 10^{-8}\,,$$
$$P = 6{,}658 \ \cdot 10^{-8} \, \text{Dyn} = 6{,}79 \cdot 10^{-8} \, \text{mg-Gewicht.}\,.$$

2. Die Anziehungskraft zweier kg*-Massen in 1 m Entfernung nach Formel (28, 16) ist gegeben durch:

$$P_1 = (6{,}658 \cdot 10^{-8}) \cdot (10^3) \cdot (10^3)/(10^2)^2 = 6{,}658 \cdot 10^{-6}\,,$$
$$P = 6{,}658 \ \cdot 10^{-6} \, \text{Dyn} = 6{,}79 \cdot 10^{-6} \, \text{mg-Gewicht}\,.$$

3. Die Anziehungskraft zwischen der Erdmasse und der t*-Masse in der Entfernung des Erdradius ist nach Formel (28, 16)

$$P_1 = (6{,}658 \cdot 10^{-8}) \cdot (5{,}98 \cdot 10^{27}) \cdot (10^6)/(6{,}37 \cdot 10^8)^2 = 9{,}81 \cdot 10^8\,,$$
$$P = 9{,}81 \ \cdot 10^8 \, \text{Dyn} = 1 \, \text{t-Gewicht} \quad \text{oder nach Formel (28, 24)}$$
$$P_0 = (6{,}79 \ \cdot 10^{-15}) \cdot (5{,}98 \cdot 10^{21}) \cdot (1)/(6{,}37 \cdot 10^3)^2 = 1\,, \quad P = 1 \, \text{t-Gewicht.}$$

3. Beispiel: Wie ungeheuer voneinander verschieden die elektrostatische Einheit der Elektrizitätsmenge $[Q_2]$ von der elektromagnetischen Einheit der Elektrizitätsmenge $[Q_3]$ ist, zeigt sehr anschaulich folgendes Beispiel:

1. Die Anziehungskraft zweier absoluter elektrostatischer Einheiten der Elektrizitätsmenge in 1 cm Entfernung im Äther ist nach der Formel $P = Q' Q''/\varDelta s^2$ im Maßsystem Nr. 2 unserer Tabelle (25, 1) gegeben durch $P_2 = 1 \cdot 1/1 \cdot 1^2 = 1$, also $P = 1 \, \text{Dyn} \doteq 1 \, \text{mg-Gewicht.}$

2. Die Anziehungskraft zweier absoluter elektromagnetischer Einheiten der Elektrizitätsmenge, also zweier Deka-Coulomb in 10 km Entfernung im Äther ist nach derselben Formel $P = Q' Q''/\varDelta s^2$ im Maßsystem Nr. 3 unserer Tabelle (25, 1) gegeben durch $P_3 = 1 \cdot 1/9^{-1} \cdot 10^{-20} \cdot (10^6)^2 = 9 \cdot 10^8$, also durch $P = 9 \cdot 10^8 \, \text{Dyn} \doteq 900 \, \text{kg-Gewicht.}$

4. Beispiel: Führt man folgende neue Grundmaßeinheiten ein:

$$(28, 27) \qquad [s_k] = 4{,}02 \cdot 10^{-33} \,[\text{cm}], \quad [m_k] = 5{,}43 \cdot 10^{-5} \,[\text{g*}],$$
$$[t_k] = 1{,}34 \cdot 10^{-43} \,[\text{sk}], \quad [\vartheta_k] = 2{,}37 \cdot 10^{32} \,[^0\text{C}],$$

so ergeben sich für die folgenden Naturkonstanten, wie man leicht nachrechnet, die Maßzahlen 1.

$$(28, 28) \quad \text{Lichtgeschwindigkeit} \ldots c = 3 \cdot 10^{10} \,[\text{cm sk}^{-1}] = 1 \,[v_k],$$
$$\text{Gravitationskonstante} \ldots C = 6{,}658 \cdot 10^{-8} \,[\text{cm}^3 \,\text{g*}^{-1}\,\text{sk}^{-2}] = 1 \,[C_k],$$
$$\text{Absolute Gaskonstante} \ldots G = (R/4{,}04 \cdot 10^{23} = 2{,}06 \cdot 10^{-16})$$
$$[\text{cm}^2 \,\text{g*}^1 \,\text{sk}^{-2}\,{}^0\text{C}^{-1}] = 1 \,[G_k],$$
$$\text{Plancksches Wirkungsquantum } h = 6{,}55 \cdot 10^{-27} \,[\text{cm}^2 \,\text{g*}^1 \,\text{sk}^{-1}] = 1 \,[h_k].$$

In einem solchen Maßsystem Nr. k würden in den Formeln eine ganze Reihe von Konstanten verschwinden. Die Definitionsformeln des absoluten Maßsystems bleiben hierbei natürlich wieder erhalten.

c) Bemerkungen zu unseren Dimensionstabellen:

Unsere Tabellen erheben keinen Anspruch auf Vollständigkeit. Sie erhalten ihren vollen Wert für die Praxis erst, wenn sie für alle maßgebenden Größen in Verbindung mit einem dem absoluten Maßsystem entsprechenden Formelsystem entwickelt werden. Mittels der in den Tabellen angegebenen Formeln für beliebige Größen p können für jede durch ihre Definitionsformel gegebene Größe alle Zahlwerte α_k berechnet werden, da dann die die Größe charakterisierenden Potenzexponenten λ_1, λ_2, λ_3 usw. als bekannt anzusehen sind. Drückt man in irgend einer auf dem absoluten Maßsystem gegründeten Formel alle Größen immer nur durch die zusammengehörigen Maßeinheiten irgend eines Maßsystems Nr. k (also in unseren Tabellen immer nur durch die in einer Spalte untereinanderstehenden Maßeinheiten eines Maßsystems) aus, so erhalten wir stets richtige Zahlenrechnungen, wie wir auch in dem Beispiel unter b) gezeigt haben. Der praktische Rechner spart also bei sachgemäßer Anwendung der Tabellen viel Mühe und Überlegungen. Er weiß an Hand der Tabelle sofort, in welchen zusammengehörigen Maßeinheiten die Größen in den Formeln einzuführen sind. Der Leser wird nach den gegebenen Untersuchungen auch imstande sein, sich für irgend ein Arbeitsgebiet in der Physik seine Tabelle für die Maßeinheiten selbst aufzubauen und dann praktisch auszuwerten. Eine gute wissenschaftliche Untersuchung sollte auf jeden Fall immer eine Tabelle der Dimensionen der in ihr vorkommenden Skalargrößen aufweisen. Erst aus einer derartigen Tabelle geht der Sachverhalt der ganzen Untersuchungen deutlich hervor und werden die gegebenen Formeln erst überhaupt rechnerisch auswertbar. Leider wird gegen diese Forderung nur allzu häufig verstoßen.

III. Kapitel. Kombinationslehre.

Wir unterbrechen jetzt unsere Entwicklungen und geben in diesem Kapitel vorerst die Grundbegriffe der Kombinationslehre bekannt, die wir als Grundlage für den Aufbau unserer algebraischen n-dimensionalen Geometrie benötigen. Wir erklären zuerst die Gesetze der Anordnung von Zahlenreihen zu je r-Elementen. Dann definieren wir die Begriffe der geraden und ungeraden Permutationen, der Fehlstände, der Transpositionen, der Vertauschungen usw. Schließlich folgt die Bestimmung aller Permutationen, Kombinationen und Variationen mit und ohne Wiederholung bis zu einschließlich vier Elemente. Eine Ausdehnung der Bildungsgesetze auf mehr als vier Elemente kann dann vom Leser jederzeit an Hand der gegebenen Beispiele vorgenommen werden, dürfte aber, da man mit drei-. bis höchstens vierdimensionalen Räumen zumeist das Auslangen finden wird, kaum gebraucht werden. Abschließend fügen wir noch einige Ergänzungen bezüglich der Lehre von den Gleichungen und der Polynome mit mehreren Veränderlichen, sowie der Schreibweisen in der Relativitätstheorie hinzu.

29. Anordnung von Zahlenreihen zu je r-Elementen.

Es seien:

$$(29, 1) \qquad (a_1, a_2, a_3, \ldots, a_r) \quad \text{und} \quad (b_1, b_2, b_3, \ldots, b_r)$$

zwei beliebige *Reihen von je r-Zahlen* aus der *Folge der natürlichen* Zahlen

$$(29, 2) \qquad 0, \ 1, \ 2, \ 3, \ 4, \ldots.$$

Wir wollen diese beiden Reihen (29, 1) in eine Ordnung bringen. Im folgenden, insbesondere bei den Beispielen, werden, wenn dadurch keine Unklarheiten entstehen können, die Beistriche zwischen den Elementen $a_1, a_2, a_3, \ldots$ usw. in der Darstellung (29, 1) einfach weggelassen. Wir treffen nun folgende Vereinbarungen: Wir schreiben in einer Aufeinanderfolge von beliebig vielen solcher Zahlenreihen zu je r-Zahlen oder Elementen die Anordnung $(a_1, a_2, a_3, \ldots, a_r)$ vor der Anordnung $(b_1, b_2, b_3, \ldots, b_r)$ oder in Zeichen

$$(29, 3) \qquad (a_1, a_2, a_3, \ldots, a_r) < (b_1, b_2, b_3, \ldots, b_r),$$

wenn die aus beiden Reihen gebildete neue *Differenzreihe*

$$(29, 4) \qquad (b_1 - a_1, \ b_2 - a_2, \ b_3 - a_3, \ldots, b_r - a_r)$$

folgende Bedingungen erfüllt:

a) *Bei der lexikographischen Anordnung der Zahlenreihen:*

(29, 5)   Sind die ersten i-Differenzen gleich null, also

$$a_1 = b_1, \quad a_2 = b_2, \quad a_3 = b_3, \quad \ldots, \quad a_i = b_i,$$

so soll die erste nicht verschwindende Differenz größer als Null sein, also gelten $a_{i+1} < b_{i+1}$, wobei noch $(i = 0, 1, 2, 3, \ldots, r - 1)$ sein kann.

1. Beispiel:

$$(1223\underline{3}336) < (1223\underline{4}167), \quad (1\underline{2}4) < (2\underline{3}1), \quad (3467\underline{2}) < (3467\underline{5}).$$

Schreiben wir statt der natürlichen Zahlen 1, 2, 3, 4, ... der Reihe nach die Buchstaben des Alphabetes a, b, c, d, ..., so erkennen wir, daß durch dieses Anordnungsgesetz alle möglichen Zahlenreihen mit r-Zahlen bzw. alle Worte mit r-Buchstaben in eine Ordnung kommen, wie sie in einem Lexikon der deutschen Sprache zu finden sind. Außerdem entspricht diese Anordnung auch zugleich der natürlichen Ordnung der Zahlen. Diese Anordnung von Zahlenreihen scheint die naturgemäßere zu sein, sie ist aber für gewisse mathematische Operationen unbequem und stört den Typus häufig gebrauchter Rechenausdrücke, wie z. B. der Matrizen, und wird dann besser durch die folgende Anordnung ersetzt.

b) Bei der normalen Anordnung der Zahlenreihen:

(29, 6) Sind die letzten i-Differenzen gleich Null, also

$$a_{r-i+1} = b_{r-i+1} = a_{r-i+2} = b_{r-i+2}, \quad \ldots, \quad a_r = b_r,$$

so soll die vorhergende $i - 1$-te Differenz größer als null sein, also gelten $a_{r-i} < b_{r-i}$, wobei noch ($i = 0, 1, 2, 3, \ldots, r - 1$) sein kann.

2. *Beispiel:*
$$(164253472) < (233163472), \quad (323) < (114), \quad (2576) < (3576).$$

30. Grundbegriffe der Kombinationslehre.

a) Es sei wieder

(30, 1) $$(a_{\mu_1}, a_{\mu_2}, a_{\mu_3}, \ldots, a_{\mu_r})$$

eine beliebige Reihe von je r- sämtlich voneinander verschiedenen natürlichen Zahlen aus der Folge $1, 2, 3, \ldots$. Wir bringen diese r-Zahlen (30, 1) in eine andere Reihenfolge

(30, 2) $$(a_{\nu_1}, a_{\nu_2}, a_{\nu_3}, \ldots, a_{\nu_r}).$$

Wir nennen wieder (30, 2) eine *Permutation oder Umstellung von (30, 1) von r-Elementen*.

b) Wir greifen aus (30, 1) je alle möglichen, voneinander verschiedenen Paare von beliebigen Elementen heraus, ohne ihre Reihenfolge zu ändern, und stellen sie in einer Tabelle (1) unten zusammen. Es können so

(30, 3) $$s = r \cdot (r - 1)/2$$

voneinander verschiedene Paare von Elementen gebildet werden. Dasselbe nehmen wir mit den Elementen aus (30, 2) vor und stellen die Paare wieder in einer Tabelle (2) unten zusammen. Nun stellen wir alle Paare von (1) je allen Paaren von (2) in der Tabelle (1') unten gegenüber, die aus denselben natürlichen Zahlen bestehen, wobei die Reihenfolge der Zahlen in den Paaren von (1) nicht geändert werden darf. Es gibt dann nur die beiden Möglichkeiten: *je zwei so gegenübergestellte Zahlenpaare aus (1') und (2) und damit auch aus (1) und (2) sind gleichgeordnet g oder vertauscht geordnet v.* Die Anzahl v der so in (1) und (2) vertauscht geordneten Elementenpaare, die höchstens gleich s sein kann, bezeichnen wir kurz und übersichtlich mit

(30, 4) $$\left.\begin{array}{l} a_{\mu_1}, a_{\mu_2}, a_{\mu_3}, \ldots, a_{\mu_r} \\ a_{\nu_1}, a_{\nu_2}, a_{\nu_3}, \ldots, a_{\nu_r} \end{array}\right\} = v,$$

wo links vom Gleichheitszeichen die Permutation selbst einfach bezeichnet ist. Die Anzahl der in (1) und (2) gleichgeordneten Elementenpaare nennen wir g. Es muß natürlich

(30, 5) $$v + g = s$$

sein. Man sagt auch in anderer Ausdrucksweise: *vertauschtgeordnete Elementenpaare bilden einen Fehlstand oder eine Inversion* und nennt v die *Anzahl der Fehlstände.*

(30, 6) Ist nun die Anzahl der Fehlstände v eine gerade bzw. eine ungerade Zahl, so nennen wir *die Permutation* in (30, 4) links *eine gerade* bzw. *eine ungerade Permutation.*

c) *3. Beispiel:*

Tabelle			Ordnung der Paare	
(1)	(1')	(2)		
Elementenpaare aus				
(1)	(1)	(2)	v	g
45	52	52		g
43	51	51		g
42	53	53		g
46	45	54	v	
41	56	56		g
53	21	21		g
52	32	23	v	
56	42	24	v	
51	26	26		g
32	31	13	v	
36	41	14	v	
31	61	16	v	
26	43	34	v	
21	36	36		g
61	46	46		g

Es gilt:

$$\left. \begin{array}{l} a_4\,a_5\,a_3\,a_2\,a_6\,a_1 \\ a_5\,a_2\,a_1\,a_3\,a_4\,a_6 \end{array} \right\} = 7 \,.$$

Hier ist:

$$r = 6, \quad s = 6\cdot 5/2 = 15 \,.$$

Die Abzählung ergibt:

$$v = 7, \quad g = 8, \quad v + g = 15 \,.$$

d) Entsteht die Permutation (30, 2) aus der Permutation (30, 1) dadurch, daß nur irgend zwei beliebige Elemente in (30, 1) ihren Platz miteinander vertauschen, so bezeichnet man eine derartige Permutation als eine *Transposition.* Werden im Sonderfall zwei benachbarte *Glieder* oder Elemente miteinander vertauscht, so sprechen wir auch kurz von einer *Vertauschung.* Sie stellt somit eine spezielle Transposition dar.

(30, 7) Eine Vertauschung bedingt stets das Auftreten eines Fehlstandes:

$$\left. \begin{array}{l} a_{\nu_1}\,a_{\nu_2} \,\ldots\, a_{\nu_i}\,a_{\nu_{i+1}} \,\ldots\, a_{\nu_r} \\ a_{\nu_1}\,a_{\nu_2} \,\ldots\, a_{\nu_{i+1}}\,a_{\nu_i} \,\ldots\, a_{\nu_r} \end{array} \right\} = 1 \,.$$

(30, 8) Befinden sich in einer Transposition zwischen den beiden zu vertauschenden Elementen noch t-Elemente, so beträgt die Anzahl der Fehlstände $2\,t + 1$, ist also stets eine ungerade Zahl:

$$\overbrace{\qquad\qquad}^{t\text{-Elemente}}$$
$$\left. \begin{array}{l} a_{\nu_1}\,a_{\nu_2} \,\ldots\, a_{\nu_{i-1}}\,\overline{a_{\nu_i} \,\ldots\, a_{\nu_k}}\,a_{\nu_{k+1}} \,\ldots\, a_{\nu_r} \\ a_{\nu_1}\,a_{\nu_2} \,\ldots\, a_{\nu_{k+1}}\,a_{\nu_i} \,\ldots\, a_{\nu_k}\,a_{\nu_{i-1}} \,\ldots\, a_{\nu_r} \end{array} \right\} = 2\,t + 1 \,.$$

e) Somit folgt:

(30, 9) Eine gerade bzw. ungerade Permutation (30, 2) kann nur durch Vornahme einer geraden bzw. ungeraden Anzahl von Transpositionen aus der ursprünglich gegebenen Zahlenreihe $(a_{\mu_1},\ a_{\mu_2},\ \ldots,\ a_{\mu_r})$ erhalten werden.

Da es später allein darauf ankommt, zu wissen, ob die Anzahl der Fehlstände v einer Permutation gerade bzw. ungerade ist [v tritt nämlich in den Formeln immer nur als Potenzexponent von (-1) auf] die Anzahl v hingegen aber selbst unwesentlich erscheint, so untersucht man also in Zukunft nur, ob die neue Reihenfolge der Elemente aus der alten Reihenfolge der Elemente durch Vornahme einer geraden oder einer ungeraden Anzahl von Transpositionen erreicht werden kann. Da durch Vornahme einer Vertauschung immer genau ein Fehlstand beseitigt werden kann, so kann jetzt leicht gezeigt werden, daß die geringste Anzahl der vorzunehmenden Vertauschungen durch die Gesamtzahl der Fehlstände v selbst gegeben ist. Die Vertauschung erscheint so als das Grundelement jeder Permutation. Dies soll jetzt an dem von uns bereits gegebenen Beispiele gezeigt werden.

4. Beispiel: Es war

$$\left\{ \begin{matrix} a_4\, a_5\, a_3\, a_2\, a_6\, a_1 \\ a_5\, a_2\, a_1\, a_3\, a_4\, a_6 \end{matrix} \right\} = 7$$

und die Fehlstände 4 5, 3 2, 4 2, 3 1, 4 1, 6 1, 4 3. Wir beseitigen je einen Fehlstand durch Vornahme einer Vertauschung wie in der folgenden Zusammenstellung. Wir schreiben dabei der Übersichtlichkeit wegen nur mehr die Indizes selbst an.

$$\left. \begin{matrix} 4\ 5\ 3\ 2\ 6\ 1 \\ \quad\quad\quad\quad 6\ 1 \\ 4\ 5\ 3\ 2\ 1\ 6 \\ \quad\quad\quad\quad 4\ 5 \\ 5\ 4\ 3\ 2\ 1\ 6 \\ \quad\quad\quad\quad 4\ 3 \\ 5\ 3\ 4\ 2\ 1\ 6 \\ \quad\quad\quad\quad 4\ 2 \\ 5\ 3\ 2\ 4\ 1\ 6\cdot \\ \quad\quad\quad\quad 4\ 1 \\ 5\ 3\ 2\ 1\ 4\ 6 \\ \quad\quad\quad\quad 3\ 2 \\ 5\ 2\ 3\ 1\ 4\ 6 \\ \quad\quad\quad\quad 3\ 1 \\ 5\ 2\ 1\ 3\ 4\ 6 \end{matrix} \right\} \quad \text{beseitigte Fehlstände.}$$

f) Geht man von einer grundlegenden Reihenfolge von Elementen $(a_1 a_2 a_3 \ldots a_r)$ aus und erzeugt aus dieser durch Vornahme aller denkbaren Vertauschungen, oder bequemer gleich Transpositionen, alle überhaupt möglichen Permutationen (30, 10)

$$(30,\,10) \quad \left\{ \begin{matrix} a_1\ a_2\ a_3\ \ldots a_r \\ a_{r_1} a_{r_2} a_{r_3} \ldots a_{r_r} \end{matrix} \right\} = v\,, \qquad (30,\,11) \quad \left\{ \begin{matrix} a_1\ a_2\ a_3 \ldots a_r \\ a_1\ a_2\ a_3 \ldots a_r \end{matrix} \right\} = 0\,,$$

so gibt es $P = 1\cdot 2\cdot 3\cdot \ldots \cdot r = r!$ voneinander verschiedene solcher Permutationen. Das abkürzende Zeichen $r!$ für das Produkt $1\cdot 2\cdot 3\cdot \ldots r\cdot$ heißt „r Faktorielle". Die uneigentliche Permutation, welche in (30, 11) unten dieselbe Elementenanordnung wie oben zeigt, bezeichnet man auch als sogenannte *identische Permutation*. Sie entsteht durch null Vertauschungen und soll daher als gerade Permutation bezeichnet werden. Im Falle lauter gleicher Elemente gibt es dann nur eine einzige Permutation, und zwar die identische gerade Permutation. Die Gesamtanzahl der Permutation für $r \geqq 2$ ist stets eine gerade Zahl. Es läßt sich leicht beweisen, daß der folgende Satz gelten muß:

(30, 12)   Für beliebiges $r \geqq 2$ ist genau je die Hälfte aller Permutationen gerade und ungerade.

Dies soll jetzt an einem Beispiel gezeigt werden.

5. Beispiel: Es sei $r = 4$, also $s = 4 \cdot 3/2 = 6$, wobei wir alle Permutationen, die aus (1 2 3 4) durch Vornahme von Vertauschungen bzw. von Transpositionen hervorgehen, normal und lexikographisch anordnen. Man schreibt dabei die normale Anordnung am besten von rechts nach links, die lexikographische Anordnung von links nach rechts auf. Die Tabelle zeigt auch, daß man bei den Permutationen verschiedener Elemente aus der normalen Anordnung der Elemente sofort die lexikographische Anordnung und umgekehrt erhält, wenn man sie verkehrt von rechts nach links liest.

Für dieses Beispiel ist $P_r = 1 \cdot 2 \cdot 3 \cdot 4 = 4! = 24$, $p = u = 12$. In der Tabelle wurden, der Übersichtlichkeit wegen, wieder nur die Indizes angeschrieben. Die Anzahl der Fehlstände v bezieht

Anordnung: $(v_4 v_3 v_2 v_1)$	$(v_1 v_2 v_3 v_4)$	$\left\{\begin{matrix} a_1\ a_2\ a_3\ a_4 \\ a_{v_1} a_{v_2} a_{v_3} a_{v_4} \end{matrix}\right\} = v,$ $P_4 = 4! = 24$ $p = u = 12$		
normal geordnet ◄———	lexikographisch geordnet ——————►	Anzahl der Fehlstände	Permutation gerade	Permutation ungerade
	(v-Fehlstände)	v	p	u
4 3 2 1	1 2 3 4	0	p	
3 4 2 1	1 2 4 3	1		u
4 2 3 1	1 3 2 4	1		u
2 4 3 1	1 3 4 2	2	p	
3 2 4 1	1 4 2 3	2	p	
2 3 4 1	1 4 3 2	3		u
4 3 1 2	2 1 3 4	1		u
3 4 1 2	2 1 4 3	2	p	
4 1 3 2	2 3 1 4	2	p	
1 4 3 2	2 3 4 1	3		u
3 1 4 2	2 4 1 3	3		u
1 3 4 2	2 4 3 1	4	p	
4 2 1 3	3 1 2 4	2	p	
2 4 1 3	3 1 4 2	3		u
4 1 2 3	3 2 1 4	3		u
1 4 2 3	3 2 4 1	4	p	
2 1 4 3	3 4 1 2	4	p	
1 2 4 3	3 4 2 1	5		u
3 2 1 4	4 1 2 3	3		u
2 3 1 4	4 1 3 2	4	p	
3 1 2 4	4 2 1 3	4	p	
1 3 2 4	4 2 3 1	5		u
2 1 3 4	4 3 1 2	5		u
1 2 3 4	4 3 2 1	6	p	

sich in der Tabelle auf die lexikographische Anordnung, wie wir auch im Tabellenkopf oben vermerkt haben.

Es gibt stets gleich viel gerade wie ungerade Permutationen. Somit gilt der Satz:

(30, 13) $r \geqq 2, \quad p = u = r!/2 \,.$

g) Wir haben jetzt noch den Begriff der zyklischen Vertauschung zu erklären. Nehmen wir in der ursprünglichen Reihenfolge der Elemente das letzte Element weg und setzen es vor das erste Element, oder nehmen wir das erste Element weg und setzen es nach dem letzten Element, so sagen wir die neue Reihenfolge der Elemente entsteht aus der alten Reihenfolge durch Vornahme einer *zyklischen Vertauschung.* Führen wir bei n-Elementen einen der beiden genannten Vorgänge n-mal durch, so erhalten wir einen *geschlossenen Zyklus,* d. h. wieder die ursprüngliche Reihenfolge der Elemente; dabei befinden sich im geschlossenen Zyklus natürlich n voneinander verschiedene Reihenfolgen der Elemente. Eine zyklische Vertauschung kann bei n-Elementen durch Vornahme von $n-1$ Vertauschungen erreicht werden. Sie liefert stets $n-1$ Fehlstände. Also gilt:

$$(30,14) \qquad \left\{ \begin{matrix} a_1\,a_2\,\ldots\,a_{n-1}\,a_n \\ a_n\,a_1\,\ldots\,a_{n-2}\,a_{n-1} \end{matrix} \right\} = n-1, \qquad \left\{ \begin{matrix} a_1\,a_2\,\ldots\,a_{n-1}\,a_n \\ a_2\,a_3\,\ldots\,a_n\quad a_1 \end{matrix} \right\} = n-1,$$

(30, 15) Ist die Zahl n gerade, so liefert jede zyklische Vertauschung aus einer geraden Permutation immer eine ungerade Permutation und aus einer ungeraden Permutation immer eine gerade Permutation.

(30, 16) Ist die Zahl n ungerade, so liefert jede zyklische Vertauschung aus einer geraden Permutation immer wieder eine gerade Permutation und aus einer ungeraden Permutation immer wieder eine ungerade Permutation.

Dies soll wieder an zwei Beispielen gezeigt werden.

6. *Beispiel:* $n=6$.		7. *Beispiel:* $n=5$.	
123456 g 123456		12345 g	12354 u
234561 u 612345		23451 g	41235 u
345612 g 561234		34512 g	54123 u
456123 u 456123		45123 g	35412 u
561234 g 345612		51234 g	23541 u
612345 u 234561		12345 g	12354 u
123456 g 123456			

h) In den folgenden Punkten 31, 32, 33 werden bei Besprechung der Permutationen, Kombinationen und Variationen alle möglichen verschiedenen Anordnungen der Elemente stets lexikographisch geordnet. Lexikographisch und normal werden nur die Kombinationen ohne Wiederholung angeordnet, weil diese nämlich später benötigt werden. Es sollen ferner für jedes Beispiel die möglichen Permutationen, Kombinationen und Variationen stets bis zu vier Elementen angeschrieben werden, da man im allgemeinen mit einem vierdimensionalen Raum das Auslangen finden wird. Der Vollständigkeit halber soll der Begriff der Permutation noch einmal kurz wiederholt werden.

31. Permutationen.

a) Ohne Wiederholung.

n-Elemente, die alle voneinander verschieden sind 1, 2, 3, ..., n sollen permutiert oder umgestellt, d. h. in verschiedene Reihenfolgen gebracht werden. Es gibt dann:

$$(31,1) \qquad\qquad P_n = 1 \cdot 2 \cdot 3 \cdot \ldots \cdot n = n\,!$$

voneinander verschiedene *Permutationen ohne Wiederholung aus n-Elementen.* Man setzt:

$$(31,2) \qquad\qquad 0\,! = 1\,.$$

Die Permutationen ohne Wiederholung von $(1\ 2\ 3 \ldots n)$ lauten:

Tabelle (31, 3).

n	P_n	Permutationen ohne Wiederholung
1	1	1
2	2	12, 21
3	6	123, 132, 213, 231, 312, 321
4	24	1234, 1243, 1324, 1342, 1423, 1432, 2134, 2143, 2314, 2341, 2413, 2431 3124, 3142, 3214, 3241, 3412, 3421, 4123, 4132, 4213, 4231, 4312, 4321

b) Mit Wiederholung.

n-Elemente, von denen nur r verschieden sind und die aus r-Gruppen von je $s_1, s_2, \ldots, s_r$ gleichen Elementen bestehen, sollen, wobei also (31, 6) gilt, permutiert oder umgestellt, d. h. in verschiedene Reihenfolgen gebracht werden. Es kann also nur

$$(31, 4) \qquad\qquad 1 \leqq r \leqq n - 1$$

sein. Es gibt dann:

$$(31, 5) \qquad {}^{W}\!P_n = {}^{W}\!P_n^{s_1+s_2+\cdots+s_r} = n!/(s_1!\, s_2!\, s_3! \ldots s_r!)$$

voneinander verschiedene *Permutationen mit Wiederholung von n-Elementen*. Darin ist:

$$(31, 6) \qquad\qquad s_1 + s_2 + s_3 + \cdots + s_r = n\,.$$

Wir wählen in der folgenden Tabelle noch $s_1 \leqq s_2 \leqq s_3$.

8. *Beispiel:* Gegeben seien die Elemente 1 1 2 2 3 3 3 4, dann ist:

$$n = 8, \quad r = 4; \quad s_1 = 2, \quad s_2 = 2, \quad s_3 = 3, \quad s_4 = 1 \qquad \text{und}$$

$$ {}^{W}\!P_8 = {}^{W}\!P_8^{2+2+3+1} = 8!/(2!\cdot 2!\cdot 3!\cdot 1!) = $$

$$ = 1\cdot 2\cdot 3\cdot 4\cdot 5\cdot 6\cdot 7\cdot 8/1\cdot 2\cdot 1\cdot 2\cdot 1\cdot 2\cdot 3\cdot 1 = 1680\,. $$

Tabelle (31, 7).

n	r	s_1	s_2	s_3	${}^{W}\!P_n$	Permutationen mit Wiederholung
2	1	2	—	—	1	11
3	2	1	2	—	3	122, 212, 221
3	1	3	—	—	1	111
4	3	1	1	2	12	1233, 1323, 1332; 2133, 2313, 2331; 3123, 3132, 3213; 3231, 3312, 3321
4	2	2	2	—	6	1122, 1212, 1221; 2112, 2121, 2211
4	2	1	3	—	4	1222, 2122, 2212, 2221
4	1	4	—	—	1	1111

32. Kombinationen.

a) Ohne Wiederholung.

Aus n-Elementen $1, 2, 3, \ldots, n$, die alle voneinander verschieden sind, sollen r-Elemente ohne Rücksicht auf ihre Reihenfolge kombiniert, zusammengestellt oder herausgegriffen werden. Es muß somit:

$$(32,1) \qquad 1 \leqq r \leqq n$$

sein. Es gibt dann:

$$(32,2) \qquad K_n^r = \frac{n!}{r!\,(n-r)!} = \binom{n}{r} = \frac{n \cdot (n-1) \cdot (n-2) \cdot \ldots \cdot (n-r+1)}{1 \cdot 2 \cdot 3 \cdot \ldots \cdot r}$$

voneinander verschiedene *Kombinationen ohne Wiederholung zur r-ten Klasse aus n-Elementen.* Das Zeichen für den Binomialkoeffizient $\binom{n}{r}$ heißt „n über r" und besitzt obige Deutung. Man setzt:

$$(32,3) \qquad \binom{n}{0} = 1, \qquad (32,4) \quad \binom{n}{r} = \binom{n}{n-r} = \frac{n!}{r! \cdot (n-r)!}$$

9. Beispiel: Gegeben: $n = 5$ Elemente: $1, 2, 3, 4, 5$. Gesucht: Alle Kombinationen zur $r = 3$-ten Klasse ohne Wiederholung.

$$K_5^3 = \binom{5}{3} = \binom{5}{2} = \frac{5 \cdot 4}{1 \cdot 2} = 10;$$

normal geordnet: 123; 124, 134, 234; 125, 135, 235; 145, 245, 345,

lexikographisch: 123, 124, 125, 134, 135, 145, 234, 235, 245; 345.

Tabelle (32, 5). Lexikographisch angeordnet.

n	r	K_n^r	Kombinationen ohne Wiederholung
1	1	1	1
2	1	2	1, 2
2	2	1	12
3	1	3	1, 2, 3
3	2	3	12, 13, 23
3	3	1	123
4	1	4	1, 2, 3, 4
4	2	6	12, 13, 14, 23, 24, 34
4	3	4	123, 124, 134, 234
4	4	1	1234

Normal angeordnet: Es verändert sich nur die Anordnung der Kombinationen für

| 4 | 2 | 6 | 12, 13, 23, 14, 24, 34 |

b) Mit Wiederholung.

Aus n-Elementen 1, 2, 3, 4, ..., n, die alle voneinander verschieden sind, sollen r-Elemente ohne Rücksicht auf ihre Reihenfolge, jedoch mit Rücksicht auf ihr mehrfaches Auftreten kombiniert, herausgegriffen oder zusammengestellt werden. Hier muß

$$(32,6) \qquad\qquad r \geqq 1$$

sein. Es gibt dann:

$$(32,7) \qquad {}^W\!K_n^r = \binom{n+r-1}{r} = \frac{n\cdot(n+1)\cdot\ldots\cdot(n+r-1)}{1\cdot 2\cdot\ldots\cdot r} = \frac{(n+r-1)!}{r!\,(n-1)!}$$

voneinander verschiedene *Kombinationen mit Wiederholung zur r-ten Klasse aus n-Elementen*.

Tabelle (32, 8)

n	r	${}^W\!K_n^r$	Kombinationen mit Wiederholung
1	1	1	1
1	2	1	11
1	3	1	111
1	4	1	1111
2	1	2	1, 2
2	2	3	11, 12, 22
2	3	4	111, 112, 122, 222
2	4	5	1111, 1112, 1122, 1222, 2222
3	1	3	1, 2, 3
3	2	6	11, 12, 13, 22, 23, 33
3	3	10	111, 112, 113, 122, 123, 133, 222, 223, 233, 333
3	4	15	1111, 1112, 1113, 1122, 1123, 1133, 1222, 1223, 1233, 1333, 2222, 2223, 2233, 2333, 3333
4	1	4	1, 2, 3, 4
4	2	10	11, 12, 13, 14, 22, 23, 24, 33, 34, 44
4	3	20	111, 112, 113, 114, 122, 123, 124, 133, 134, 144, 222, 223, 224, 233, 234, 244, 333, 334, 344, 444
4	4	35	1111, 1112, 1113, 1114, 1122, 1123, 1124, 1133, 1134, 1144, 1222, 1223, 1224, 1233, 1234, 1244, 1333, 1334, 1344, 1444, 2222, 2223, 2224, 2233, 2243, 2244, 2333, 2334, 2344, 2444, 3333, 3334, 3344, 3444, 4444

33. Variationen.

a) Ohne Wiederholung.

Aus n-Elementen 1, 2, 3, . . ., n, die alle voneinander verschieden sind, sollen r voneinander verschiedene Elemente mit Rücksicht auf ihre verschiedene Reihenfolge herausgegriffen werden. Permutiert man alle Kombinationen, so erhält man alle Variationen. Es muß somit

$$(33, 1) \qquad 1 \leqq r \leqq n$$

sein. Es gibt dann

$$(33, 2) \qquad V_n^r = \binom{n}{r} \cdot r! = n \cdot (n - 1) \cdot (n - 2) \cdot \ldots \cdot (n - r + 1)$$

voneinander verschiedene *Variationen ohne Wiederholung zur r-ten Klasse aus n-Elementen.*

Tabelle (33, 3).

n	r	V_n^r	Variationen ohne Wiederholung
1	1	1	1
2	1	2	1, 2
2	2	2	12, 21
3	1	3	1, 2, 3
3	2	6	12, 13, 21, 23, 31, 32
3	3	6	123, 132, 213, 231, 312, 321
4	1	4	1, 2, 3, 4
4	2	12	12, 13, 14, 21, 23, 24, 31, 32, 34, 41, 42, 43
4	3	24	123, 124, 132, 134, 142, 143; 213, 214, 231, 234, 241, 243 ; 312, 314, 321, 324, 341, 342; 412, 413, 421, 423, 431, 432
4	4	24	1234, 1243, 1324, 1342, 1423, 1432; 2134, 2143, 2314, 2341, 2413, 2431; 3124, 3142, 3214, 3241, 3412, 3421; 4123, 4132, 4213, 4231, 4312, 4321

b) Mit Wiederholung.

Aus n-Elementen 1, 2, 3, . . ., n, die alle voneinander verschieden sind, sollen r-Elemente mit Rücksicht auf ihre Reihenfolge und auf ihr mehrfaches Auftreten herausgegriffen werden. Permutiert man alle Kombinationen, so erhält man alle Variationen. Es muß somit:

$$(33, 4) \qquad r \geqq 1$$

sein. Es gibt dann

$$(33, 5) \qquad {}^W V_n^r = n^r$$

voneinander verschiedene *Variationen mit Wiederholung zur r-ten Klasse aus n-Elementen.*

Tabelle (33, 6)

n	r	$^{W}V_n^r$	Variationen mit Wiederholung
1	1	1	1
1	2	1	11
1	3	1	111
1	4	1	1111
2	1	2	1, 2
2	2	4	11, 12, 21, 22
2	3	8	111, 112, 121, 122, 211, 212, 221, 222
2	4	16	1111, 1112, 1121, 1122, 1211, 1212, 1221, 1222 2111, 2112, 2121, 2122, 2211, 2212, 2221, 2222
3	1	3	1, 2, 3
3	2	9	11, 12, 13, 21, 22, 23, 31, 32, 33
3	3	27	G { 111, 112, 113, 121, 122, 123, 131, 132, 133 211, 212, 213, 221, 222, 223, 231, 232, 233 311, 312, 313, 321, 322, 323, 331, 332, 333
3	4	81	Vor jeder Zahl in der vorhergehenden Gruppe von Zahlen, die wir mit G bezeichnen, ist der Reihe nach zuerst eine 1, dann eine 2 und schließlich eine 3 zu setzen, also symbolisch geschrieben: $1\,G,\ 2\,G,\ 3\,G.$ Das gibt insgesamt $3 \cdot 27 = 81$ Zahlenanordnungen
4	1	4	1, 2, 3, 4
4	2	16	11, 12, 13, 14, 21, 22, 23, 24, 31, 32, 33, 34, 41, 42, 43, 44
4	3	64	H { 111, 112, 113, 114, 121, 122, 123, 124, 131, 132, 133, 134, 141, 142, 143, 144 211, 212, 213, 214, 221, 222, 223, 224, 231, 232, 233, 234, 241, 242, 243, 244 311, 312, 313, 314, 321, 322, 323, 324, 331, 332, 333, 334, 341, 342, 343, 344 411, 412, 413, 414, 421, 422, 423, 424, 431, 432, 433, 434, 441, 442, 443, 444
4	4	256	Vor jeder Zahl in der vorhergehenden Gruppe von Zahlen, die wir mit H bezeichnen, ist der Reihe nach zuerst eine 1, dann eine 2, dann eine 3 und schließlich eine 4 zu setzen, also symbolisch geschrieben: $1\,H,\ 2\,H,\ 3\,H,\ 4\,H.$ Das gibt insgesamt $4 \cdot 64 = 256$ Zahlenanordnungen

34. Kurze Zusammenstellung aller wichtigen Formeln und Zahlen aus der Kombinationslehre.

a) Formeln.

Permutationen:

$$(34, 1) \qquad P_n = n!, \quad {}^{W}P_n = {}^{W}P_n^{s_1 + s_2 + \cdots + s_r} = n!/(s_1!\, s_2! \ldots s_r!),$$

$$n! = 1 \cdot 2 \cdot 3 \cdot \ldots \cdot n, \quad s_1 + s_2 + \cdots + s_r = n, \quad (1 \leqq r \leqq n - 1).$$

Kombinationen:

$$(34, 2) \qquad K_n^r = \binom{n}{r} = \frac{n!}{r!\,(n-r)!}, \qquad {}^{W}K_n^r = \binom{n+r-1}{r} = \frac{(n+r-1)!}{r!\,(n-1)!},$$

$$(1 \leqq r \leqq n) \qquad\qquad\qquad\qquad (r \geqq 1).$$

Variationen:

$$(34,3) \qquad V_n^r = \binom{n}{r} r! = \frac{n!}{(n-r)!}, \qquad {}^W V_n^r = n^r.$$
$$(1 \leqq r \leqq n) \qquad\qquad (r \geqq 1)$$

b) Tabellen über die Anzahlen.

Permutationen:

Tabelle (34, 4).

Elementenanzahl n	1		2		3		4		5	
Komplexbildung	s_1	P_1	s_1+s_2	P_2	$s_1+s_2+s_3$	P_3	$s_1+s_2+\\+s_3+s_4$	P_4	$s_1+s_2+s_3+\\+s_4+s_5$	P_5
Permutationen ohne Wiederholung P_n	1	1	1+1	2	1+1+1	6	1+1+1+1	24	1+1+1+1+1	120
Permutationen mit Wiederholung ${}^W P_n$			2	1	1+2	3	1+1+2	12	1+1+1+2	60
					3	1	2+2	6	1+2+2	30
							1+3	4	1+1+3	20
							4	1	2+3	10
									1+4	5
									5	1

Kombinationen:

Tabelle (34, 5).

		K_n^r					${}^W K_n^r$				
		1	2	3	4	5	1	2	3	4	5
		Elementenanzahl n					Elementenanzahl n				
1		1	2	3	4	5	1	2	3	4	5
2	Klasse r	—	1	3	6	10	1	3	6	10	15
3		—	—	1	4	10	1	4	10	20	35
4		—	—	—	1	5	1	5	15	35	70
5		—	—	—	—	1	1	6	21	56	126

Variationen:

Tabelle (34, 6).

		V_n^r					${}^W V_n^r$				
		1	2	3	4	5	1	2	3	4	5
		Elementenanzahl n					Elementenanzahl n				
1		1	2	3	4	5	1	2	3	4	5
2	Klasse r	—	2	6	12	20	1	4	9	16	25
3		—	—	6	24	60	1	8	27	64	125
4		—	—	—	24	120	1	16	81	256	625
5		—	—	—	—	120	1	32	243	1024	3125

35. Ergänzungen zur Lehre von den Gleichungen und den Polynomen mit mehreren Veränderlichen.

Anschließend an die vorhergehenden Betrachtungen bringen wir jetzt bezüglich der Lehre von den Gleichungen und Polynomen mit mehreren Veränderlichen einige wichtige Ergänzungen. Auf den Beweis der Sätze verzichten wir wieder. Die allgemeinste Gleichung zwischen den r-Veränderlichen

$$(35, 1) \qquad x_1,\ x_2,\ x_3,\ \ldots,\ x_r$$

kann in folgender Form geschrieben werden:

$$(35, 2) \qquad \sum_{i_1=0}^{n_1} \ldots \sum_{i_r=0}^{n_r} a_{i_1 \ldots i_r} x_1^{i_1} \ldots x_r^{i_r} = 0 \,.$$

Darin sind die $i_1,\ i_2,\ \ldots,\ i_r$ natürliche Zahlen und die $a_{i_1 \ldots i_r}$ beliebige, aber fest gewählte reelle oder auch komplexe Zahlen. Da in (35, 2) die Reihenfolge der Vornahme der einzelnen Summationen gleichgültig ist für das Endergebnis, so schreibt man statt dessen, wie im ersten Kapitel erklärt wurde, noch einfacher

$$(35, 3) \qquad \sum_{i_1, \ldots, i_r=0, \ldots 0}^{n_1, \ldots, n_r} a_{i_1 \ldots i_r} x_1^{i_1} \ldots x_r^{i_r} = 0 \,.$$

Abgekürzt schreibt man statt dessen auch

$$(35, 4) \qquad f(x_1,\ x_2,\ \ldots,\ x_r) = 0$$

und nennt den Ausdruck

$$(35, 5) \qquad f(x_1,\ x_2,\ \ldots,\ x_r) = \sum_{i_1, \ldots, i_r=0, \ldots, 0}^{n_1, \ldots, n_r} a_{i_1, \ldots, i_r} x_1^{i_1} \ldots x_r^{i_r}$$

ein *Polynom in den r-Veränderlichen (35, 1)* oder eine *ganze-rationale Funktion f der r-Veränderlichen* $x_1,\ \ldots,\ x_r$. Die Darstellung (35, 5) nennt man auch die *Normalform des Polynoms* entsprechend unserer Namengebung für Funktionen und Polynome einer einzigen Veränderlichen in Punkt 1 0. Die einzelnen Summanden in (35, 3)

$$(35, 6) \qquad a_{i_1 \ldots i_r} x_1^{i_1} \ldots x_r^{i_r} \text{ mit } \begin{cases} (i_1 = 0,\ 1,\ 2,\ \ldots,\ n_1) \\ (i_2 = 0,\ 1,\ 2,\ \ldots,\ n_2) \\ \cdots \cdots \cdots \cdots \\ (i_r = 0,\ 1,\ 2,\ \ldots,\ n_r) \end{cases}$$

heißen wieder die *Glieder des Polynoms*, $x_1^{i_1} \ldots x_r^{i_r}$ heißt ein *Potenzprodukt* aus den $x_1,\ x_2,\ \ldots,\ x_r$. Die beliebigen, aber festen reellen oder komplexen Zahlen $a_{i_1 \ldots i_r}$ nennt man die *Koeffizienten der Glieder* und die ganzen Zahlen $i_1,\ i_2,\ \ldots,\ i_r$ die *Potenzexponenten der Glieder*. Die Summe in (35, 3) ist im allgemeinsten Falle zu erstrecken über eine Anzahl von

$$(35, 7) \qquad G = (n_1 + 1) \cdot (n_2 + 1) \cdot \ldots \cdot (n_r + 1)$$

Gliedern. Sind alle Koeffizienten der Glieder gleich null, so nennen wir das Polynom ein *Nullpolynom*. Jedes Glied (35, 6) des Polynoms besitzt in bezug auf ein bestimmtes $x_k\ (k = 1,\ 2,\ \ldots,\ r)$ einen bestimmten Grad, nämlich i_k, welcher der *Relativgrad des Gliedes in* x_k genannt wird. Der höchste in einem Polynom auftretende Relativgrad aller Glieder in x_k wird auch als der *Relativgrad des Polynoms in x_k* bezeichnet. Als *Absolutgrad oder Grad eines Gliedes* (35, 6) das zum Exponentensystem

$$(35, 8) \qquad\qquad (i_1,\ i_2,\ \ldots,\ i_r)$$

gehört, bezeichnet man die Summe

$$(35, 9) \qquad\qquad g = i_1 + i_2 + \cdots + i_r$$

aller seiner Relativgrade. Als *Absolutgrad n* oder kurz *Grad des Polynoms* (35, 5) bezeichnet man schließlich wieder den größten aller Grade (35, 9), der unter den Absolutgraden aller einzelnen Glieder des Polynoms aufscheint. Die *Polynome vom Grade null* sind die Konstanten. Die Polynome vom Grade eins haben die Gestalt:

$$(35, 10) \qquad\qquad L = a_0 + a_1 x_1 + a_2 x_2 + \cdots + a_r x_r$$

und heißen *lineare Funktionen*. Die Polynome vom Grad 1, 2, 3, 4 nennt man entsprechend wieder *lineare, quadratische, kubische, biquadratische Funktionen*. Vom Nullpolynom sagt man, daß es *keinen Grad* besitzt. Besitzen alle Glieder des Polynoms (35, 5) denselben Absolutgrad g, so nennt man ein derartiges Polynom auch ein *homogenes Polynom vom Grad g* oder auch eine *Form vom Grad g*. In diesem Falle ist der Absolutgrad der Glieder g zugleich auch der Grad des Polynoms bzw. der Form selbst. Die Formen vom Grad 1, 2, 3, 4, ... nennt man der Reihe nach *lineare, quadratische, kubische, biquadratische, ... Formen*. Irgend eine Form vom Grad g bzw. ein homogenes Polynom vom Grad g kann in der Gestalt:

$$(35, 11) \qquad F_g = \sum_{i_1=0}^{g} \cdots \sum_{i_r=0}^{g} a_{i_1 \ldots i_r} x_1^{i_1} \ldots x_r^{i_r} = \sum_{i_1, \ldots, i_r = 0, \ldots, 0}^{g, \ldots, g} a_{i_1 \ldots i_r} x_1^{i_1} \ldots x_r^{i_r}$$

mit der Nebenbedingung

$$(35, 12) \qquad\qquad i_1 + i_2 + \cdots + i_r = g$$

geschrieben werden. Es läßt sich leicht zeigen, daß ein solches homogenes Polynom (35, 11) in den r-Variablen (35, 1) vom Grad g im allgemeinsten Falle

$$(35, 13) \qquad H_r^g = \binom{r + g - 1}{r - 1} = \binom{r + g - 1}{g} = \frac{(r + g - 1)!}{g!\,(r - 1)!}$$

Glieder besitzen muß. Die Summe in (35, 11) ist also für ein homogenes Polynom im allgemeinen über H_r^g Glieder zu erstrecken. Wichtig sind auch die häufig gebrauchten Anzahlen (35, 13) für folgende spezielle Fälle:

$$(35, 14) \quad H_r^0 = 1, \quad H_r^1 = r, \quad H_r^2 = r\,(r + 1)/2, \quad H_r^3 = r\,(r + 1)\,(r + 2)/6,$$
$$H_1^g = 1, \quad H_2^g = g + 1, \quad H_3^g = (g + 1) \cdot (g + 2)/2.$$

Es gelten auch die wichtigen Beziehungen:

$$(35, 15) \quad H_r^{g+1} = H_{r-1}^{g+1} + H_r^g,$$
$$H_{r+1}^{g+1} = H_{r+1}^g + H_r^{g+1}, \qquad H_{r+1}^g = \binom{r + g}{r} = \binom{r + g}{g},$$
$$H_{r+1}^g = H_r^g + H_r^{g-1} + \cdots + H_r^2 + H_r^1 + H_r^0.$$

Ordnet man die Indizes (35, 8) in der Summe (35, 11) lexikographisch an, so erhält man wieder alle Glieder des Polynoms in geordneter Form, wie die folgende Tabelle zur Aufstellung der Formeln für die homogenen Polynome zeigt.

Tabelle (35, 16).

r	g	I_r^g	H_r^g	$(i_1,\ i_2,\ \ldots,\ i_r)$ für homogene Polynome
1	0	1	1	0
1	1	2	1	1
1	2	3	1	2
1	3	4	1	3
1	4	5	1	4
2	0	1	1	00
2	1	3	2	01, 10
2	2	6	3	02, 11, 20
2	3	10	4	03, 12, 21, 30
2	4	15	5	04, 13, 22, 31, 40
3	0	1	1	000
3	1	4	3	001, 010, 100
3	2	10	6	002, 011, 020, 101, 110, 200
3	3	20	10	003, 012, 021, 030, 102, 111, 120, 201, 210, 300
3	4	35	15	004, 013, 022, 031, 040, 103, 112, 121, 130, 202, 211, 220, 301, 310, 400
4	0	1	1	0000
4	1	5	4	0001, 0010, 0100, 1000
4	2	15	10	0002, 0011, 0020, 0101, 0110, 0200, 1001, 1010, 1100, 2000
4	3	35	20	0003, 0012, 0021, 0030, 0102, 0111, 0120, 0201, 0210, 0300, 1002, 1011, 1020, 1101, 1110, 1200, 2001, 2010, 2100, 3000
4	4	70	35	0004, 0013, 0022, 0031, 0040, 0103, 0112, 0121, 0130, 0202, 0211, 0220, 0301, 0310, 0400, 1003, 1012, 1021, 1030, 1102, 1111, 1120, 1201, 1210, 1300, 2002, 2011, 2020, 2101, 2110, 2200, 3001, 3010, 3100, 4000

Schließt man jetzt der Reihe nach in einem beliebigen Polynom (35, 3) vom Absolutgrad g mit den r Veränderlichen (35, 1) die Glieder des Polynoms zu Formen vom Grad 0, 1, 2, 3, . . ., $g-1$, g mit je r-Veränderlichen zusammen, so erkennt man leicht, daß das allgemeinste Polynom (35, 11) vom Grad g, welches man auch, wenn es nicht speziell homogen ist, ein inhomogenes Polynom nennt, im allgemeinsten Falle nach (35, 15) eine Höchstanzahl von

$$(35,17) \qquad I_r^g = H_r^0 + H_r^1 + \cdots + H_r^g = H_{r+1}^g$$

Gliedern besitzen muß. Somit besitzt also das inhomogene Polynom (35, 11) vom Grad g eine Anzahl von

$$(35,18) \qquad I_r^g = \binom{r+g}{r} = \binom{r+g}{g} = \frac{(r+g)!}{g!\,r!}$$

Gliedern. Diese Anzahlen haben wir in der Tabelle (35, 16) noch besonders vermerkt. Es gelten noch die wichtigen Beziehungen:

$$(35,19) \qquad I_r^g = H_r^g \cdot \frac{r+g}{r}, \quad H_r^g = I_r^g \cdot \frac{r}{r+g},$$

$$(35,20) \qquad I_r^0 = 1, \quad I_r^1 = r+1, \quad I_r^2 = (r+1)\,(r+2)/2,$$

$$I_r^3 = (r+1)\,(r+2)\,(r+3)/6,$$

$$I_1^g = g+1, \quad I_2^g = (g+1)\,(g+2)/2, \quad I_3^g = (g+1)\,(g+2)\,(g+3)/6.$$

Anschließend an die gegebenen Untersuchungen bringen wir ohne Beweis noch zwei wichtige Sätze, die später von uns gebraucht werden. Es sind dies der *Binomische Lehrsatz*:

$$(35,21) \qquad (x_1 + x_2)^g = \sum_{i=0}^{g} \binom{g}{i} x_1^i \, x_2^{g-i}$$

und der *Polynomische Lehrsatz*:

$$(35,22) \qquad (x_1 + x_2 + \cdots + x_r)^g = \sum_{i_1,\,\ldots,\,i_r=0,\,\ldots,\,0}^{g,\,\ldots,\,g} \frac{g!}{i_1!\,i_2!\,\ldots\,i_r!} x_1^{i_1} x_2^{i_2} \ldots x_r^{i_r}$$

$$\text{mit der Nebenbedingung:} \qquad i_1 + i_2 + \cdots + i_r = g.$$

Da in beiden Formeln rechts die Polynome homogen vom Grad g sind, so ist die Summe in Formel (35,21) rechts zu erstrecken über $H_2^g = g+1$ Glieder, hingegen die Summe in Formel (35,22) rechts zu erstrecken über alle H_r^g Glieder nach Formel (35,13) und Tabelle (35,16). Bemerkenswert sind auch noch die zur Berechnung der *Binomialkoeffizienten* $\binom{g}{i}$ in (35,21) benützten Formeln:

$$(35,23) \qquad \binom{g}{i-1} + \binom{g}{i} = \binom{g+1}{i} \quad \text{für} \quad 1 \leqq i \leqq g.$$

Bei der zahlenmäßigen Berechnung der Binomialkoeffizienten verwendet man außer der Formel (32,2) bzw. (32,4) hauptsächlich die Formel (35,23) und ordnet die errechneten Zahlen in Form des *Pascalschen Dreiecks* mit dem nachfolgenden leicht verständlichen Schlüssel an:

$$
(35,24)
$$

$$
\begin{array}{l}
\binom{0}{0} \quad\cdots\cdots\quad g=0 \\[4pt]
\binom{1}{0} \quad \binom{1}{1} \quad\cdots\cdots\quad g=1 \\[4pt]
\binom{2}{0} \quad \binom{2}{1} \quad \binom{2}{2} \quad\cdots\quad g=2 \\[4pt]
\binom{3}{0} \quad \binom{3}{1} \quad \binom{3}{2} \quad \binom{3}{3} \cdot\; g=3
\end{array}
\qquad
\begin{array}{l}
\binom{g}{i-1} \qquad \binom{g}{i} \\[4pt]
\binom{g+1}{1}
\end{array}
$$

$$
\begin{array}{ccccccl}
1 & & & & & \cdots & g=0 \\
1 & 1 & & & & \cdots & g=1 \\
1 & 2 & 1 & & & \cdots & g=2 \\
1 & 3 & 3 & 1 & & \cdots & g=3 \\
1 & 4 & 6 & 4 & 1 & \cdots & g=4 \\
1 & 5 & 10 & 10 & 5 & 1 & \cdot\; g=5.
\end{array}
$$

Durch Addition zweier benachbarter Glieder einer Zeile im Pascalschen Dreieck entsteht das zwischen beiden Gliedern in der nächst tiefer liegenden Zeile stehende neue Glied entsprechend der oben angedeuteten allgemeinen Regel für die Berechnung der Binomialkoeffizienten.

36. Bemerkungen zur eindeutigen Bezeichnung von Summen in der Relativitätstheorie.

Wir haben bereits statt des Ausdrucks links einfacher den Ausdruck rechts in folgender Summe geschrieben:

$$(36,1) \qquad a_0\, x^0 + a_1\, x^1 + a_2\, x^2 + \cdots + a_n\, x^n = \sum_{i=0}^{n} a_i\, x^i \,.$$

In der Relativitätstheorie schreibt man für diese Summe noch einfacher und kürzer:

$$(36,2) \qquad a_\nu\, x^\nu \quad \text{mit der Anmerkung} \quad (\nu = 0,\, 1,\, 2,\, \ldots,\, n)\,.$$

Ein einzelnes Glied der Summe bezeichneten wir hingegen durch:

$$(36,3) \qquad a_i\, x^i \quad \text{mit der Anmerkung} \quad (i = 0,\, 1,\, 2,\, \ldots,\, n)\,,$$

i nannten wir deshalb einen *Aufzählungsindex* und ν einen *Summationsindex*. Dieselbe Schreibweise hatten wir stillschweigend bereits in den Formeln für kompliziertere Summenbildungen vereinbart, so bei der Summenbildung in (35, 2) oder (35, 3). Dort durchlaufen die Aufzählungsindizes i_1, i_2, $\ldots$, i_r die Wertereihen in (35, 6). In der Relativitätstheorie hingegen schreiben wir die Summe (35, 3) noch kürzer wie folgt:

$$(36,4) \qquad a_{\nu_1 \ldots \nu_r}\, x_1^{\nu_1} \ldots x_r^{\nu_r} \quad \text{mit der Anmerkung:}$$

$$(\nu_1 = 0,\, 1,\, 2,\, \ldots,\, n),\quad (\nu_2 = 0,\, 1,\, 2,\, \ldots,\, n),\, \ldots,\, (\nu_r = 0,\, 1,\, 2,\, \ldots,\, n)\,.$$

Darin sind jetzt alle kleinen griechischen Indizes Summationsindizes. In jeder derartigen Summe muß also genau angegeben werden, welche Wertereihen (ν_1, ν_2, $\ldots$, ν_r) die Indizes ν_1, ν_2, $\ldots$, ν_r bei der Summenbildung zu durchlaufen haben. Ordnet man diese Wertereihen nach Punkt 29 lexikographisch oder normal an, so erhält man sofort in jeder Summe eine genau bestimmte Summationsfolge der einzelnen Summanden. Von einem bestimmten Glied der Summe kann dann gesagt werden, daß es das soundsovielte Glied der Summe darstellt. Soll ein bestimmtes Glied der Summe herausgegriffen werden, so benützen wir wieder die Schreibweise (35, 6). Wir treffen deshalb für Schreibweisen in der Relativitätstheorie die folgende Vereinbarung:

(36, 5)   Bei Summenbildungen soll, falls das Summenzeichen weggelassen wird, immer nur über kleine griechische Indizes, die Summationsindizes ν, ν_1, ν_2, $\ldots$, ν_r, nicht aber über kleine lateinische Indizes, die Aufzählungsindizes i, i_1, i_2, $\ldots$, i_r summiert werden. Kommen hingegen in einer Gleichung der Relativitätstheorie kleine lateinische Aufzählungsindizes i, i_1, i_2, $\ldots$, i_r vor, so soll dies heißen, daß die Gleichung für alle speziellen Zahlwerte, die diese Indizes annehmen können, angeschrieben werden soll.

Wir wollen hier ein paar Beispiele anführen:

Können z. B. die Indizes ν, ν_1, $\nu_2 \ldots$ bzw. die Indizes i, i_1, i_2, $\ldots$ alle nach Belieben der Wertereihe 1, 2, 3, $\ldots$, n durchlaufen, was wir immer wie folgt

$$(36,6) \qquad (\nu = 1,\, 2,\, \ldots,\, n),\quad (\nu_1 = 1,\, 2,\, \ldots,\, n),\, \ldots$$
$$(i = 1,\, 2,\, \ldots,\, n),\quad (i_1 = 1,\, 2,\, \ldots,\, n),\, \ldots,$$

oder gleich zusammenfassend so

$$(36, 7) \qquad\qquad (\nu, \nu_1, \nu_2, \ldots = 1, 2, \ldots, n)$$
$$(i, i_1, i_2, \ldots = 1, 2, \ldots, n)$$

andeuten wollen, so bedeutet im

1. Beispiel:

$$(36, 8) \qquad\qquad a_{i_1}^{\nu}\, B_{\nu}^{i_2} = c_{i_1}^{i_2}\,,$$

ein Gleichungssystem von n^2 Gleichungen, wobei in jeder dieser Gleichungen die Summe über n Glieder zu erstrecken ist. Genauer geschrieben können wir also dafür setzen:

$$(36, 9) \qquad \sum_{i=1}^{n} a_{i_1}^{i}\, B_{i}^{i_2} = c_{i_1}^{i_2} \quad \text{mit} \quad (i, i_1, i_2 = 1, 2, \ldots, n)$$

oder ausgeschrieben:

$$(36, 10) \qquad a_{i_1}^1\, B_1^{i_2} + a_{i_1}^2\, B_2^{i_2} + \cdots + a_{i_1}^n\, B_n^{i_2} = c_{i_1}^{i_2}$$
$$\text{mit } (i_1 = 1, 2, \ldots, n) \quad \text{und} \quad (i_2 = 1, 2, \ldots, n)$$

die Indizes (i_1, i_2) durchlaufen darin alle $^W V_n^2 = n^2$ Variationen zweiter Klasse aus den n-Elementen $1, 2, \ldots, n$.

2. Beispiel:

$$(36, 11) \qquad\qquad a_{\nu_1}\, b_{\nu_2}^{\nu_1}\, c_{\nu_2} = k\,,$$

eine einzige Gleichung, in der die Summe über alle $^W V_n^2 = n^2$ Variationen (ν_1, ν_2) zweiter Klasse aus den Elementen $1, 2, \ldots, n$ zu erstrecken ist. Ausgeschrieben erhalten wir also:

$$(36, 12) \qquad \sum_{i_1,\, i_2 = 0,\, 0}^{n,\, n} a_{i_1}\, b_{i_2}^{i_1}\, c_{i_2} = k \quad \text{mit} \quad (i_1, i_2 = 1, 2, \ldots, n)$$

und bei lexikographischer Anordnung (i_1, i_2) in der Summenbildung

$$(36, 13) \qquad a_1\, b_1^1\, c_1 + a_1\, b_2^1\, c_2 + \cdots + a_1\, b_n^1\, c_n +$$
$$+ \cdots\cdots\cdots\cdots\cdots +$$
$$+ a_n\, b_1^n\, c_1 + a_n\, b_2^n\, c_2 + \cdots + a_n\, b_n^n\, c_n = k.$$

3. Beispiel:

$$(36, 14) \qquad\qquad a_{i\nu} = b_i\,,$$

n-Gleichungen, wobei in jeder dieser Gleichungen die Summe über n-Glieder zu erstrecken ist, also ausgeschrieben:

$$(36, 15) \qquad \sum_{k=1}^{n} a_{ik} = b_i \;\; (i = 1, 2, \ldots, n) \quad \text{oder}$$

$$(36, 16) \qquad a_{i_1} + a_{i_2} + \cdots + a_{i\,n} = b_i, \quad (i = 1, 2, \ldots, n)\,.$$

Sind daher die Wertereihen, die alle Indizes bei der Summenbildung sowohl als bei der Aufzählung durchlaufen können, eindeutig gegeben, so bleibt durch die Festsetzung (36, 5) jeder Irrtum ausgeschlossen.

(36, 17) Sollen die angegebenen Schreibweisen der Relativitätstheorie verwendet werden, so soll dies von uns immer besonders betont werden.

IV. Kapitel. Die geometrischen Größen des n-dimensionalen Raumes. Einführung in die n-dimensionale Geometrie.

37. Das Rechnen mit Punkten und Vektoren.

Wir bezeichnen in diesem Kapitel reelle Zahlen immer mit kleinen lateinischen Buchstaben, Punkte und Pole mit kleinen deutschen Buchstaben und Vektoren mit überstrichenen kleinen deutschen Buchstaben.

a) Wollen wir für irgend einen Gegenstand räumlicher Ausdehnung mathematisch-geometrische Größenbeziehungen aufstellen, so müssen wir uns den Gegenstand, um über ihn überhaupt irgendwelche Aussagen machen zu können, in einen genau bestimmten, absolut ruhenden und dauernd unbeweglich gedachten Raum eingebettet denken. Irgend ein Punkt des Gegenstandes fällt dann stets mit einem absolut festen Punkt dieses Raumes zusammen. Jeden Punkt dieses absolut festen Raumes nennen wir einen *Einheitspunkt* oder einen *einfachen Punkt* und bezeichnen ihn allgemein mit e_a. Darin soll e an das Wort Einheit oder einfach erinnern und der Index a den Ort des Punktes im Raum bezeichnen. Den Punkt nennen wir deshalb auch kurz den *Punkt a*. Verschiedene Punkte des Raumes, die nicht räumlich zusammenfallen, bezeichnen wir mit verschiedenen Indizes. Weisen wir einem derartigen Punkt eine *Masse a* zu, worunter wir uns immer eine reelle Zahl vorstellen wollen, so sprechen wir von einem *a-fachen Punkt e_a* oder von dem *vielfachen Punkt e_a* oder von dem *Punkt mit der Masse a* oder von dem *Punkt mit dem Zahlwert a* und bezeichnen diesen symbolisch mit $\mathfrak{a}$. Wir schreiben dann:

$$(37, 1) \qquad \mathfrak{a} = a\,e_a, \quad e_a = 1\,e_a, \quad \mathfrak{o} = 0\,e_a$$

und nennen die Masse des Punktes $\mathfrak{a}$ auch den *Modul des Punktes* $\mathfrak{a}$, so daß gilt:

$$(37, 2) \qquad \operatorname{mod} \mathfrak{a} = a, \quad \operatorname{mod} e_a = 1, \quad \operatorname{mod} \mathfrak{o} = 0.$$

Einen beliebigen Raumpunkt mit der Masse 0 nennen wir einen *Nullpunkt*. Wir nennen ferner *zwei Punkte einander gleich*, wenn sie räumlich zusammenfallen und dieselbe Masse besitzen. Wir schreiben daher

$$(37, 3) \qquad \mathfrak{a} = a\,e_a, \quad \mathfrak{b} = b\,e_b, \quad \mathfrak{a} = \mathfrak{b} \longleftrightarrow e_a = e_b, \quad a = b.$$

Ferner setzen wir für die Multiplikation einer reellen Zahl mit einem Einheitspunkt stets die Gültigkeit folgender Rechenregel fest:

$$(37, 4) \qquad a\,e_a = e_a\,a.$$

b) Einen Punkt des absolut festen Raumes wollen wir vor allen anderen Punkten des Raumes durch seine Lage besonders auszeichnen und ihn *als ursprünglich betrachten*, d. h. er soll von uns während der ganzen Durchrechnung irgend eines geometrischen Problems festgehalten und zeitlich und örtlich als unverschieblich und dauernd unveränderlich betrachtet werden. Dieser Einheitspunkt des absolut festen Raumes kann von uns zu Beginn jeder geometrischen Untersuchung frei irgendwo im Raume ausgewählt werden. Diesen und nur diesen Punkt des Raumes bezeichnen wir allein mit e_0 und nennen ihn kurz den *Ursprung unseres Raumes* oder kurz den *Ursprung*.

c) Allen unseren Längen-, Flächen- und Raummessungen legen wir eine sonst anfänglich beliebig lang gewählte Längenmaßeinheit ε zugrunde. Ihre Länge wollen wir ebenfalls als ursprünglich betrachten, d. h. auch sie soll sich während der ganzen Durchrechnung irgend eines Problems zeitlich und ihrer Länge nach nicht mehr verändern. Wir bezeichnen sie im folgenden kurz als *Grundmaßeinheit* ε und sagen von ihr, *sie besitze die „Länge Eins".*

d) Jetzt legen wir die Definition für die Summe zweier einfacher nicht zusammenfallender Punkte fest. Wir verstehen unter der *Summe* $e_a + e_b$ *zweier einfacher Punkte* e_a *und* e_b den Halbierungspunkt h der Verbindungsgeraden der beiden Punkte a und b, versehen mit der Masse zwei. Die Addition soll gleichzeitig kommutativ sein. Wir schreiben also:

$$(37, 5) \qquad e_a + e_b = 2\,e_h, \qquad e_b + e_a = 2\,e_h.$$

Ähnlich setzen wir die Definition für die Differenz zweier einfacher, nicht zusammenfallender Punkte a und b fest:

Bewegen wir uns auf der Geraden, die die beiden nicht zusammenfallenden Punkte a und b miteinander verbindet, vom Punkt a ausgehend zum Punkt b, so sagen wir, wir durchlaufen den *Vektor* $\bar{\mathfrak{x}}_{ab}$ in der *Richtung des Vektors* $\bar{\mathfrak{x}}$ von Punkt a, *dem Anfangspunkt dieses Vektors*, zum Punkt b, *dem Endpunkt* dieses Vektors. In der zeichnerischen Darstellung markieren wir den Anfangspunkt a des Vektors durch einen kleinen *Kreis* und den Endpunkt b des Vektors durch die *Spitze eines Pfeiles*, welcher vom Punkt a nach dem Punkt b, also vom Anfangspunkt des Vektors zum Endpunkt des Vektors weist. Man nennt den Vektor deshalb auch einen *Pfeil*. In Zeichen schreiben wir darum:

$$(37, 6) \qquad e_b - e_a = \bar{\mathfrak{x}}_{ab}, \qquad e_a - e_b = \bar{\mathfrak{x}}_{ba}$$

und nennen den Vektor $\bar{\mathfrak{x}}_{ab}$ auch eine *Punktdifferenz*. Unter dem *absoluten Betrag* $|\bar{\mathfrak{x}}_{ab}|$ oder *dem Modul des Vektors* $\bar{\mathfrak{x}}_{ab}$ verstehen wir die Verhältniszahl der Länge des Vektors $\bar{\mathfrak{x}}_{ab}$ zur Länge der Grundmaßeinheit ε. Er ist daher stets eine reelle positive Zahl. Wir schreiben daher:

$$(37, 7) \qquad |\bar{\mathfrak{x}}_{ab}| = \operatorname{mod}\bar{\mathfrak{x}}_{ab} = \text{Länge des Vektors } \bar{\mathfrak{x}}_{ab}/\text{Länge der Grundmaß-}$$
$$\text{einheit } \varepsilon.$$

Wir sagen auch anschaulicher: *Die Grundmaßeinheit* ε *besitzt die Länge 1, der Vektor besitzt die Länge* $|\bar{\mathfrak{x}}_{ab}|$ seines absoluten Betrages. Unter einem *Einheitsvektor* $\bar{e}$ verstehen wir dann jeden Vektor von der Länge der Grundmaßeinheit, d. h. von der Länge 1 und unter dem *Nullvektor* $\bar{o}$ jeden Vektor von der Länge 0. Wir schreiben deshalb

$$(37, 8) \qquad |\bar{e}| = \operatorname{mod}\bar{e} = 1, \qquad |\bar{o}| = \operatorname{mod}\bar{o} = 0\,.$$

e) Lassen wir im Sonderfall in (37, 5) und (37, 6) den Punkt b mit dem Punkt a zusammenfallen, so fällt auch der Punkt h mit dem Punkt a zusammen und wir erhalten daher aus den genannten Gleichungen die folgenden Beziehungen:

$$(37, 9) \qquad e_a + e_a = 2\,e_a, \qquad e_a - e_a = \bar{\mathfrak{x}}_{aa}\,.$$

Der Vektor $\bar{\mathfrak{x}}_{aa}$ besitzt aber die Länge null und kann daher als Nullvektor mit $\bar{o}$ bezeichnet werden. Somit besteht der Satz:

$$(37, 10) \qquad e_a - e_a = \bar{\mathfrak{x}}_{aa} = \bar{o}\,.$$

Wir setzen jetzt weiterhin für die Addition vielfacher, aber zusammenfallender

Punkte des Raumes folgende Rechenregeln fest:

$$(37, 11) \qquad a\,e_a + b\,e_a = (a + b)\,e_a, \quad a\,e_a - b\,e_a = (a - b)\,e_a,$$

$$(37, 12) \qquad + a\,e_a = (+ a)\,e_a, \quad -- a\,e_a = (- a)\,e_a.$$

Darin können a und b beliebige reelle Zahlen darstellen. Negative Punkte fassen wir also als *Punkte mit einer negativen* Masse $- a$ auf. Aus diesen Rechenregeln und aus (37, 10) folgt sofort

$$a\,e_a - a\,e_a = (+ a)\,e_a + (- a)\,e_a = 0\,e_a = \mathfrak{o}, \qquad \text{andererseits ist:}$$

$$a\,e_a - a\,e_a = a\,(e_a - e_a) = a\,\overline{\mathfrak{x}}_{a\,a} = a\,\overline{\mathfrak{o}}, \quad a\,\overline{\mathfrak{o}} = 0\,e_a, \quad \overline{\mathfrak{o}} = 0\,e_a,$$

somit gilt der Satz:

$$(37, 13) \qquad 0\,e_a = \mathfrak{o} \quad \text{oder auch} \quad 0\,e_a = \overline{\mathfrak{o}} \quad \text{mit} \quad \overline{\mathfrak{o}} = \mathfrak{o},$$

d. h. *der Nullvektor* $\overline{\mathfrak{o}}$ *oder der Nullpunkt* $\mathfrak{o}$ *ist irgend ein endlicher Punkt des Raumes mit der Masse null.*

f) Nun denken wir uns irgend einen starren Körper und mit diesem verschiebbar verbunden eine starre, gerade, dreikantige Führungsstange π. Nun verschieben wir den Körper längs dieser Führungsstange um ein bestimmtes Stück. Eine Verdrehung des Körpers um die Führungsstange soll dabei, ebenso wie eine Bewegung der Führungsstange im absolut festen Raume unmöglich sein. Durch die Verschiebung des starren Körpers längs der im Raume festen Führungsstange werden die Punkte $a_1, a_2, \ldots$ des Körpers nach den Punkten $b_1, b_2, \ldots$ des Raumes gelangen. Alle durch diese Verschiebung entstandenen *Vektoren*

$$(37, 14) \qquad \overline{\mathfrak{x}}_{a_1 b_1} = e_{b_1} - e_{a_1}, \quad \overline{\mathfrak{x}}_{a_2 b_2} = e_{b_2} - e_{a_2}, \ldots$$

besitzen dieselbe Pfeilrichtung oder kurz dieselbe Richtung und denselben Betrag, d. h. dieselbe Länge. *Wir erklären sie alle als einander gleich* und bezeichnen sie darum mit demselben deutschen überstrichenen Buchstaben $\overline{\mathfrak{a}}$. Wir schreiben also:

$$(37, 15) \qquad \overline{\mathfrak{a}} = \overline{\mathfrak{x}}_{a_1 b_1} = \overline{\mathfrak{x}}_{a_2 b_2} = \cdots, \quad |\,\overline{\mathfrak{a}}\,| = |\,\overline{\mathfrak{x}}_{a_1 b_1}\,| = |\,\overline{\mathfrak{x}}_{a_2 b_2}\,| \ldots.$$

Man nennt einen Vektor deshalb auch eine *Verschiebung* oder eine *Translation des Raumes*. Da alle Vektoren in (37, 14) nach demselben unendlich fernen Punkt der Führungsstange π, nämlich nach dem Punkt e_∞ weisen, so kann ein jeder Vektor $\overline{\mathfrak{a}}$ auch als ein *endlicher Vertreter* des unendlichfernen Punktes dieser Führungsstange e_∞ betrachtet werden. Da man in der Geometrie aber die *unendlichfernen Elemente* auch als *uneigentliche Elemente* bezeichnet, so nennt man einen Vektor auch einen *uneigentlichen Punkt* oder einen *unendlichfernen Punkt des Raumes*.

Jetzt denken wir uns vier Punkte des Raumes a, b, c, d gegeben, die der Reihe nach die Eckpunkte eines Parallelogrammes bilden. Nach unserer Festsetzung gilt dann also z. B. die Beziehung $\overline{\mathfrak{x}}_{ab} = \overline{\mathfrak{x}}_{dc}$ oder entsprechend unserer Definitionsgleichung (37, 6) die Beziehung $e_b - e_a = e_c - e_d$. Setzen wir jetzt weiter fest, daß in einer Gleichung zwischen Punkten, wie in der Algebra, ein Glied der Gleichung von einer Seite der Gleichung auf die andere Seite der Gleichung bei gleichzeitiger Vornahme eines Vorzeichenwechsels (bei der Addition des betreffenden Gliedes in der Gleichung) gebracht werden kann, so folgt aus der angegebenen Gleichung sofort die Beziehung $e_b + e_d = e_c + e_a$. Die Summe der Punkte links sowohl wie rechts vom Gleichheitszeichen stellt aber nach unserer Definition in (37, 5) nichts anderes als $2\,e_h$, d. h. den zweifachen Halbierungspunkt h der beiden Diagonalen des Parallelogrammes b, d und c, a, wie es auch wirklich sein muß, dar. Tatsächlich folgt also aus der Gleichheit der Vektoren eine richtige Gleichheitsbeziehung zweier Punktsummen, so daß also unsere beiden Definitionen für den Begriff eines Vektors und einer Punktsumme, nämlich (37, 5) und (37, 6) widerspruchsfrei nebeneinander bestehen können.

Jeder Vektor ist durch unsere Festsetzung über die Gleichheit von Vektoren, gewissermaßen im Raum parallel verschieblich. Man drückt diese Parallelverschieblichkeit dadurch aus, daß man einen Vektor auch eine *freie Größe* nennt, zum Unterschied von einem Punkt, der stets eine an seinen Ort *gebundene Größe* darstellt. Die *charakteristischen Merkmale eines Vektors* sind daher nicht sein Anfangs- und sein Endpunkt, wie dies durch unsere ursprüngliche Definition (37, 6) leicht vorgetäuscht werden könnte, sondern lediglich nur *die Richtung und der Betrag des Vektors.* Allein der Nullvektor *ist richtungslos,* denn er besitzt die Länge null. Dies soll jetzt noch eindringlicher die folgende Schreibweise zeigen: Setzen wir nämlich (37, 14) in (37, 15) ein, so folgt

$$\overline{a} = e_{b_1} - e_{a_1} = e_{b_2} - e_{a_2} = \cdots$$

und daraus sofort:

$$(37, 16) \qquad e_{b_1} = e_{a_1} + \overline{a}, \quad e_{b_2} = e_{a_2} + \overline{a}, \ldots,$$

d. h. addieren wir zu einem einfachen Punkt einen Vektor, so wird der einfache Punkt um den Vektor verschoben. Noch deutlicher zeigt dies unsere alte Schreibweise, die aus (37, 6) folgt:

$$(37, 17) \qquad e_a + \overline{\mathfrak{x}}_{ab} = e_b, \quad e_b + \overline{\mathfrak{x}}_{ba} = e_a.$$

Auch diese Addition von einem einfachen Punkt und einem Vektor wollen wir wieder als kommutativ ansehen, d. h. es soll gelten:

$$(37, 18) \qquad e_a + \overline{a} = \overline{a} + e_a.$$

Addieren wir jetzt zu einem einfachen Punkt den Nullvektor, so wird dieser Punkt um den Nullvektor verschoben, d. h. er bleibt also derselbe Punkt. Addieren wir ebenso zu einem Punkt mit der Masse null einen Vektor, so rührt sich dieser Vektor nicht. Der Punkt mit der Masse null und der Nullvektor sind eben, wie wir schon in (37, 13) erkannt haben, miteinander identisch. Es gelten darum die Sätze:

$$(37, 19) \qquad e_a + \overline{o} = e_a, \quad \overline{o} + e_a = e_a, \quad 0\,e_a = o = \overline{o},$$
$$o + \overline{a} = \overline{a}, \quad \overline{a} + o = \overline{a}, \quad 0\,\overline{a} = \overline{o} = o.$$

g) In zwei parallelen Geraden α und β des Raumes ist es möglich, entweder *zwei gleichsinnig-* oder *zwei gegensinnig-parallele Vektoren* $\overline{a}$ *und* $\overline{b}$, deren Pfeile entweder nach derselben Raumrichtung oder nach entgegengesetzten Raumrichtungen weisen, und die noch eine verschiedene Länge besitzen können, anzunehmen. Beide Arten von Vektoren nennen wir auch zusammengenommen, kurz *parallele Vektoren.* Sind überdies die Längen $|\overline{a}|$ und $|\overline{b}|$ der beiden Vektoren $\overline{a}$ und $\overline{b}$ einander gleich, so sind gleichsinnig-parallele Vektoren gleiche Vektoren, gegensinnig-parallele Vektoren aber sogenannte *entgegengesetzte Vektoren*. In Zeichen schreiben wir:

(37, 20) $\bar{a} \mid \mid \bar{b}$ für parallele Vektoren . . . . . $\bar{a}$ und $\bar{b}$,

         $\bar{a} \uparrow\uparrow \bar{b}$ für gleichsinnig-parallele Vektoren $\bar{a}$ und $\bar{b}$,

         $\bar{a} \uparrow\downarrow \bar{b}$ für gegensinnig-parallele Vektoren $\bar{a}$ und $\bar{b}$,

         $\bar{a} = \bar{b}$ für gleiche Vektoren . . . . . . $\bar{a}$ und $\bar{b}$,

         $\bar{a} = -\bar{b}$ für entgegengesetzte Vektoren . $\bar{a}$ und $\bar{b}$.

Es gilt dann stets:

(37, 21) $\bar{a} \mid\mid \bar{b} \longleftrightarrow \bar{a}\uparrow\uparrow\bar{b}$ oder $\bar{a}\uparrow\downarrow\bar{b}$,

         $\bar{a} = \bar{b} \longleftrightarrow \bar{a}\uparrow\uparrow\bar{b}$ und $|\bar{a}| = |\bar{b}|$,

         $\bar{a} = -\bar{b} \longleftrightarrow \bar{a}\uparrow\downarrow\bar{b}$ und $|\bar{a}| = |\bar{b}|$.

Auf Grund dieser Erklärung ist der Vektor $\bar{\mathfrak{x}}_{ba}$ entgegengesetzt zum Vektor $\bar{\mathfrak{x}}_{ab}$. Tatsächlich gilt nach folgendem links und rechts, in Übereinstimmung mit den Klammerregeln der Algebra, die Beziehung:

(37, 22) $\bar{\mathfrak{x}}_{ba} = -\bar{\mathfrak{x}}_{ab}$ oder $(\mathfrak{e}_a - \mathfrak{e}_b) = -(\mathfrak{e}_b - \mathfrak{e}_a)$.

Im Parallelogramm mit den vier aufeinanderfolgenden Eckpunkten a, b, c, d sind die Vektoren $\bar{\mathfrak{x}}_{ab}$ und $\bar{\mathfrak{x}}_{cd}$ entgegengesetzte Vektoren; tatsächlich gilt wegen $\bar{\mathfrak{x}}_{ab} = -\bar{\mathfrak{x}}_{cd}$ jetzt $(\mathfrak{e}_b - \mathfrak{e}_a) = -(\mathfrak{e}_d - \mathfrak{e}_c)$ oder aufgelöst $\mathfrak{e}_b - \mathfrak{e}_a = \mathfrak{e}_c - \mathfrak{e}_d$, woraus wieder die richtige Beziehung $\mathfrak{e}_b + \mathfrak{e}_d = \mathfrak{e}_a + \mathfrak{e}_c = 2\mathfrak{e}_h$ folgt.

h) Es ist jetzt naheliegend, folgendes festzusetzen: Unter der *Summe der beiden Vektoren* $\bar{a}$ *und* $\bar{b}$ verstehen wir den Vektor $\bar{c}$, der vom Anfangspunkt des Vektors $\bar{a}$ zum Endpunkt des Vektors $\bar{b}$ führt, wenn gleichzeitig der Endpunkt des Vektors $\bar{a}$, also dessen Pfeilspitze, mit dem Anfangspunkt des Vektors $\bar{b}$, also mit dessen kleinem Kreis, zur Deckung gebracht wird. Wir schreiben dafür kurz in Zeichen:

$$\bar{a} + \bar{b} = \bar{c}.$$

Die ganze Figur, die bei dieser Addition entsteht, kann dabei beliebig im absolut festen Raum parallel zu sich selbst verschoben gedacht werden. Es ergibt sich jetzt sofort die Gültigkeit der *Parallelogrammregel* oder die Gültigkeit des kommutativen Gesetzes der Vektoraddition:

(37, 23) $\bar{a} + \bar{b} = \bar{b} + \bar{a}$.

Ferner gilt auch, wie man sich leicht überzeugen kann, die Gültigkeit des assoziativen Gesetzes für diese Addition, nämlich

(37, 24) $(\bar{a} + \bar{b}) + \bar{c} = \bar{a} + (\bar{b} + \bar{c})$.

Diese Summen können daher ohne Mißverständnis auch ohne Klammern geschrieben werden, wenn wieder die Gültigkeit der *Klammerregel* festgesetzt wird:

(37, 25) $\bar{a} + \bar{b} + \bar{c} + \bar{\mathfrak{d}} + \bar{\mathfrak{f}} + \cdots = \{[(\bar{a} + \bar{b}) + \bar{c}] + \bar{\mathfrak{d}}\} + \bar{\mathfrak{f}} + \cdots$

Die Addition des zu $\bar{a}$ entgegengesetzten Vektors $-\bar{a}$ zum Vektor $\bar{a}$ ergibt den richtungslosen, aber eindeutig bestimmten Nullvektor $\bar{\mathfrak{o}}$:

(37, 26) $\bar{a} + (-\bar{a}) = \bar{\mathfrak{o}}$, $(-\bar{a}) + \bar{a} = \bar{\mathfrak{o}}$.

Statt $a + (-b)$ schreiben wir wieder kürzer $\bar{a} - \bar{b}$ und haben dadurch wieder die Subtraktion zweier Vektoren auf eine Addition von Vektoren zurückgeführt. Somit gilt:

$$(37,27) \qquad \bar{a} + (-\bar{b}) = \bar{a} - \bar{b}, \quad (-\bar{a}) + \bar{b} = -\bar{a} + \bar{b},$$

$$(37,28) \qquad \bar{a} - \bar{a} = -\bar{a} + \bar{a} = \bar{o},$$

$$(37,29) \qquad \bar{o} + \bar{a} = \bar{a} + \bar{o} = \bar{a}.$$

Der Nullvektor ist also wieder das neutrale Element bei der Addition der Vektoren. Für die Auflösung von Vektorengleichungen gilt der Satz:

$$(37,30) \qquad \bar{\mathfrak{x}} + \bar{a} = \bar{b} \quad \text{oder} \quad \bar{a} + \bar{\mathfrak{x}} = \bar{b} \rightarrow \bar{\mathfrak{x}} = \bar{b} - \bar{a}.$$

m sei eine positive ganze Zahl. Addieren wir den Vektor $\bar{a}$ hintereinander m-mal, so erhalten wir einen Vektor $m\bar{a}$, der die m-fache Länge wie der Vektor $\bar{a}$ besitzt und der zum Vektor $\bar{a}$ gleichsinnig-parallel ist:

$$(37,31) \qquad \bar{a} + \bar{a} + \cdots + \bar{a} = m\bar{a}, \quad m\bar{a} \uparrow\uparrow \bar{a}, \quad |m\bar{a}| = m\,|\bar{a}|, \quad m > 0.$$

Wir nennen den Vektor $m\,\bar{a}$ *das m-fache des Vektors* $\bar{a}$. Unter dem *n-ten Teil des Vektors* $\bar{a}$ verstehen wir einen Vektor $\bar{a}/n$, der n-mal hintereinander addiert den Vektor $\bar{a}$ ergibt und der zu $\bar{a}$ wieder gleichsinnig-parallel ist, wobei n wieder eine positive ganze Zahl darstellt.

$$(37,32) \qquad (\bar{a}/n) + (\bar{a}/n) + \cdots + (\bar{a}/n) = \bar{a},$$
$$\bar{a}/n \uparrow\uparrow \bar{a}, \quad |\bar{a}/n| = |\bar{a}|/n, \quad n > 0.$$

m und n seien wieder positive ganze Zahlen. Dann verstehen wir unter dem $k = \pm\, m/n$-*fachen des Vektors* $\bar{a}$ in Übereinstimmung mit unseren bisherigen Festsetzungen einen Vektor, dessen Betrag m/n-mal so groß ist wie der Betrag des ursprünglichen Vektors $\bar{a}$ und welcher gleichsinnig oder gegensinnig-parallel zum Vektor $\bar{a}$ ist, je nachdem k positiv oder negativ ist. Ist $k = 0$, so verstehen wir unter $k\bar{a}$ den Nullvektor $\bar{o}$.

$$(37,33) \qquad \bar{b} = k\bar{a}, \quad k = \pm\, m/n, \quad |k| = m/n, \quad |\bar{b}| = |k|\,|\bar{a}|,$$
$$k > 0 \rightarrow \bar{b} \uparrow\uparrow \bar{a}, \quad k = 0 \rightarrow \bar{b} = \bar{o}, \quad k < 0 \rightarrow \bar{b} \uparrow\downarrow \bar{a}.$$

Für diese Multiplikation eines Vektors $\bar{a}$ mit einer reellen Zahl k bzw. n soll weiterhin die Gültigkeit folgender grundlegender Rechenregeln festgesetzt werden:

$$(37,34) \qquad k\bar{o} = \bar{o}, \quad 0\bar{a} = \bar{o}, \quad 1\bar{a} = \bar{a}, \quad -1\bar{a} = -\bar{a}, \quad k\bar{a} = \bar{a}k,$$

$$(37,35) \qquad (k+n)\,\bar{a} = k\bar{a} + n\bar{a}, \quad k(\bar{a} + \bar{b}) = k\bar{a} + k\bar{b},$$
$$k \cdot n\bar{a} = (k \cdot n)\,\bar{a} = k \cdot (n\bar{a}).$$

Der einzige, dem Vektor $\bar{a}$ eindeutig zugeordnete gleichsinnig-parallele Einheitsvektor ist gegeben durch:

$$(37,36) \qquad \bar{e}_a = \bar{a}/|\bar{a}|, \quad \bar{e}_a \uparrow\uparrow \bar{a}.$$

Der einzige dem Vektor $\bar{a}$ eindeutig zugeordnete gegensinnig-parallele Einheitsvektor ist hingegen bestimmt durch:

$$(37,37) \qquad \bar{e}'_a = -\bar{a}/|\bar{a}| = -\bar{e}_a, \quad \bar{e}'_a \uparrow\downarrow \bar{a}.$$

i) Wir gehen jetzt zu einigen Anwendungen der Addition und Subtraktion von Vektoren über. Die folgenden Gleichungen über das Rechnen mit Vektoren und Punkten stehen mit den von uns bis jetzt gegebenen Rechenregeln in Übereinstimmung. Da die Addition und Subtraktion der einfachen Punkte kommutativ und assoziativ ist, gelten die Regeln der gewöhnlichen Algebra auch für das Auflösen von Klammern und Zusammenziehen von Summen beliebig vieler Punkte. Es ergeben sich folgende Rechenregeln:

$$(37, 38)$$

1. $\bar{\mathfrak{x}}_{ab} + \bar{\mathfrak{x}}_{bc} = \bar{\mathfrak{x}}_{ac}$ oder $(e_b - e_a) + (e_c - e_b) = (e_c - e_a)\,,$

2. $\bar{\mathfrak{x}}_{aa} + \bar{\mathfrak{x}}_{ab} = \bar{\mathfrak{x}}_{ab}$ oder $\mathfrak{o} + (e_b - e_a) = (e_b - e_a)\,,$

3. $\bar{\mathfrak{x}}_{ab} + \bar{\mathfrak{x}}_{bb} = \bar{\mathfrak{x}}_{ab}$ oder $(e_b - e_a) + \mathfrak{o} = (e_b - e_a)\,,$

4. $\bar{\mathfrak{x}}_{ab} + \bar{\mathfrak{x}}_{ba} = \bar{\mathfrak{x}}_{aa}$ oder $(e_b - e_a) + (e_a - e_b) = \mathfrak{o}\,,$

5. $\bar{\mathfrak{x}}_{ab} - \bar{\mathfrak{x}}_{cb} = \bar{\mathfrak{x}}_{ac}$ oder $(e_b - e_a) - (e_b - e_c) = (e_c - e_a)\,,$

6. $\bar{\mathfrak{x}}_{ba} - \bar{\mathfrak{x}}_{bc} = \bar{\mathfrak{x}}_{ca}$ oder $(e_a - e_b) - (e_c - e_b) = (e_a - e_c)\,,$

7. $\bar{\mathfrak{x}}_{aa} = -\bar{\mathfrak{x}}_{aa} = \bar{\mathfrak{o}}$ oder $(e_a - e_a) = -(e_a - e_a) = \mathfrak{o}\,,$

8. $\bar{\mathfrak{x}}_{ab} + \bar{\mathfrak{x}}_{bc} + \bar{\mathfrak{x}}_{ca} = \bar{\mathfrak{o}}$ oder $(e_b - e_a) + (e_c - e_b) + (e_a - e_c) = \mathfrak{o}.$

j) Zu einer beliebig gewählten reellen negativen (positiven) Zahl gibt es immer noch eine kleinere (größere) reelle negative (positive) Zahl. Man drückt dies auch so aus:

$(37, 39)$ Der Bereich $\mathfrak{Z}$ der reellen Zahlen ist links-(rechts-)seitig nicht beschränkt und besitzt die uneigentliche untere (obere) Grenze g minusunendlich (G plus-unendlich), in Zeichen: $g = -\infty$, $(G = +\infty)$. Das Zeichen ∞ vertritt dabei hier und im folgenden stets das Wort unendlich.

k) Erst jetzt sind wir in der Lage, auch noch eine Addition von vielfachen Punkten des Raumes festzulegen. Gegeben seien zwei vielfache Punkte mit den Massen a und b in den Raumpunkten a und b:

$$(37, 40) \qquad \mathfrak{a} = a\,e_a, \qquad \mathfrak{b} = b\,e_b.$$

Wir verstehen unter der *Summe* $\mathfrak{a} + \mathfrak{b}$ *der beiden Punkte* $\mathfrak{a}$ *und* $\mathfrak{b}$ jenen vielfachen Punkt $\mathfrak{s}$ des Raumes

$$(37, 41) \qquad \mathfrak{s} = s\,e_s,$$

den wir, ausgehend von den Punkten a und b, auf folgende Art und Weise erhalten. Wir wählen einen beliebigen Einheitsvektor $\bar{e}$, welcher mit der Geraden durch die Punkte a und b irgend einen beliebigen Winkel einschließen möge. Für die Konstruktion am bequemsten ist dabei ein rechter Winkel. Nun tragen wir im Punkt a den Vektor $b\bar{e}$ und im Punkt b den Vektor $-a\bar{e}$ an. Verbinden wir die Endpunkte der beiden so erhaltenen Vektoren durch eine gerade Linie, so schneidet diese Gerade die Verbindungslinie der beiden ursprünglich gegebenen Punkte im neuen Punkt s der Verbindungslinie. Diesem Punkt s erteilen wir die neue Masse s, die gleich der Summe der beiden Massen a und b der ursprünglich gegebenen Punkte ist. Es sollen somit folgende Beziehungen nebeneinander bestehen:

$$(37, 42) \qquad \mathfrak{s} = \mathfrak{a} + \mathfrak{b}, \qquad s = a + b, \qquad s\,e_s = a\,e_a + b\,e_b.$$

Die Lage des so erhaltenen Punktes s ist dabei unabhängig von der willkürlichen Wahl des Einheitsvektors $\bar{e}$, welcher nur nicht parallel zum Vektor $\bar{x}_{ab}$ gewählt werden darf. Aus dieser Definition folgt, wenn man die Gleichung rechts und links durch s durchdividiert, sofort:

$$(37,43) \qquad e_s = (a/s)\, e_a + (b/s)\, e_b.$$

Da wir aber wegen (37, 11) und (37, 42) auch setzen können:

$$e_0 = (a/s)\, e_0 + (b/s)\, e_0,$$

wobei der Ursprung e_0 willkürlich irgendwo gegenüber der gegebenen Geraden durch a und b gewählt werden kann, so folgt jetzt durch Subtraktion der beiden letzten Gleichungen voneinander sofort die Beziehung:

$$e_s - e_0 = (a/s)\, (e_a - e_0) + (b/s)\, (e_b - e_0)$$

oder in anderer Schreibweise nach der Definition (37, 6)

$$(37,44) \qquad \bar{x}_{0s} = (a/s)\, \bar{x}_{0a} + (b/s)\, \bar{x}_{0b},$$

und wenn wir wieder links und rechts mit s multiplizieren,

$$(37,45) \qquad s\,\bar{x}_{0s} = a\,\bar{x}_{0a} + b\,\bar{x}_{0b}.$$

Das sind aber nach den Regeln der Mechanik die charakteristischen Gleichungen für den Schwerpunkt s zweier Punkte a und b mit den Massen a und b. Dem Schwerpunkt kommt dabei die Summe der beiden Massen als Masse zu. Man beweist für die so erklärte Addition vielfacher Punkte wieder leicht die Gültigkeit des kommutativen und assoziativen Gesetzes

$$(37,46) \qquad \mathfrak{a} + \mathfrak{b} = \mathfrak{b} + \mathfrak{a}, \quad (\mathfrak{a} + \mathfrak{b}) + \mathfrak{c} = \mathfrak{a} + (\mathfrak{b} + \mathfrak{c}).$$

Klammern können also bei der Summation beliebig vieler vielfacher Punkte wieder ohne weiteres weggelassen werden. Für die Summen beliebig vieler vielfacher Punkte ergeben sich dann, wie sich jetzt leicht ermitteln läßt, die nachfolgenden Formeln. Die Punkte können dabei ganz beliebige Raumlagen aufweisen.

$$
\begin{aligned}
(37,47) \qquad & \mathfrak{a} = a\,e_a, \quad \mathfrak{b} = b\,e_b, \quad \mathfrak{c} = c\,e_c, \ldots; \quad \mathfrak{s} = s\,e_s, \\
& \mathfrak{s} = \mathfrak{a} + \mathfrak{b} + \mathfrak{c} + \cdots, \quad s = a + b + c + \cdots. \\
& s\,e_s = a\,e_a + b\,e_b + c\,e_c + \cdots, \\
& e_s = (a/s)\,e_a + (b/s)\,e_b + (c/s)\,e_c + \cdots, \\
& \bar{x}_{0s} = (a/s)\,\bar{x}_{0a} + (b/s)\,\bar{x}_{0b} + (c/s)\,\bar{x}_{0c} + \cdots, \\
& s\,\bar{x}_{0s} = a\,\bar{x}_{0a} + b\,\bar{x}_{0b} + c\,\bar{x}_{0c} + \cdots.
\end{aligned}
$$

1) Weitergehend besprechen wir jetzt drei wichtige Sonderfälle dieser Konstruktion. Vorerst treffen wir jedoch folgende Festsetzung:

(37, 48) Zwei Geraden einer Ebene schneiden sich stets in nur einem einzigen Punkt. Sind die beiden Geraden parallel, so nennen wir ihren Schnittpunkt e_∞ den unendlichfernen Punkt der beiden Geraden. Beliebig viele parallele Gerade besitzen dann also alle denselben unendlichfernen Schnittpunkt e_∞.

1. Sonderfall: Wir suchen die Summe zweier Punkte a und b derselben Masse a. Es ergibt sich der Halbierungspunkt h der Strecke von Punkt a nach Punkt b

oder kurz gesagt der Strecke ab versehen mit der Masse $2a$ also: $ae_a + ae_b = 2ae_h$. Dividieren wir diese Gleichung links und rechts durch a, so erhalten wir wieder unsere ursprüngliche Ausgangsgleichung (37, 5). Die neue Definition der Addition vielfacher Punkte schließt also unsere ursprüngliche Definition der Addition einfacher Punkte in sich.

2. *Sonderfall:* Wir suchen die Summe zweier Punkte a und b mit gleich großer aber entgegengesetzter Masse. Es gilt somit die Beziehung $a = -b$. Daraus folgt aber sofort, daß die Masse des Summenpunktes s gleich null sein muß wegen $s = a + b = -b + b = 0$. Die Konstruktion liefert parallele Gerade, die sich nach (37, 48) im unendlichfernen Punkt e_∞ der Geraden ab schneiden. Somit ergibt sich:

$$(37, 49) \quad (-b)\, e_a + b\, e_b = 0\, e_\infty \quad \text{oder} \quad b\,(e_b - e_a) = 0\, e_\infty \quad \text{oder} \quad b\,\bar{\mathfrak{x}}_{ab} = 0\, e_\infty.$$

Dividieren wir diese Gleichung durch b durch, so folgt daraus

$$(37, 50) \qquad\qquad e_b - e_a = 0\, e_\infty \quad \text{oder} \quad \bar{\mathfrak{x}}_{ab} = 0\, e_\infty.$$

Anders können wir auch schreiben, wenn wir statt b den Buchstaben a setzen,

$$(37, 51) \qquad\qquad a\, e_a + 0\, e_\infty = a\, e_b.$$

Das heißt also jetzt, daß der Punkt e_∞ der Geraden ab, welcher *im Unendlichen liegt* oder welcher *unendlichfern liegt*, tatsächlich durch den Vektor $\bar{\mathfrak{x}}_{ab}$ im Endlichen vertreten werden kann. Genauer gesprochen, vertritt dabei der Vektor $\bar{\mathfrak{x}}_{ab}$ wie auch der Vektor $k\bar{\mathfrak{x}}_{ab}$, wo $k \neq 0$ eine beliebige reelle Zahl ist, den unendlichfernen Punkt der Geraden ab, versehen jedoch mit der Masse null. Addieren wir nach (37, 51) den *unendlichfernen Punkt* mit der Masse 0 zum *endlichen Punkt* — genauer gesprochen zu *dem im Endlichen liegenden Punkt* — a mit der Masse a, so erhalten wir den um den Vektor verschobenen Punkt b mit derselben Masse a. Unsere ursprüngliche Definition eines Vektors in (37, 6) wird also durch die Addition vielfacher Punkte erst richtig erklärt und umfaßt somit auch diese.

3. *Sonderfall:* Es ergibt sich sofort die Richtigkeit der folgenden Gleichung auf Grund unserer Konstruktion für die Summe zweier vielfacher Punkte.

$$(37, 52) \qquad\qquad 0\, e_a + b\, e_b = b\, e_b, \quad 0\, e_a = \mathfrak{o},$$

d. h. also jeder endliche Punkt $\mathfrak{o}$ mit dem Zahlwert 0, also nach (37, 13) auch der Nullvektor ist das neutrale Element bei der Addition von Punkten.

m) Multiplizieren wir die Gleichung (37, 17) mit der Masse a, so erhalten wir

$$(37, 53) \qquad\qquad a\, e_a + a\, \bar{\mathfrak{x}}_{ab} = a\, e_b.$$

Setzen wir darin

$$(37, 54) \qquad\qquad \mathfrak{a} = a\, e_a, \quad \bar{\mathfrak{y}} = a\, \bar{\mathfrak{x}}_{ab}, \quad \mathfrak{b} = a\, e_b,$$

so folgt daraus

$$(37, 55) \quad \mathfrak{a} + \bar{\mathfrak{y}} = \mathfrak{b}, \qquad\qquad (37, 56) \quad e_a + \bar{\mathfrak{y}}/a = e_b,$$

das heißt aber: Addiert man zu einem vielfachen Punkt mit der Masse a, einen Vektor $\bar{\mathfrak{y}}$ bzw. einen unendlichfernen Punkt mit der Masse 0, so erhält man wieder einen vielfachen Punkt $\mathfrak{b}$ mit derselben Masse a, aber verschoben um den Vektor

$$(37, 57) \qquad\qquad \bar{\mathfrak{x}}_{ab} = \bar{\mathfrak{y}}/a.$$

Damit haben wir jetzt auch noch die *Addition eines Vektors zu einem vielfachen Punkt* erklärt. Da der Vektor jederzeit durch eine Punktdifferenz ersetzt werden kann, so ist auch diese Addition eines vielfachen Punktes und eines Vektors wieder kommutativ und assoziativ, d. h. es gelten jetzt allgemein zusammenfassend folgende Gesetze:

$$(37, 58) \qquad \mathfrak{s} + \mathfrak{t} = \mathfrak{t} + \mathfrak{s}, \quad (\mathfrak{s} + \mathfrak{t}) + \mathfrak{u} = \mathfrak{s} + (\mathfrak{t} + \mathfrak{u}),$$

darin können die Größen $\mathfrak{s}$, $\mathfrak{t}$, $\mathfrak{u}$ ganz nach Belieben einfache und vielfache Punkte, wie auch Vektoren — wir nennen solche Größen später *Pole* — in allen möglichen Zusammenstellungen bedeuten.

38. Die Geometrie der Geraden oder des eindimensionalen Raumes $\mathfrak{R}_1$.

a) Wir denken uns in der Zeichenebene horizontalliegend eine Gerade und auf dieser den Ursprung e_0 willkürlich gewählt. In der Entfernung der Grundmaßeinheit ε vom Ursprung legen wir ferner auf dieser Geraden rechts von e_0 den Einheitspunkt e_1 fest. Den Vektor $\bar{\mathfrak{x}}_{01}$ bezeichnen wir von nun an stets mit $\bar{e}_1$ und setzen daher:

$$(38, 1) \qquad \bar{e}_1 = e_1 - e_0.$$

Nun sei x ein veränderlicher, auf der Geraden beweglicher Punkt. Wir setzen

$$(38, 2) \qquad \bar{\mathfrak{x}}_{0x} = \bar{x}\,\bar{e}_1, \quad |\bar{\mathfrak{x}}_{0x}| = |\bar{x}|, \quad e_x = e_0 + \bar{\mathfrak{x}}_{0x}$$

und nennen $\bar{x}$ die kartesische Koordinate des Punktes x. Sie kann jede beliebige reelle Zahl sein. Lassen wir die Koordinate $\bar{x}$ jetzt die Reihe aller ganzen Zahlen durchlaufen, welchen Bereich wir im Anschluß an die Bemerkung (37, 39) und an unsere Überlegungen im ersten Kapitel auch mit

$$(38, 3) \qquad \bar{x} = -\infty, \ \ldots, \ -3, \ -2, \ -1, \ 0, \ +1, \ +2, \ +3, \ \ldots, \ +\infty$$

bezeichnen wollen, so fällt der zugeordnete Punkt x der Reihe nach mit folgenden Punkten der Geraden zusammen:

$$(38, 4) \qquad e_x = e_{-\infty}, \ \ldots, \ e_{-3}, \ e_{-2}, \ e_{-1}, \ e_0, \ e_1, \ e_2, \ e_3, \ \ldots, \ e_{+\infty},$$

insbesondere aber erhalten wir dann die Darstellungen:

$$(38, 5) \qquad e_{-\infty} = e_0 + (-\infty)\,\bar{e}_1, \quad e_{+\infty} = e_0 + (+\infty)\,\bar{e}_1.$$

Wir erhalten so zwei voneinander verschiedene unendlichfern liegende Punkte unserer Geraden. Da man aber einerseits in der Mathematik zumeist gezwungen wird, die *uneigentliche Zahl* $-\infty$ gleichwertig der Zahl $+\infty$ anzusehen und wir auch andererseits an unserer Festsetzung (37, 48) festhalten wollen, so ersetzt man in der Geometrie beide Gleichungen (38, 5) am einfachsten durch die eine Gleichung:

$$(38, 6) \qquad e_\infty = e_0 + (\infty)\,\bar{e}_1$$

und betrachtet die uneigentliche Zahl ∞ ebenso wie die Zahl 0 als „*Vorzeichenlose Zahl*". Wir sagen darum auch die Zahlen 0 und ∞, trennen die positiven Zahlen von den negativen Zahlen. Auf der Zahlengeraden trennt 0 die positiven Zahlen von den negativen Zahlen im Endlichen, ∞ hingegen im Unendlichen. Denken wir uns jetzt unsere Gerade im Ursprung von einem über ihr liegenden Kreis tangiert und alle Punkte der Zahlengeraden (38, 4) von dem höchsten Punkt dieses Kreises als Projektionszentrum auf den Kreis mittels gerader Projektionsstrahlen projiziert, so entsprechen der linken Kreishälfte die negativen Zahlen, der rechten Kreishälfte die positiven Zahlen, dem Berührungspunkt die Zahl 0 und dem höchsten Punkt, dem Projektionszentrum selbst sowohl die Zahl $+\infty$ als $-\infty$, also kurz die Zahl ∞. Denken wir uns jetzt den Kreis noch mit unendlich großem Radius gezeichnet, so fällt er tatsächlich mit der Zahlengeraden (38, 4) zusammen und der Zahlpunkt $-\infty$ ist identisch dem Zahlpunkt $+\infty$.

b) Nun legen wir auf unserer Zahlengeraden vier Punkte fest durch ihre Koordinaten $\bar{a}$, $\bar{b}$, $\bar{c}$, $\bar{d}$, also nach (38, 2) durch die Gleichungen:

$$(38, 7) \qquad \mathfrak{e}_a = \mathfrak{e}_0 + \bar{\mathfrak{x}}_{0a}, \quad \bar{\mathfrak{x}}_{0a} = \bar{a}\,\bar{\mathfrak{e}}_1; \quad \mathfrak{e}_b = \mathfrak{e}_0 + \bar{\mathfrak{x}}_{0b}, \quad \bar{\mathfrak{x}}_{0b} = \bar{b}\,\bar{\mathfrak{e}}_1;$$

$$\mathfrak{e}_c = \mathfrak{e}_0 + \bar{\mathfrak{x}}_{0c}, \quad \bar{\mathfrak{x}}_{0c} = \bar{c}\,\bar{\mathfrak{e}}_1; \quad \mathfrak{e}_d = \mathfrak{e}_0 + \bar{\mathfrak{x}}_{0d}, \quad \bar{\mathfrak{x}}_{0d} = \bar{d}\,\bar{\mathfrak{e}}_1.$$

Wir sagen jetzt *der Punkt x teilt die Strecke a b im Teilverhältnis t_x zu 1*, wenn die Beziehung:

$$(38, 8) \qquad \bar{\mathfrak{x}}_{ax} = t_x\,\bar{\mathfrak{x}}_{xb} \quad \text{oder} \quad \bar{\mathfrak{x}}_{ax} : \bar{\mathfrak{x}}_{xb} = t_x : 1$$

— womit gleich eine *Division paralleler Vektoren* festgelegt ist — besteht. Nun gehen wir wieder zurück auf unsere Addition von Punkten. Es sei der Reihe nach:

$$(38, 9) \qquad \mathfrak{a} = a\,\mathfrak{e}_a, \quad \mathfrak{b} = b\,\mathfrak{e}_b, \quad \mathfrak{x} = x\,\mathfrak{e}_x; \quad \mathfrak{x} = \mathfrak{a} + \mathfrak{b}, \quad x = a + b,$$

$$x\,\mathfrak{e}_x = a\,\mathfrak{e}_a + b\,\mathfrak{e}_b, \quad \mathfrak{e}_x = (a/x)\,\mathfrak{e}_a + (b/x)\,\mathfrak{e}_b,$$

$$\bar{\mathfrak{x}}_{0x} = (a/x)\,\bar{\mathfrak{x}}_{0a} + (b/x)\,\bar{\mathfrak{x}}_{0b}, \quad x\,\bar{\mathfrak{x}}_{0x} = a\,\bar{\mathfrak{x}}_{0a} + b\,\bar{\mathfrak{x}}_{0b},$$

dann erhalten wir aus der letzten Gleichung, wenn wir statt 0 den Punkt a bzw. b setzen, was erlaubt ist, da wir ja auch den Ursprung hätten dorthin verlegen können, die Gleichungen:

$$x\,\bar{\mathfrak{x}}_{ax} = b\,\bar{\mathfrak{x}}_{ab}, \quad x\,\bar{\mathfrak{x}}_{bx} = a\,\bar{\mathfrak{x}}_{ba} \quad \text{oder} \quad x\,\bar{\mathfrak{x}}_{xb} = a\,\bar{\mathfrak{x}}_{ab},$$

also folgt:

$$\bar{\mathfrak{x}}_{ax} = (b/x)\,\bar{\mathfrak{x}}_{ab}, \quad \bar{\mathfrak{x}}_{xb} = (a/x)\,\bar{\mathfrak{x}}_{ab}.$$

Die Division gibt daher wegen (38, 8) die Beziehungen:

$$(38, 10) \qquad \bar{\mathfrak{x}}_{ax} : \bar{\mathfrak{x}}_{xb} = b : a, \quad t_x = b/a.$$

Das Teilverhältnis der Strecke von Punkt a nach Punkt b ist also nichts anderes als das umgekehrte Verhältnis der Massen der beiden Punkte a und b, wenn wir den Punkt x als den Summenpunkt der beiden Punkte a und b nach (38, 9) auffassen. Mittels unserer Formeln errechnet man jetzt noch leicht die folgenden Ergebnisse:

$$(38, 11) \qquad \bar{\mathfrak{x}}_{ax} = \bar{\mathfrak{x}}_{0x} - \bar{\mathfrak{x}}_{0a} = (\bar{x} - \bar{a})\,\bar{\mathfrak{e}}_1, \quad \bar{\mathfrak{x}}_{xb} = \bar{\mathfrak{x}}_{0b} - \bar{\mathfrak{x}}_{0x} = (\bar{b} - \bar{x})\,\bar{\mathfrak{e}}_1,$$

$$t_x = b : a = (\bar{x} - \bar{a}) : (\bar{b} - \bar{x}), \quad \bar{x} = (a\bar{a} + b\bar{b})/(a + b),$$

$$\bar{x} = (\bar{a} + t_x\,\bar{b})/(1 + t_x).$$

Die Konstruktion des Summenpunktes mittels der Vektoren $b\bar{\mathfrak{e}}$ und $-a\bar{\mathfrak{e}}$ in (37, 42) ergibt jetzt leicht folgendes: Sind die beiden Massen a und b gleich bezeichnet (verschieden bezeichnet), also beide zugleich plus oder beide zugleich minus (beide von verschiedenem Vorzeichen, d. h. die eine Masse plus, die andere

Masse minus), so sind die beiden Vektoren $b\bar{e}$ und $-a\bar{e}$ gegensinnig-(gleichsinnig-)parallele Vektoren und der Punkt x ist dann ein sogenannter *innerer* (*äußerer*) *Teilungspunkt der Strecke* ab, d. h. er liegt innerhalb (außerhalb) dieser Strecke. Das Teilverhältnis $t_x = b/a$ ist dann entsprechend immer positiv (negativ). Sind die beiden Massen a und b einander gleich (entgegengesetzt gleich) groß, so ist das Teilverhältnis t_x gleich $+1$ (-1) und der Punkt x fällt dann in den Halbierungspunkt h (unendlichfernen Punkt ∞) der Strecke ab. Wählen wir die Masse b endlich und die Masse a unendlich groß (die Masse b unendlich und die Masse a endlich), so fällt, wie unsere Konstruktion leicht ergibt, der Punkt x in den Punkt $a\,(b)$; demnach entspricht also dem Punkt $a\,(b)$ das Teilverhältnis $0\,(\infty)$. Durchwandert also der Punkt x die folgende obere Punktreihe, so durchläuft das zugeordnete Teilverhältnis die folgende darunterstehende Zahlenreihe:

$$(38, 12) \qquad \mathfrak{e}_x = \mathfrak{e}_{-\infty}, \ldots, \quad \mathfrak{e}_a, \quad \mathfrak{e}_h, \quad \mathfrak{e}_b, \ldots, \mathfrak{e}_{+\infty},$$
$$t_x = -1, \ldots, \quad 0, \quad +1, \quad \infty, \ldots, -1.$$

Inneren (äußeren) Teilungspunkten der Strecke ab entsprechen somit immer positive (negative) Teilverhältnisse. Auch hier erscheint die Zahl ∞ wieder als vorzeichenlos und trennt die Reihe der positiven Teilverhältnisse von der Reihe der negativen Teilverhältnisse. Die beiden Punkte a und b nennt man die *Grundpunkte*.

c) Wir nehmen jetzt eine kleine Bezeichnungsumänderung vor. a und b seien wieder zwei fest gegebene Grundpunkte einer Geraden. Der Punkt $x\,(y)$ besitze gegenüber diesen Punkten das Teilverhältnis $t_x\,(t_y)$. Im Anschluß an die gegebenen Untersuchungen gehen die neuen Bezeichnungen gleich am einfachsten aus folgenden Formeln hervor:

$$(38, 13) \qquad (a_x + b_x)\,\mathfrak{e}_x = a_x\mathfrak{e}_a + b_x\mathfrak{e}_b, \quad t_x = b_x/a_x,$$
$$(a_y + b_y)\,\mathfrak{e}_y = a_y\mathfrak{e}_a + b_y\mathfrak{e}_b, \quad t_y = b_y/a_y,$$
$$t_x = \bar{\mathfrak{x}}_{ax} : \bar{\mathfrak{x}}_{xb}, \quad t_y = \bar{\mathfrak{x}}_{ay} : \bar{\mathfrak{x}}_{yb}.$$

Wir verstehen jetzt unter dem *Doppelverhältnis* d in Zeichen $(\mathfrak{e}_a\mathfrak{e}_b,\ \mathfrak{e}_x\mathfrak{e}_y)$ *der beiden Punktgruppen* a, b *und* x, y folgende reelle Zahl:

$$(38, 14) \quad d = (\mathfrak{e}_a\mathfrak{e}_b,\ \mathfrak{e}_x\mathfrak{e}_y) = t_x : t_y = (\bar{\mathfrak{x}}_{ax} : \bar{\mathfrak{x}}_{xb}) : (\bar{\mathfrak{x}}_{ay} : \bar{\mathfrak{x}}_{yb}) = (b_x : a_x) : (b_y : a_y).$$

Vertauscht man die vier Punkte untereinander, so erkennt man leicht, daß unter den $4! = 2\,4$ möglichen Doppelverhältnissen nur 6 voneinander verschieden sind. Es gelten nämlich die beiden folgenden Gleichungssysteme

$$(38, 15) \quad d = (\mathfrak{e}_a\mathfrak{e}_b,\ \mathfrak{e}_x\mathfrak{e}_y) = (\mathfrak{e}_x\mathfrak{e}_y,\ \mathfrak{e}_a\mathfrak{e}_b) = (\mathfrak{e}_b\mathfrak{e}_a,\ \mathfrak{e}_y\mathfrak{e}_x) = (\mathfrak{e}_y\mathfrak{e}_x,\ \mathfrak{e}_b\mathfrak{e}_a),$$

$$(38, 16) \quad (\mathfrak{e}_a\mathfrak{e}_b,\ \mathfrak{e}_x\mathfrak{e}_y) = d, \quad (\mathfrak{e}_a\mathfrak{e}_x,\ \mathfrak{e}_b\mathfrak{e}_y) = 1-d, \quad (\mathfrak{e}_a\mathfrak{e}_y,\ \mathfrak{e}_x\mathfrak{e}_b) = d/(d-1),$$
$$(\mathfrak{e}_a\mathfrak{e}_b,\ \mathfrak{e}_y\mathfrak{e}_x) = 1/d, \quad (\mathfrak{e}_a\mathfrak{e}_x,\ \mathfrak{e}_y\mathfrak{e}_b) = 1/(1-d), \quad (\mathfrak{e}_a\mathfrak{e}_y,\ \mathfrak{e}_b\mathfrak{e}_x) = (d-1)/d.$$

Denken wir uns jetzt von den vier Punkten a, b; x, y die ersten drei Punkte festgehalten und nur mehr den vierten Punkt veränderlich, d. h. schreiben wir jetzt bequemer

$$(38, 17) \qquad d_x = (\mathfrak{e}_a\mathfrak{e}_b,\ \mathfrak{e}_c\mathfrak{e}_x) = (\bar{\mathfrak{x}}_{ac} : \bar{\mathfrak{x}}_{cb}) : (\bar{\mathfrak{x}}_{ax} : \bar{\mathfrak{x}}_{xb}) = t_c : t_x$$

und ist c irgend ein innerer Teilungspunkt der Strecke ab und durchläuft der Punkt x die folgende obere Punktreihe, dann nimmt das Doppelverhältnis die

Werte der darunterstehenden Zahlenreihe an:

$$(38, 18) \qquad e_x = e_{-\infty}, \ldots, e_a \,; \quad e_c, \quad e_h, e_b, \ldots, e_{+\infty},$$
$$d_x = -t_c, \ldots, \infty, \; +1, \; +t_c, \; 0, \ldots, -t_c.$$

Auch hier erscheint wieder die Zahl ∞ als die Trennzahl der positiven und der negativen Doppelverhältnisse. Teilen der innere Punkt x und der äußere Punkt y der Strecke ab die Strecke ab innerlich und äußerlich im absolut gleichen Teilverhältnis $+t$ und $-t$, so wird das Doppelverhältnis der vier Punkte gleich -1. Wegen (38, 15) gilt dann speziell für solche Punkte:

$$(38, 19) \quad (e_a e_b, \, e_x e_y) = (e_x e_y, \, e_a e_b) = (\bar{\mathfrak{x}}_{ax} : \bar{\mathfrak{x}}_{xb}) : (\bar{\mathfrak{x}}_{ay} : \bar{\mathfrak{x}}_{yb}) = (+t) : (-t) = -1.$$

Wir sagen dann, *die Strecke ab wird durch die Punkte x und y (innerlich und äußerlich) harmonisch geteilt.* Wegen der obigen Beziehung wird dann auch gleichzeitig die Strecke xy durch die Punkte a und b harmonisch geteilt. Man sagt daher auch, *die vier Punkte a, b und x, y trennen einander harmonisch oder die Punkte a, b und x, y sind vier harmonische Punkte oder das Punktpaar a, b ist dem Punktpaar x, y harmonisch zugeordnet.* Man spricht auch von *konjugierten Punktpaaren a, b und x, y.* Unsere Konstruktion für die Addition von Punkten liefert uns sofort die Konstruktion solcher konjugierter Punktepaare. Es kann nämlich für harmonische Punktepaare gesetzt werden:

$$(38, 20) \qquad t_x = b/a = +t, \quad t_y = -b/a = -t,$$

d. h. trägt man im Punkte a die beiden Vektoren $b\bar{e}$ und $-b\bar{e}$ und im Punkte b die beiden Vektoren $a\bar{e}$ und $-a\bar{e}$ an, wo $\bar{e}$ wie früher einen beliebig gerichteten Einheitsvektor bedeutet, der schief zur Geraden ab liegen muß, und verbinden wir die Endpunkte dieser vier Vektoren auf alle möglichen Arten durch Geraden, so bilden je zwei der Schnittpunkte dieser Geraden einen inneren und einen äußeren Teilungspunkt der Strecke a, b, nämlich x und y, wobei (38, 19) und (38, 20) gilt. Aus dieser Überlegung ergeben sich jetzt auch leicht die folgenden bemerkenswerten Beziehungen:

$$(38, 21) \qquad (e_a e_b, \, e_h e_\infty) = -1,$$

d. h. der Halbierungspunkt h der Strecke ab liegt harmonisch zum unendlichfernen Punkt ∞ der Geraden. Ferner gelten für die Summe und Differenz zweier Punkte derselben bzw. entgegengesetzter Masse folgende Gleichungen:

$$(38, 22) \qquad e_a + e_b = 2 e_h \quad \text{oder} \quad a e_a + a e_b = 2 a e_h, \quad t_h = +1,$$
$$e_a - e_b = 0 e_\infty \quad \text{oder} \quad a e_a - a e_b = 0 e_\infty, \quad t_\infty = -1,$$
$$(38, 23) \qquad \mathfrak{a} + \mathfrak{b} = \mathfrak{s} \quad \text{oder} \quad a e_a + b e_b = (a + b) e_s, \quad t_s = b/a,$$
$$\mathfrak{a} - \mathfrak{b} = \mathfrak{d} \quad \text{oder} \quad a e_a - b e_b = (a - b) e_d, \quad t_d = -b/a,$$

also gilt auch immer

$$(38, 24) \qquad (e_a e_b, \, e_s e_d) = -1,$$

d. h. die vielfachen Punkte $\mathfrak{a}$, $\mathfrak{b}$ und $\mathfrak{a} + \mathfrak{b}$, $\mathfrak{a} - \mathfrak{b}$ liegen stets harmonisch. Sehr wichtig sind auch noch die folgenden Beziehungen, in welchen die Gleichungen für sich selbst sprechen. Wir gehen dabei wieder auf unsere Betrachtungen unter a) zurück:

$$\bar{\mathfrak{x}}_{01} = e_1 - e_0 = \bar{e}_1, \quad \bar{\mathfrak{x}}_{0x} = e_x - e_0 = \bar{x}\,\bar{e}_1, \quad \bar{\mathfrak{x}}_{0x} : \bar{\mathfrak{x}}_{01} = \bar{\mathfrak{x}}_{x0} : \bar{\mathfrak{x}}_{10} = \bar{x},$$
$$\bar{\mathfrak{x}}_{\infty 1} : \bar{\mathfrak{x}}_{\infty x} = 1, \quad (e_\infty e_0, \, e_1 e_x) = (\bar{\mathfrak{x}}_{\infty 1} : \bar{\mathfrak{x}}_{10}) : (\bar{\mathfrak{x}}_{\infty x} : \bar{\mathfrak{x}}_{x0}) = \bar{x},$$
$$(38, 25) \qquad (e_\infty e_0, \, e_1 e_x) = \bar{x},$$

d. h. aber die kartesischen Koordinaten $\bar{x}$ aller Punkte x einer Geraden können als Doppelverhältnisse dargestellt werden.

d) Die Bedeutung des Doppelverhältnisses von vier Punkten geht aus folgendem fundamentalen Satz der projektiven Geometrie hervor:

Die Punkte a, b, x, y seien vier Punkte einer beliebigen Geraden der Zeichenebene; der Punkt z sei irgend ein Punkt außerhalb dieser Geraden γ in der Zeichenebene. Verbinden wir Punkt z der Reihe nach mit den vier Punkten a, b, x, y und bringen wir diese vier Strahlen mit irgend einer neuen beliebigen Geraden der Zeichenebene γ' zum Schnitt, so erhalten wir der Reihe nach die vier Projektionen der Punkte a', b', x', y'. Man beweist jetzt leicht die Gültigkeit des *Fundamentalsatzes der projektiven Geometrie:*

$$(38, 26) \qquad d = (\mathfrak{e}_a \mathfrak{e}_b, \ \mathfrak{e}_c \mathfrak{e}_d) = (\mathfrak{e}_{a'} \mathfrak{e}_{b'}, \ \mathfrak{e}_{c'} \mathfrak{e}_{d'}).$$

Weil somit das Doppelverhältnis d von vier Punkten bei jeder *Zentralprojektion aus irgend einem Zentrum z* seinen Wert behält, so nennt man es eine *projektive Invariante.* Wegen (28, 25) ist somit auch jede kartesische Koordinate $\bar{x}$ eine projektive Invariante.

Das einfache Teilverhältnis eines Punktes t bezüglich zweier Grundpunkte ist hingegen, wie man sich leicht überlegen kann, keine projektive invariante Größe. Darin gerade, daß die vielfachen Punkte $\mathfrak{a}$, $\mathfrak{b}$ und $\mathfrak{a} + \mathfrak{b}$, $\mathfrak{a} - \mathfrak{b}$ stets harmonisch liegen und aus ihnen durch eine Zentralprojektion immer wieder nur harmonische Punkte hervorgehen können, weil ihr Doppelverhältnis projektiv invariant bleibt, liegt die große Bedeutung der erklärten Addition und Subtraktion vielfacher Punkte. Wir haben jetzt die wesentlichsten Eigenschaften der *Grundelemente des Raumes, nämlich der Punkte und der Vektoren.* besprochen.

39. Die Geometrie des n-dimensionalen Raumes $\mathfrak{R}_n$.

a) In der Geometrie der Geraden oder in der Geometrie des eindimensionalen Raumes konnten wir nachfolgendes Formelsystem entwickeln. Wir stellen diese Formeln jetzt gleich so zusammen, wie wir sie in der Praxis zum Ausrechnen der betreffenden Größen benötigen und wie sie gleichzeitig auf den n-dimensionalen Raum verallgemeinerungsfähig sind.

(39, 1) Gegeben: 1. x die Masse der Punktes; 2. $\bar{x}$ die *kartesische Koordinate des Punktes;* 3. $\mathfrak{e}_0$, $\bar{\mathfrak{e}}_1$ *die geometrischen Grundmaßeinheiten erster Stufe.*
Zusammenhänge:

$$\bar{\mathfrak{e}}_1 = \mathfrak{e}_1 - \mathfrak{e}_0, \quad \bar{\mathfrak{x}}_{0x} = \bar{x}_1 \bar{\mathfrak{e}}_1, \quad \mathfrak{e}_x = \mathfrak{e}_0 + \bar{\mathfrak{x}}_{0x}, \quad \mathfrak{x} = x\,\mathfrak{e}_x.$$

Gesucht:

$$1. \quad \mathfrak{e}_1 = \mathfrak{e}_0 + \bar{\mathfrak{e}}_1,$$
$$2. \quad \bar{\mathfrak{x}}_{0x} = 0\,\mathfrak{e}_0 + \bar{x}_1 \bar{\mathfrak{e}}_1, \quad \bar{\mathfrak{x}}_{0x} = \bar{x}_0\,\mathfrak{e}_0 + \bar{x}_1 \mathfrak{e}_1, \quad \bar{x}_0 = -\bar{x}_1,$$
$$3. \quad \mathfrak{e}_x = 1\,\mathfrak{e}_0 + \bar{x}_1 \bar{\mathfrak{e}}_1, \quad \mathfrak{e}_x = x_0^*\,\mathfrak{e}_0 + \bar{x}_1 \mathfrak{e}_1, \quad x_0^* = 1 - \bar{x}_1,$$
$$4. \quad \mathfrak{x} = x\,\mathfrak{e}_0 + x_1 \bar{\mathfrak{e}}_1, \quad \mathfrak{x} = x_0\,\mathfrak{e}_0 + x_1 \mathfrak{e}_1, \quad x_1 = x\,\bar{x}_1, \quad x_0 = x(1 - \bar{x}_1).$$

Wir sagen jetzt auch: die geometrischen Grundmaßeinheiten $\mathfrak{e}_0$ und $\bar{\mathfrak{e}}_1$ bilden ein *kartesisches, rechtwinkliges Koordinatensystem $\mathfrak{K}_1$ im eindimensionalen Raum $\mathfrak{R}_1$* und schreiben:

$$(39, 2) \qquad \mathfrak{K}_1 = (\mathfrak{e}_0, \bar{\mathfrak{e}}_1).$$

Ferner: Die geometrischen Grundmaßeinheiten e_0 und e_1 bilden ein *Punkt-koordinatensystem* $\mathfrak{P}_1$ *im eindimensionalen Raum* $\mathfrak{R}_1$ und schreiben:

$$(39,3) \qquad\qquad \mathfrak{P}_1 = [e_0, \bar{e}_1].$$

Weiter sagen wir: Haben wir irgend eine *geometrische Größe* $\mathfrak{z}$ *erster Stufe des eindimensionalen Raumes* $\mathfrak{R}_1$ ausgedrückt in folgender Form:

$$(39,4) \qquad\qquad \mathfrak{z} = p_0 e_0 + p_1 \bar{e}_1 = \bar{p}_0 e_0 + \bar{p}_1 e_1,$$

so nennen wir p_0, p_1 die *kartesischen Koordinaten der geometrischen Größe* $\mathfrak{z}$ und schreiben dafür:

$$(39,5) \qquad\qquad \mathfrak{z} = (p_0, p_1),$$

ebenso nennen wir $\bar{p}_0$, $\bar{p}_1$ *die Punktkoordinaten der geometrischen Größe* $\mathfrak{z}$ und schreiben dafür:

$$(39,6) \qquad\qquad \mathfrak{z} = [\bar{p}_0, \bar{p}_1].$$

Da zwischen den geometrischen Grundmaßeinheiten die Beziehungen bestehen:

$$(39,7) \qquad\qquad \bar{e}_1 = e_1 - e_0 \quad \text{oder} \quad e_1 = e_0 + \bar{e}_1,$$

so erhalten wir für die Umrechnung der Koordinaten von einem Koordinaten-system aufs andere die folgenden *Umrechnungsgleichungen*:

$$(39,8) \qquad\qquad \bar{p}_0 = p_0 - p_1, \quad \bar{p}_1 = p_1,$$

$$(39,9) \qquad\qquad p_0 = \bar{p}_0 + \bar{p}_1, \quad p_1 = \bar{p}_1,$$

$$(39,10) \qquad\qquad \bar{p}_0 = \bar{p}_1 = 0 \longleftrightarrow p_0 = p_1 = 0.$$

Daraus folgt: Nur die geometrische Größe $\mathfrak{o}$ besitzt in beiden Koordinaten-systemen die Koordinaten null. Darum können wir auch schreiben:

$$(39,11) \qquad \mathfrak{o} = 0\,e_0 + 0\,\bar{e}_1 = 0\,e_0 + 0\,e_1, \quad \mathfrak{o} = (0, 0), \quad \mathfrak{o} = [0, 0].$$

Wichtig für die neuen Begriffsbildungen ist auch folgende Gleichungsgruppe

$$(39,12) \qquad\qquad e_x = 1\,e_0 + \bar{x}_1 \bar{e}_1, \quad \bar{x}_1 = x_1/x, \quad \mathfrak{x} = x\,e_0 + x_1 \bar{e}_1.$$

Sie zeigt, daß die Einführung der Masse x des Punktes $\mathfrak{x}$ praktisch nichts anderes bedeutet als eine Umwandlung der *inhomogenen Koordinaten von* e_x in die *homogenen Koordinaten von* $\mathfrak{x}$, was wir auch folgendermaßen in Zeichen ausdrücken können:

$$(39,13) \qquad\qquad e_x = (1, \bar{x}_1), \quad \mathfrak{x} = (x, x_1).$$

b) Die eben genannten Beziehungen sollen jetzt von der Geometrie des ein-dimensionalen Raumes $\mathfrak{R}_1$ auf die Geometrie des n-dimensionalen Raumes $\mathfrak{R}_n$ übertragen werden. Wir gehen zunächst auf den dreidimensionalen Raum $\mathfrak{R}_3$ über und schließen dann allgemein auf den n-dimensionalen Raum. Wir treffen folgende Festsetzung:

(39,14)   1. Zur Lösung von *Aufgaben im dreidimensionalen Raum* $\mathfrak{R}_3$ oder kurz im Raum denken wir uns stets in der linken unteren Ecke unserer Zeichenebene, die vertikalstehend gedacht wird, den Ursprungspunkt e_0 unseres Raumes beliebig ausgewählt. Ferner wählen wir die Länge der Grundmaßeinheit ε. Nunmehr tragen wir im Ursprung einen Einheits-vektor $\bar{e}_1$ horizontalliegend mit der Pfeilspitze nach rechts weisend an.

Desgleichen tragen wir wieder in der Zeichenebene im Ursprung einen zweiten Einheitsvektor $\bar{e}_2$ vertikalstehend mit der Pfeilspitze nach oben weisend an. Der Vektor $\bar{e}_2$ geht also aus dem Vektor $\bar{e}_1$ durch eine Drehung von 90 Graden entgegen dem Uhrzeigersinn hervor. Endlich denken wir uns noch aus der Zeichenebene herausragend, jedoch senkrecht zur Zeichenebene stehend, also wieder horizontalliegend, mit der Pfeilspitze gegen unsere Blickrichtung weisend einen dritten Einheitsvektor $\bar{e}_3$ angetragen. Die Endpunkte der im Ursprung angetragenen Vektoren $\bar{e}_1$, $\bar{e}_2$, $\bar{e}_3$ nennen wir der Reihe nach e_1, e_2, e_3.

2. Bei Lösung von *Aufgaben im zweidimensionalen Raume $\mathfrak{R}_2$* oder kurz in der Ebene verwenden wir den in gleicher Weise gewählten Ursprung e_0 und die beiden Einheitsvektoren $\bar{e}_1$ und $\bar{e}_2$ mit ihren Endpunkten e_1 und e_2.

3. Bei Lösung von *Aufgaben im eindimensionalen Raume $\mathfrak{R}_1$* oder kurz in der Geraden benützen wir den in derselben Weise gewählten Ursprung e_0 und den Einheitsvektor $\bar{e}_1$ mit seinem Endpunkt e_1 auf der gegebenen Geraden.

Wir können also der Reihe nach in einer Geraden, in einer Ebene, in einem Raume oder anders gesprochen, in einem ein-zwei-drei-dimensionalen Raume entsprechend je 1, 2, 3 gegenseitig senkrecht stehende Einheitsvektoren $\bar{e}_1$, $\bar{e}_2$, $\bar{e}_3$ auswählen.

(39, 15) c) Ebenso wollen wir uns jetzt denken, daß es in einem n-dimensionalen Raume $\mathfrak{R}_n$ möglich sein wird, *n gegenseitig aufeinander senkrechtstehende Einheitsvektoren* $\bar{e}_1$, $\bar{e}_2$, ..., $\bar{e}_n$ auszuwählen. Tragen wir diese n Einheitsvektoren alle in ein und demselben beliebigen Punkt des Raumes an, so nennen wir das entstehende Gebilde kurz ein *n-Bein*.

(39, 16) Tragen wir speziell das n-Bein $\bar{e}_1$, $\bar{e}_2$, ..., $\bar{e}_n$ im Ursprung e_0 des n-dimensionalen Raumes $\mathfrak{R}_n$ an, so bilden die Endpunkte der Einheitsvektoren ein System von n Punkten, die wir künftighin der Reihe nach immer mit e_1, e_2, ..., e_n bezeichnen wollen.

Die geometrischen Größen e_0; $\bar{e}_1$, $\bar{e}_2$, ..., $\bar{e}_n$ nennen wir jetzt auch kurz die *geometrischen Grundmaßeinheiten erster Stufe des n-dimensionalen Raumes $\mathfrak{R}_n$*. Zwischen ihnen bestehen entsprechend der von uns entwickelten Punkt- und Vektorrechnung folgende Beziehungen:

(39, 17) $$\bar{e}_1 = e_1 - e_0, \quad \bar{e}_2 = e_2 - e_0, \ldots, \bar{e}_n = e_n - e_0,$$

(39, 18) $$e_1 = e_0 + \bar{e}_1, \quad e_2 = e_0 + \bar{e}_2, \ldots, e_n = e_0 + \bar{e}_n.$$

Wir nennen jetzt wieder unseren Entwicklungen unter a) entsprechend

(39, 19) $$\mathfrak{R}_n = (e_0, \bar{e}_1, \bar{e}_2, \ldots, \bar{e}_n)$$

ein kartesisches rechtwinkliges Koordinatensystem des n-dimensionalen Raumes $\mathfrak{R}_n$

(39, 20) $$\mathfrak{P}_n = [e_0, e_1, e_2, \ldots, e_n]$$

ein *Punktkoordinatensystem des n-dimensionalen Raumes $\mathfrak{R}_n$*. Den Ausdruck:

(39, 21) $$\mathfrak{z} = p_0 e_0 + p_1 \bar{e}_1 + p_2 \bar{e}_2 + \cdots + p_n \bar{e}_n =$$
$$= \bar{p}_0 e_0 + \bar{p}_1 e_1 + \bar{p}_2 e_2 + \cdots + \bar{p}_n e_n$$

nennen wir eine *geometrische Größe $\mathfrak{z}$ erster Stufe des n-dimensionalen Raumes* $\mathfrak{R}_n$ und nennen die $n+1$ reellen Zahlen in der folgenden Klammer

$$(39,22) \qquad \mathfrak{z} = (p_0,\; p_1,\; p_2,\; \ldots,\; p_n)$$

die kartesischen Koordinaten der geometrischen Größe $\mathfrak{z}$ erster Stufe.

$$(39,23) \qquad \mathfrak{z} = [\overline{p}_0,\; \overline{p}_1,\; \overline{p}_2,\; \ldots,\; \overline{p}_n]$$

heißen hingegen *die Punktkoordinaten der geometrischen Größe $\mathfrak{z}$ erster Stufe.* Die *Umrechnungsgleichungen* für die Koordinaten von einem Koordinatensystem aufs andere lauten somit wegen (39, 17) und (39, 18):

$$(39,24) \qquad \overline{p}_0 = p_0 - (p_1 + p_2 + \cdots + p_n),$$
$$\overline{p}_1 = p_1,\quad \overline{p}_2 = p_2,\; \ldots,\; \overline{p}_n = p_n,$$
$$(39,25) \qquad p_0 = \overline{p}_0 + (\overline{p}_1 + \overline{p}_2 + \cdots + \overline{p}_n),$$
$$p_1 = \overline{p}_1,\quad p_2 = \overline{p}_2,\; \ldots,\; p_n = \overline{p}_n,$$
$$(39,26) \qquad \overline{p}_0 = \overline{p}_1 = \cdots = \overline{p}_n = 0 \longleftrightarrow p_0 = p_1 = \cdots = p_n = 0.$$

Ferner setzen wir wieder für die *Nullgröße* $\mathfrak{o}$

$$(39,27) \qquad \mathfrak{o} = 0\,\mathfrak{e}_0 + 0\,\overline{\mathfrak{e}}_1 + \cdots + 0\,\overline{\mathfrak{e}}_n = 0\,\mathfrak{e}_0 + 0\,\mathfrak{e}_1 + \cdots + 0\,\mathfrak{e}_n,$$
$$\mathfrak{o} = (0,\; 0,\; \ldots,\; 0),\quad \mathfrak{o} = [0,\; 0,\; \ldots,\; 0].$$

Bewegen wir uns lediglich nur in dem *n-dimensionalen Vektorraum des* $\mathfrak{R}_n$, so nennen wir

$$(39,28) \qquad \mathfrak{V}_n = \{\overline{\mathfrak{e}}_1,\; \overline{\mathfrak{e}}_2,\; \ldots,\; \overline{\mathfrak{e}}_n\}$$

das *kartesische n-dimensionale rechtwinklige Vektorkoordinatensystem.*

$$(39,29) \qquad \overline{\mathfrak{p}} = \overline{p}_1\,\overline{\mathfrak{e}}_1 + \overline{p}_2\,\overline{\mathfrak{e}}_2 + \cdots + \overline{p}_n\,\overline{\mathfrak{e}}_n$$

einen *n-dimensionalen Vektor des n-dimensionalen Raumes* $\mathfrak{R}_n$ mit den n *rechtwinkligen Komponenten.*

$$(39,30) \qquad \overline{\mathfrak{p}} = \{\overline{p}_1,\; \overline{p}_2,\; \overline{p}_3,\; \ldots,\; \overline{p}_n\}.$$

In (39, 21) kann dabei entsprechend unseren Entwicklungen in der Punkt- und in der Vektorrechnung die geometrische Größe $\mathfrak{z}$ erster Stufe entweder einen einfachen oder vielfachen Punkt oder einen Vektor des n-dimensionalen Raumes bedeuten. Wie dies zu verstehen ist, wollen wir im folgenden noch genauer erklären.

d) Alle unsere Entwicklungen in der Punkt- und in der Vektorrechnung sind auf die neuen Begriffe ohne weiteres übertragbar und bedürfen keinerlei Änderungen. Dies wollen wir jetzt noch durch die Übertragung der fundamentalen Gleichungen (39, 1), (39, 12) und (39, 13) auf den n-dimensionalen Raum erhärten. Wir beginnen gleich mit der Übertragung der Formeln (39, 1).

(39, 31)   Gegeben: 1. x die Masse des Punktes, 2. $\overline{x}_1,\; \overline{x}_2,\; \ldots,\; \overline{x}_n$ die rechtwinkligen kartesischen Koordinaten des Punktes, 3. $\mathfrak{e}_0,\; \overline{\mathfrak{e}}_1,\; \overline{\mathfrak{e}}_2,\; \ldots,\; \overline{\mathfrak{e}}_n$ die *geometrischen Grundmaßeinheiten erster Stufe.*

Zusammenhänge: (39, 17) und (39, 18)

$$\mathfrak{x}_{0x} = \overline{x}_1\,\overline{\mathfrak{e}}_1 + \overline{x}_2\,\overline{\mathfrak{e}}_2 + \cdots + \overline{x}_n\,\overline{\mathfrak{e}}_n,\quad \mathfrak{e}_x = \mathfrak{e}_0 + \mathfrak{x}_{0x},\quad \mathfrak{x} = x\,\mathfrak{e}_x.$$

Gesucht:

1. $e_1 = e_0 + \bar{e}_1, \quad e_2 = e_0 + \bar{e}_2, \ldots, e_n = e_0 + \bar{e}_n,$

2. $\bar{\mathfrak{x}}_{0x} = 0\,e_0 + \bar{x}_1 \bar{e}_1 + \bar{x}_2 \bar{e}_1 + \cdots + \bar{x}_n \bar{e}_n,$

$\quad \bar{\mathfrak{x}}_{0x} = \bar{x}_0 e_0 + \bar{x}_1 e_1 + \bar{x}_2 e_2 + \cdots + \bar{x}_n e_n,$

$\quad\quad \bar{x}_0 = -(\bar{x}_1 + \bar{x}_2 + \cdots + \bar{x}_n),$

3. $e_x = 1\,e_0 + \bar{x}_1 \bar{e}_1 + \bar{x}_2 \bar{e}_2 + \cdots + \bar{x}_n \bar{e}_n,$

$\quad e_x = x_0^* e_0 + \bar{x}_1 e_1 + \bar{x}_2 e_2 + \cdots + \bar{x}_n e_n,$

$\quad\quad x_0^* = 1 - (\bar{x}_1 + \bar{x}_2 + \cdots + \bar{x}_n),$

4. $\mathfrak{x} = x\,e_0 + x_1 \bar{e}_1 + x_2 \bar{e}_2 + \cdots + x_n \bar{e}_n,$

$\quad \mathfrak{x} = x_0 e_0 + x_1 e_1 + x_2 e_2 + \cdots + x_n e_n,$

$\quad x_1 = x \cdot \bar{x}_1, \quad x_2 = x \cdot \bar{x}_2, \ldots, x_n = x \cdot \bar{x}_n,$

$\quad x_0 = x\,[1 - (\bar{x}_1 + \bar{x}_2 + \cdots + \bar{x}_n)].$

Somit gilt entsprechend zu (39, 12) und (39, 13):

$$(39, 32) \qquad e_x = 1\,e_0 + \bar{x}_1 \bar{e}_1 + \bar{x}_2 \bar{e}_2 + \cdots + \bar{x}_n \bar{e}_n,$$

$$\bar{x}_1 = x_1/x, \quad \bar{x}_2 = x_2/x, \ldots, \bar{x}_n = x_n/x,$$

$$\mathfrak{x} = x\,e_0 + x_1 \bar{e}_1 + x_2 \bar{e}_2 + \cdots + x_n \bar{e}_n,$$

inhomogene Koordinaten: $e_x = (1, \bar{x}_1, \bar{x}_2, \ldots, \bar{x}_n),$

homogene Koordinaten: $\mathfrak{x} = (x, x_1, x_2, \ldots, x_n).$

e) Der Begriff des vielfachen Punktes $\mathfrak{x}$ in (39, 31) kann jetzt noch verallgemeinert werden. Dort folgen nämlich wegen (39, 31) 4. immer notwendig aus $x = 0$ die Beziehungen $x_1 = x_2 = \cdots = x_x = 0$. Daher wird dann immer $\mathfrak{x} = x\,e_x = 0\,e_x = \mathfrak{o}$ wegen (37, 13). Diese Kopplung der homogenen Koordinaten $\mathfrak{x} = (x, x_1, x_2, \ldots, x_n)$ von $\mathfrak{x}$ kann aber dadurch aufgehoben werden, daß dieser Fall nur als Spezialfall eines viel allgemeineren Falles (39, 21) bis (39, 27) aufgefaßt werden kann. In diesen Formeln sollen nämlich die $n + 1$ kartesischen Koordinaten von $\mathfrak{s}$ in (39, 22) stets alle voneinander frei, also auch unabhängig voneinander gewählt werden dürfen. Wir geben zur genauen Erläuterung deshalb die folgenden grundlegenden Erklärungen:

(39, 33) Auch im n-dimensionalen Raume $\mathfrak{R}_n$ nennen wir:
Jeden beliebigen endlichen Punkt mit der Masse 1 einen *Einheitspunkt* oder einen *einfachen Punkt des Raumes* $1\,e_p = e_p$. Jeden beliebigen endlichen Punkt mit der Masse 0 einen *Nullpunkt* $0\,e_p = \mathfrak{o}$. Jeden beliebigen unendlichen Punkt mit der Masse 0 einen *Vektor* $0\,e_\infty = \bar{\mathfrak{p}}$. Jeden beliebigen vielfachen Punkt des Raumes kurz einen *Punkt* $p_0 e_p = \mathfrak{p}$. Da die Nullpunkte und Nullvektoren identisch sind, so sind sie als Sonderfälle zugleich im allgemeinen Begriff Punkt und Vektor enthalten.

(39, 34) *Die Punkte und die Vektoren* nennen wir *die Grundelemente des n-dimensionalen Raumes $\mathfrak{R}_n$.*

Während also jetzt der Begriff $\mathfrak{x}$ in (39, 31) immer nur einen Punkt darstellen kann, umfaßt der viel allgemeinere Begriff $\mathfrak{s}$ in (39, 21) die Punkte und die Vektoren. Wir definieren daher weiter:

(39, 35)   Jede *geometrische Größe* $\mathfrak{z}$ *erster Stufe des n-dimensionalen Raumes* $\mathfrak{R}_n$ von der Form $\mathfrak{z} = p_0 \mathfrak{e}_0 + p_1 \bar{\mathfrak{e}}_1 + p_2 \bar{\mathfrak{e}}_2 \cdots + p_n \bar{\mathfrak{e}}_n$ nennen wir von jetzt ab kurz *einen Pol* des $\mathfrak{R}_n$.

Jeder Pol kann nach Bedarf, wie wir weiter zeigen, jeden beliebigen Punkt oder Vektor des $\mathfrak{R}_n$ darstellen.

(39, 36)   Die geordneten $(n + 1)$ reellen Zahlen oder *das Zahlen-$(n + 1)$-tupel* $\mathfrak{z} = (p_0, \, p_1, \, p_2, \, \ldots, \, p_n)$ nennen wir *die kartesischen rechtwinkligen Koordinaten des Poles* $\mathfrak{z}$ *im kartesischen rechtwinkligen Koordinatensystem* $\mathfrak{R}_n = (\mathfrak{e}_0, \, \bar{\mathfrak{e}}_1, \, \bar{\mathfrak{e}}_2, \, \ldots, \, \bar{\mathfrak{e}}_n)$

(39, 37)   Unter dem *absoluten Betrag* $|\mathfrak{z}|$ *oder s des Poles* $\mathfrak{z}$ verstehen wir die reelle positive Zahl

$$s = |\mathfrak{z}| = {}_+\sqrt{p_0^2 + (p_1^2 + p_2^2 + \cdots + p_n^2)}.$$

(39, 38)   Unter *dem dem Pol* $\mathfrak{z}$ *zugeordneten Einheitspol* $\mathfrak{g}_s'$ verstehen wir den Pol $\mathfrak{g}_s' = (p_0/s)\mathfrak{e}_0 + (p_1/s)\mathfrak{e}_1 + \cdots + (p_n/s)\mathfrak{e}_n$ sein absoluter Betrag ist gleich $+ 1$. Den Faktor von $\mathfrak{e}_0$ nennen wir abgekürzt: $k_s = p_0/s$.

Aus (39, 35) und (39, 38) folgt weiter:

(39, 39)   Unter der *Normalform des Poles* $\mathfrak{z}$ verstehen wir seine eindeutig bestimmte Darstellungsform $\mathfrak{z} = s\,\mathfrak{g}_s'$.

(39, 40)   Unter dem *Modul des Poles* $\mathfrak{z}$ verstehen wir die reelle Zahl p_0. Wir schreiben: $\mathrm{mod}\,\mathfrak{z} = p_0$.

(39, 41)   Unter *dem dem Pol* $\mathfrak{z}$ *eindeutig zugeordneten Vektor* $\bar{\mathfrak{p}}$ verstehen wir den Vektor $\bar{\mathfrak{p}} = 0\,\mathfrak{e}_0 + p_1 \bar{\mathfrak{e}}_1 + p_2 \bar{\mathfrak{e}}_2 + \cdots + p_n \bar{\mathfrak{e}}_n$.

(39, 42)   Das *geordnete Zahlen$(n + 1)$-tupel* $\bar{\mathfrak{p}} = (0, \, p_1, \, \ldots, \, p_n)$ nennen wir die *kartesischen, rechtwinkligen Komponenten des Vektors* $\bar{\mathfrak{p}}$ *im kartesischen, rechtwinkligen Koordinatensystem* $\mathfrak{R}_n = (\mathfrak{e}_0, \, \bar{\mathfrak{e}}_1, \, \bar{\mathfrak{e}}_2, \, \ldots, \, \bar{\mathfrak{e}}_n)$.

(39, 43)   Unter dem *absoluten Betrag* $|\bar{\mathfrak{p}}|$ *oder* $\bar{p}$ *dieses Vektors* $\bar{\mathfrak{p}}$ verstehen wir die immer reelle positive Zahl

$$\bar{p} = |\bar{\mathfrak{p}}| = {}_+\sqrt{p_1^2 + p_2^2 + \cdots + p_n^2}.$$

(39, 44)   Unter *dem dem Vektor* $\bar{\mathfrak{p}}$ *zugeordneten Einheitsvektor* $\bar{\mathfrak{e}}_p$ verstehen wir den Vektor $\bar{\mathfrak{e}}_p = 0\,\mathfrak{e}_0 + (p_1/\bar{p})\bar{\mathfrak{e}}_1 + \cdots + (p_n/\bar{p})\bar{\mathfrak{e}}_n$. Sein absoluter Betrag ist gleich $+ 1$.

Aus (39, 41) und (39, 44) folgt weiter:

(39, 45)   Unter der *Normalform des Vektors* $\bar{\mathfrak{p}}$ verstehen wir seine eindeutig bestimmte Darstellungsform: $\bar{\mathfrak{p}} = \bar{p}\,\bar{\mathfrak{e}}_p$.

(39, 46)   Unter *dem dem Pol* $\mathfrak{z}$ *zugeordneten Ortsvektor* $\bar{\mathfrak{x}}_{0p}$ verstehen wir den Vektor $\bar{\mathfrak{x}}_{0p} = 0\,\mathfrak{e}_0 + \bar{p}_1 \bar{\mathfrak{e}}_1 + \bar{p}_2 \bar{\mathfrak{e}}_2 + \cdots + \bar{p}_n \bar{\mathfrak{e}}_n$, darin ist $p_0 \neq 0$, $\bar{p}_1 = p_1/p_0$, $\bar{p}_2 = p_2/p_0, \, \ldots, \, \bar{p}_n = p_n/p_0$.

(39, 47)   Unter *dem dem Pol* $\mathfrak{z}$ *eindeutig zugeordneten Einheitspunkt* $\mathfrak{e}_p$ verstehen wir den einfachen Punkt $\mathfrak{e}_p = \mathfrak{e}_0 + \bar{\mathfrak{x}}_{0p}$, $p_0 \neq 0$, $\mathfrak{e}_p = 1\,\mathfrak{e}_0 + (p_1/p_0)\bar{\mathfrak{e}}_1 + (p_2/p_0)\bar{\mathfrak{e}}_2 + \cdots + (p_n/p_0)\bar{\mathfrak{e}}_n$.

(39, 48) Unter *dem dem Pol $\mathfrak{z}$ eindeutig zugeordneten Punkt* $\mathfrak{p}$ verstehen wir den *Punkt* dargestellt *in seiner Normalform* $\mathfrak{p} = p_0\mathfrak{e}_p$. Er ist nichts anderes als eine andere Darstellungsform des Poles $\mathfrak{z}$ im Falle $p_0 \neq 0$, denn es gilt $\mathfrak{z} = \mathfrak{p} = p_0\mathfrak{e}_0 + p_1\bar{\mathfrak{e}}_1 + p_2\bar{\mathfrak{e}}_2 + \cdots + p_n\bar{\mathfrak{e}}_n$.

Für die rasche Berechnung der einzelnen definierten Größen verwenden wir am bequemsten der Reihe nach die folgenden Formeln:

(39, 49) Gegeben: $\mathfrak{z} = (p_0,\ p_1,\ p_2,\ \ldots,\ p_n)$,

Gesucht: $\bar{\mathfrak{p}} = 0\,\mathfrak{e}_0 + p_1\bar{\mathfrak{e}}_1 + p_2\bar{\mathfrak{e}}_2 + \cdots + p_n\bar{\mathfrak{e}}_n$,

$$\mathfrak{z} = p_0\mathfrak{e}_0 + \bar{\mathfrak{p}} = p_0\mathfrak{e}_0 + p_1\bar{\mathfrak{e}}_1 + p_2\bar{\mathfrak{e}}_2 + \cdots + p_n\bar{\mathfrak{e}}_n,$$

$$\bar{p} = {}_+\!\sqrt{p_1^2 + p_2^2 + \cdots + p_n^2}, \quad s = {}_+\!\sqrt{p_0^2 + \bar{p}^2},$$

$$k_s = p_0/s, \quad \bar{p}_1 = p_1/p_0, \ldots, \bar{p}_n = p_n/p_0,$$

$$\bar{\mathfrak{e}}_p = \bar{\mathfrak{p}}/\bar{p}, \quad \bar{\mathfrak{x}}_{0p} = \bar{\mathfrak{p}}/p_0, \quad \mathfrak{e}_p = \mathfrak{e}_0 + \bar{\mathfrak{x}}_{0p}, \quad \mathfrak{g}'_s = \mathfrak{z}/s = k_s\mathfrak{e}_p.$$

Damit ergeben sich sehr leicht folgende mögliche Sonderfälle eines Poles

(39, 50) 1. $\mathfrak{z} = (\ \ 0,\ 0,\ 0,\ 0,\ \ldots,\ 0)$, $\mathfrak{z} = 0\,\mathfrak{e}_p = \mathfrak{o} = \bar{\mathfrak{o}}$,

2. $\mathfrak{z} = (\ \ 0,\quad \text{beliebig})$, $\mathfrak{z} = \bar{\mathfrak{p}}$,

3. $\mathfrak{z} = (\neq 0,\ 0,\ 0,\ 0,\ \ldots\ 0)$, $\mathfrak{z} = p_0\mathfrak{e}_0$,

4. $\mathfrak{z} = (\neq 0,\quad \text{beliebig})$, $\mathfrak{z} = \mathfrak{p} = p_0\mathfrak{e}_p$.

Somit gilt jetzt:

(39, 51) $p_0 = 0$ oder $\bmod \mathfrak{z} = 0 \longleftrightarrow \mathfrak{z} = \text{Vektor} = \bar{\mathfrak{p}}$,

$p_0 \neq 0$ oder $\bmod \mathfrak{z} \neq 0 \longleftrightarrow \mathfrak{z} = \text{Punkt} = \mathfrak{p}$.

Nennen wir jetzt p_0 die *Masse des Poles* $\mathfrak{z}$, so können wir sagen: Pole mit der Masse 0 sind Vektoren, Pole mit der Masse $\neq 0$ sind Punkte. Somit sind die Vektoren gewissermaßen *triviale Pole*, die Punkte hingegen *allgemeine Pole*. Wir machen jetzt noch die folgenden Bemerkungen:

(39, 52) (Es seien die Normalformen zweier Pole $\mathfrak{z}$ und $\mathfrak{t}$ gegeben durch $\mathfrak{z} = s\mathfrak{g}'_s$, $\mathfrak{t} = t\mathfrak{g}'_t$. Sind die beiden Pole Vektoren $\mathfrak{z} = \bar{\mathfrak{p}}$, $\mathfrak{t} = \bar{\mathfrak{q}}$, dann lauten die Normalformen der den Polen zugeordneten Vektoren $\bar{\mathfrak{p}} = \bar{p}\,\bar{\mathfrak{e}}_p$, $\bar{\mathfrak{q}} = \bar{q}\,\bar{\mathfrak{e}}_q$ und es gilt: $s = \bar{p}$, $\mathfrak{g}'_s = \bar{\mathfrak{e}}_p$ und $t = \bar{q}$, $\mathfrak{g}'_t = \bar{\mathfrak{e}}_q$. Sind die beiden Pole aber Punkte $\mathfrak{z} = \mathfrak{p}$, $\mathfrak{t} = \mathfrak{q}$, dann lauten die Normalformen der den Polen zugeordneten Punkte $\mathfrak{p} = p_0\mathfrak{e}_p$, $\mathfrak{q} = q_0\mathfrak{e}_q$ und es gilt: $\mathfrak{g}'_s = (p_0/s)\mathfrak{e}_p$, $\mathfrak{g}'_t = (q_0/t)\mathfrak{e}_q$.

Ist also der Pol ein Punkt, dann wird seine Normalform nur dann mit der Normalform des ihm zugeordneten Punktes identisch, wenn allgemein die Beziehung $k_s = p_0/s = +1$ gilt. Dann muß aber $p_0 = s$, also $\bar{p} = 0$, und weil immer $s > 0$ gilt, auch $p_0 > 0$ sein. Daraus folgt aber $\bar{\mathfrak{p}} = \bar{\mathfrak{o}}$ und $\mathfrak{e}_p = \mathfrak{e}_0$, also auch $\mathfrak{g}'_s = \mathfrak{e}_0$. Somit gilt der Satz:

(39, 53) Ist der Pol ein Vektor, dann fällt die Normalform des Poles genau mit der Normalform des Vektors zusammen. Ist der Pol aber ein Punkt, dann fällt die Normalform des Poles mit der Normalform des Punktes nur dann zusammen, wenn der Punkt ein Vielfaches des Ursprunges ist. Es besteht aber dann immer die Beziehung $\mathfrak{g}'_s = (p_0/s)\mathfrak{e}_p$, d. h. die beiden Normalformen unterscheiden sich nur um einen Zahlenfaktor.

Wir können deshalb auch noch eine andere wichtige Zerlegung eines Poles in zwei Teile vornehmen:

$$(39,54) \qquad \mathfrak{s} = \mathfrak{p}_0 + \overline{\mathfrak{p}}, \quad \mathfrak{p}_0 = p_0 e_0 \quad \text{und} \quad \overline{\mathfrak{p}} = p_1 \overline{e}_1 + p_2 \overline{e}_2 + \cdots + p_n \overline{e}_n.$$

Wir nennen $\mathfrak{p}_0$ eine *ursprungsgebundene Größe* und $\overline{\mathfrak{p}}$ eine *freie Größe*. Erst durch die Addition der freien Größe zur ursprungsgebundenen Größe wird die ursprungsgebundene Größe $\mathfrak{p}_0$ aus dem Ursprung herausgeschoben und zu einem beliebigen *Raumelement*. Wir werden sehen, daß eine gleiche Zerlegung auch für jede erst später zu erklärende beliebige *geometrische Größe höherer Stufe* gilt. Kommt nämlich in den sie darstellenden mathematischen Ausdrücken e_0 wirklich vor, d. h. ist $p_0 \neq 0$, dann nennen wir sie eine *ursprungsgebundene Größe*, kommt aber e_0 in ihrer mathematischen Darstellung nicht vor, d. h. ist $p_0 = 0$, dann nennen wir sie *eine freie Größe*. Erst wieder die Addition der freien Größe zur ursprungsgebundenen Größe schiebt diese aus dem Ursprung heraus und macht sie so zu einer richtigen *Raumgröße*. Die Einheit e_0 nennen wir deshalb eine *ursprungsgebundene Einheit* und die Einheiten $\overline{e}_1, \overline{e}_2, \ldots, \overline{e}_n$ *freie Einheiten*. Wir stellen jetzt noch, weil für das Folgende wichtig, die Berechnung aller kartesischer Koordinaten, der in (39, 33) bis (39, 48) definierten charakteristischen Größen eines Poles — wir nennen sie kurz *die Grundelemente des Poles* — entsprechend dem System der Formeln (39, 49) kurz zusammen.

$$(39,55) \qquad \text{Gegeben:} \ \mathfrak{K}_n = (e_0, \overline{e}_1, \overline{e}_2, \ldots, \overline{e}_n),$$

$$\mathfrak{s} = (p_0, p_1, p_2, \ldots, p_n),$$

$$\text{Gesucht:} \ \overline{p} = {}_+\sqrt{p_1^2 + p_2^2 + \cdots + p_n^2}, \quad s = {}_+\sqrt{p_0^2 + \overline{p}^2}, \quad k_s = p_0/s.$$

$$
\begin{aligned}
\text{1. Fall:} \quad & p_0 = 0, \quad \mathfrak{s} = \text{Vektor} = \overline{\mathfrak{p}}, \quad s = \overline{p}, \quad k_s = 0, \\
& \mathfrak{s} = \overline{\mathfrak{p}} = (0, p_1, p_2, \ldots, p_n), \\
& \mathfrak{g}'_s = \overline{e}_p = (0, p_1/\overline{p}, p_2/\overline{p}, \ldots, p_n/\overline{p}), \\
& \overline{\mathfrak{x}}_{0p}, e_p \ \text{sind beide sinnlos.}
\end{aligned}
$$

Beziehungen: $\mathfrak{s} = s\, \mathfrak{g}'_s \equiv \overline{p}\, \overline{e}_p = \overline{\mathfrak{p}}.$

$$
\begin{aligned}
\text{2. Fall:} \quad & p_0 \neq 0, \quad \mathfrak{s} = \text{Punkt} = \mathfrak{p}, \quad s \neq 0, \quad s \neq \overline{p}, \quad k_s = p_0/s, \\
& \mathfrak{s} = (p_0, p_1, p_2, \ldots, p_n), \\
& \overline{\mathfrak{p}} = (0, \ p_1, p_2, \ldots, p_n), \\
& \overline{e}_p = (0, \ p_1/\overline{p}, p_2/\overline{p}, \ldots, p_n/\overline{p}), \\
& \overline{\mathfrak{x}}_{0p} = (0, \ p_1/p_0, p_2/p_0, \ldots, p_n/p_0), \\
& e_p = (1, \ p_1/p_0, p_2/p_0, \ldots, p_n/p_0), \\
& \mathfrak{g}'_s = (p_0/s, \ p_1/s, p_2/s, \ldots, p_n/s).
\end{aligned}
$$

Beziehungen: $\mathfrak{s} = s\, \mathfrak{g}'_s = p_0 e_p = \mathfrak{p}, \quad \overline{\mathfrak{p}} = \overline{p}\, \overline{e}_p = p_0 \overline{\mathfrak{x}}_{0p},$

$\overline{\mathfrak{x}}_{0p} = (\overline{p}/p_0)\, \overline{e}_p, \ e_p = e_0 + \overline{\mathfrak{x}}_{0p}, \ \mathfrak{s} = p_0 (e_0 + \overline{\mathfrak{x}}_{0p}) = p_0 e_0 + \overline{\mathfrak{p}}.$

Damit sind wir jetzt in allen Fällen imstande, zu entscheiden, ob der durch seine kartesischen Koordinaten gegebene Pol einen Vektor oder einen Punkt darstellt und wie er im Raume liegt. Ebenso können wir alle Grundelemente des Poles rasch und einfach aufsuchen.

    f) Im Anschluß an die Untersuchungen unter Punkt e) geben wir noch einige neue Definitionen für Beziehungen zwischen mehreren Polen bekannt. Wir nehmen dabei an, wir hätten neben dem Pol $\mathfrak{z}$ in den Formeln (39, 55) noch einen Pol $\mathfrak{t}$ gegeben und für ihn alle ihm zugeordneten Grundelemente aufgesucht. Um diese Grundelemente eindeutig bezeichnen zu können, wollen wir uns in den Formeln (39, 55) einfach folgende Buchstabenersetzungen vorgenommen denken. Wir ersetzen: $\mathfrak{z}$ durch $\mathfrak{t}$, s durch t, $\mathfrak{p}$ durch $\mathfrak{q}$ und schließlich p durch q. Nunmehr können wir folgende neue Begriffserklärungen geben:

(39, 56) *Wir nennen zwei Pole kongruent* in Zeichen $\mathfrak{z} \equiv \mathfrak{t}$, wenn die Beziehungen
$$\mathfrak{z} = k\mathfrak{t}, \quad k \neq 0 \quad \text{bestehen.}$$

Daraus ergeben sich sofort die folgenden Schlüsse:

(39, 57) $\quad \mathfrak{z} \equiv \mathfrak{t}$ oder $\mathfrak{z} = k\mathfrak{t} \to p_i = k \cdot q_i, \quad (i = 0, 1, 2, \ldots, n),$
$$\overline{p} = |k|\overline{q}, \quad s = |k|t, \quad \overline{e}_{\mathfrak{p}} = \pm\,\overline{e}_{\mathfrak{q}}, \quad \text{je nachdem} \quad k \gtrless 0,$$
$$\mathfrak{z}_0 = \pm\mathfrak{t}_0, \quad \text{je nachdem} \quad k \gtrless 0, \quad \overline{\mathfrak{x}}_{0\mathfrak{p}} = \overline{\mathfrak{x}}_{0\mathfrak{q}}, \quad e_{\mathfrak{p}} = e_{\mathfrak{q}}.$$

(39, 58) *Zwei Pole nennen wir gleich oder entgegengesetzt,* je nachdem $\mathfrak{z} = \mathfrak{t}$ oder $\mathfrak{z} = -\mathfrak{t}$ gilt.

Daraus folgt dann:

(39, 59) $\quad \mathfrak{z} = \mathfrak{t} \to p_i = q_i, \quad (i = 0, 1, 2, \ldots, n),$
$$\overline{p} = \overline{q}, \quad s = t, \quad \overline{e}_{\mathfrak{p}} = \overline{e}_{\mathfrak{q}}, \quad \overline{\mathfrak{x}}_{0\mathfrak{p}} = \overline{\mathfrak{x}}_{0\mathfrak{q}}, \quad e_{\mathfrak{p}} = e_{\mathfrak{q}}, \quad \mathfrak{z}_0 = \mathfrak{t}_0,$$

(39, 60) $\quad \mathfrak{z} = -\mathfrak{t} \to p_i = -q_i, \quad (i = 0, 1, 2, \ldots, n),$
$$\overline{p} = \overline{q}, \quad s = t, \quad \overline{e}_{\mathfrak{p}} = -\overline{e}_{\mathfrak{q}}, \quad \overline{\mathfrak{x}}_{0\mathfrak{p}} = \overline{\mathfrak{x}}_{0\mathfrak{q}}, \quad e_{\mathfrak{p}} = e_{\mathfrak{q}}, \quad \mathfrak{z}_0 = -\mathfrak{t}_0.$$

(39, 61) *Wir nennen zwei Pole gleichsinnig parallel* bzw. *gegensinnig parallel* bzw. *parallel,* je nachdem $\mathfrak{z} = k\mathfrak{t}$ und $k > 0$ bzw. $k < 0$ bzw. $k \neq 0$ gilt. Wir schreiben deshalb in Zeichen
$$\mathfrak{z} \uparrow\uparrow \mathfrak{t} \longleftrightarrow \mathfrak{z} = k\mathfrak{t}, \quad k > 0,$$
$$\mathfrak{z} \uparrow\downarrow \mathfrak{t} \longleftrightarrow \mathfrak{z} = k\mathfrak{t}, \quad k < 0,$$
$$\mathfrak{z} \,||\, \mathfrak{t} \longleftrightarrow \mathfrak{z} = k\mathfrak{t}, \quad k \neq 0 \to \mathfrak{z} \equiv \mathfrak{t}.$$

Die wesentlichen Schlußfolgerungen in diesen Fällen lesen wir aus (39, 57) ab. Wir treffen noch folgende Festsetzungen:

(39, 62) $\quad$ Je nachdem die beiden Pole $\mathfrak{z}$ und $\mathfrak{t}$ entweder zwei Punkte oder zwei Vektoren darstellen, soll in allen Sätzen (39, 56) bis (39, 61) das Wort Pol auch stets durch das Wort Punkt oder das Wort Vektor ersetzt werden können.

Wir erhalten durch diese Festsetzungen wieder den Anschluß an alle unsere früher gegebenen Erklärungen für Punkte und Vektoren. Besonders wichtig sind dabei noch die Schlußfolgerungen:

(39, 63) $\quad$ Kongruente Punkte sind verschiedene Vielfache ein und desselben Einheitspunktes des Raumes, d. h. anders gesprochen: Kongruente Punkte fallen stets räumlich zusammen. Kongruente Vektoren sind parallele Vektoren.

g) Wir geben jetzt noch die Formeln für die Addition von r Punkten des Raumes an. Wir benützen dabei die Schreibweise der Relativitätstheorie in Punkt 36 des dritten Kapitels und verwenden deshalb die folgenden Abkürzungen. Für Komponentendarstellungen verwenden wir Summationsindizes, für Summierungen über die Raumpunkte verwenden wir hingegen das Summenzeichen, um nicht zu Verwechslungen zu kommen.

(39, 64)   Bereiche: $(i = 1, 2, \ldots, r)$, $(k = 1, 2, \ldots, n)$, $(\nu = 1, 2, \ldots, n)$,

$\Sigma =$ Summierung über i von 1 bis r, i und k ist Aufzählungsindex, ν ist Summationsindex.

(39, 65)   Gegeben die r Punkte $\mathfrak{s}_i = p_{i\,0}\,\mathfrak{e}_{pi}$, $\mathfrak{e}_{pi} = \mathfrak{e}_0 + \bar{\mathfrak{x}}_{0\,pi}$, $\bar{\mathfrak{x}}_{0\,pi} = \bar{p}_{i\,\nu}\,\bar{\mathfrak{e}}_\nu$

$$\begin{cases} \text{Gesucht ihr Summenpunkt } \mathfrak{s} = p_0\,\mathfrak{e}_p, \quad \mathfrak{e}_p = \mathfrak{e}_0 + \bar{\mathfrak{x}}_{0\,p}, \\ \qquad\qquad \bar{\mathfrak{x}}_{0\,p} = \bar{p}_\nu\,\bar{\mathfrak{e}}_\nu. \end{cases}$$

$$\begin{cases} \text{Es gelten dann im Anschluß an (37, 47) die Gleichungen:} \\[4pt] \mathfrak{s} = \Sigma\mathfrak{s}_i, \quad p_0 = \Sigma p_{i\,0}, \quad p_0\,\mathfrak{e}_p = \Sigma p_{i\,0}\,\mathfrak{e}_{pi}, \\[4pt] \mathfrak{e}_p = \Sigma(p_{i\,0}/p_0)\,\mathfrak{e}_{pi}, \quad p_0\,\bar{\mathfrak{x}}_{0\,p} = \Sigma p_{i\,0}\,\bar{\mathfrak{x}}_{0\,pi}, \\[4pt] \bar{\mathfrak{x}}_{0\,p} = \Sigma p_{i\,0}\,\bar{\mathfrak{x}}_{0\,pi} / \Sigma p_{i\,0}, \quad \bar{p}_k = \Sigma p_{i\,0}\,\bar{p}_{i\,k} / \Sigma p_{i\,0}. \end{cases}$$

h) Wir haben das Rechnen mit Polen des $\mathfrak{R}_n$, d. h. das Rechnen mit Punkten und Vektoren des $\mathfrak{R}_n$ unter e) einfach auf ein Rechnen mit den

(39, 66) $$s = n + 1$$

kartesischen Koordinaten des Punktes, bzw. auf ein Rechnen mit den Zahlen s-tupeln (39, 36), zurückgeführt. Die Zahl n nennen wir die *Dimensionszahl des Raumes* $\mathfrak{R}_n$, die Zahl s *die Stufenzahl des Raumes* $\mathfrak{R}_n$ oder kurz *die Grundzahl des Raumes* $\mathfrak{R}_n$; letztere ist stets um eins größer als die Dimensionszahl n. Es ist jetzt noch unsere nächste Aufgabe, dieses Rechnen mit den Zahlen s-tupeln besonders auszubauen. Um eine bequemere Schreibweise zu haben, führen wir jetzt noch folgende neue Bezeichnungen ein, an deren Bedeutung wir von nun an dauernd festhalten wollen.

(39, 67)   Wir nennen das *System der geometrischen Grundmaßeinheiten erster Stufe*, wobei stets (39, 66) gilt:

$$\mathfrak{g}_1 = \mathfrak{e}_0, \quad \mathfrak{g}_2 = \bar{\mathfrak{e}}_1, \quad \mathfrak{g}_1 = \bar{\mathfrak{e}}_2, \ldots, \mathfrak{g}_s = \bar{\mathfrak{e}}_n$$

das *System der s Einheitspole* oder das *System der s Grundpole des n dimensionalen Raumes* $\mathfrak{R}_n$.

Tatsächlich haben ja wegen der Gültigkeit von

(39, 68)
$$\mathfrak{g}_1 = 1\,\mathfrak{e}_0 + 0\,\bar{\mathfrak{e}}_1 + \cdots + 0\,\bar{\mathfrak{e}}_n,$$
$$\mathfrak{g}_2 = 0\,\mathfrak{e}_0 + 1\,\bar{\mathfrak{e}}_1 + \cdots + 0\,\bar{\mathfrak{e}}_n,$$
$$\cdots\cdots\cdots\cdots\cdots$$
$$\mathfrak{g}_s = 0\,\mathfrak{e}_0 + 0\,\bar{\mathfrak{e}}_1 + \cdots + 1\,\bar{\mathfrak{e}}_n$$

die Grundpole die kartesischen Koordinaten

(39, 69)
$$\mathfrak{g}_1 = \mathfrak{e}_0 = (1,\, 0,\, 0,\, \ldots,\, 0),$$
$$\mathfrak{g}_2 = \bar{\mathfrak{e}}_1 = (0,\, 1,\, 0,\, \ldots,\, 0),$$
$$\mathfrak{g}_3 = \bar{\mathfrak{e}}_2 = (0,\, 0,\, 1,\, \ldots,\, 0),$$
$$\cdots\cdots\cdots\cdots\cdots$$
$$\mathfrak{g}_s = \bar{\mathfrak{e}}_n = (0,\, 0,\, 0,\, \ldots,\, 1)$$

und stellen somit wegen unserer Definition (39, 38) tatsächlich jeder für sich einen Einheitspol dar. Für die speziellen Pole $\mathfrak{o}, \bar{\mathfrak{o}}, \mathfrak{p}_0$ erhalten wir dann die nachfolgenden kartesischen Koordinaten:

$$(39, 70) \qquad \mathfrak{o} = \bar{\mathfrak{o}} \quad = (0,\ 0,\ 0,\ \ldots,\ 0),$$
$$\mathfrak{p}_0 = p_0 \mathfrak{e}_0 = (p_0,\ 0,\ 0,\ \ldots,\ 0).$$

Entsprechend unserer Bezeichnungsänderung für die Grundpole führen wir jetzt auch für die kartesischen Koordinaten irgend eines Poles eine andere Bezeichnung ein. Wir schreiben statt

$$(39, 71) \qquad \mathfrak{s} = p_0 \mathfrak{e}_0 + p_1 \bar{\mathfrak{e}}_1 + p_2 \bar{\mathfrak{e}}_2 + \cdots + p_n \bar{\mathfrak{e}}_n$$

in unseren früheren Untersuchungen jetzt bequemer

$$(39, 72) \qquad \mathfrak{s} = s_1 \mathfrak{g}_1 + s_2 \mathfrak{g}_2 + s_3 \mathfrak{g}_3 + \cdots + s_s \mathfrak{g}_s$$

und setzen daher neben (39, 67) auch

$$(39, 73) \qquad s_1 = p_0,\quad s_2 = p_1,\quad s_3 = p_2,\ \ldots,\ s_s = p_n,$$

wobei für die Indizes wieder die Beziehung (39, 66) gilt. Daher erhalten wir jetzt für die Darstellung eines Poles $\mathfrak{s}$ in kartesischen Koordinaten die beiden identischen Formen:

$$(39, 74) \qquad \mathfrak{R}_n = (\mathfrak{e}_0,\ \bar{\mathfrak{e}}_1,\ \bar{\mathfrak{e}}_2,\ \ldots,\ \bar{\mathfrak{e}}_n),$$
$$\mathfrak{s} = (p_0,\ p_1,\ p_2,\ \ldots,\ p_n),$$
$$(39, 75) \qquad \mathfrak{R}_n = (\mathfrak{g}_1,\ \mathfrak{g}_2,\ \mathfrak{g}_3,\ \ldots,\ \mathfrak{g}_s),$$
$$\mathfrak{s} = (s_1,\ s_2,\ s_3,\ \ldots,\ s_s).$$

Natürlich merken wir uns wieder die wichtige alte Beziehung:

$$(39, 76) \qquad s_1 = 0 \longleftrightarrow \text{Pol } \mathfrak{s} \text{ ist ein Vektor,}$$
$$s_1 \neq 0 \longleftrightarrow \text{Pol } \mathfrak{s} \text{ ist ein Punkt.}$$

Weiter führen wir jetzt folgende Schreibregel an Hand der Koordinatendarstellung zweier Pole $\mathfrak{s}$ und $\mathfrak{t}$ ein:

$$(39, 77) \qquad \mathfrak{s} = s_1 \mathfrak{g}_1 + s_2 \mathfrak{g}_2 + \cdots + s_s \mathfrak{g}_s \longleftrightarrow \mathfrak{s} = (s_1,\ s_2,\ \ldots,\ s_s),$$
$$\mathfrak{t} = t_1 \mathfrak{g}_1 + t_2 \mathfrak{g}_2 + \cdots + t_s \mathfrak{g}_s \longleftrightarrow \mathfrak{t} = (t_1,\ t_2,\ \ldots,\ t_s).$$

Beide Schreibweisen links und rechts sollen dasselbe ausdrücken. Wir ersetzen das Rechnen mit den ausgeschriebenen Ausdrücken links durch das Rechnen mit den Koordinaten rechts. Rechnen wir jedoch nur mit Vektoren allein, dann behalten wir mit Rücksicht darauf, daß dessen erste Koordinate in (39, 77) immer gleich 0 sein muß, die alte Schreibweise in der folgenden Form bei:

$$(39, 78) \qquad \bar{\mathfrak{p}} = p_1 \bar{\mathfrak{e}}_1 + p_2 \bar{\mathfrak{e}}_2 + \cdots + p_n \bar{\mathfrak{e}}_n \longleftrightarrow \bar{\mathfrak{p}} = \{p_1,\ p_2,\ \ldots,\ p_n\},$$
$$\bar{\mathfrak{q}} = q_1 \bar{\mathfrak{e}}_1 + q_2 \bar{\mathfrak{e}}_2 + \cdots + q_n \bar{\mathfrak{e}}_n \longleftrightarrow \bar{\mathfrak{q}} = \{q_1,\ q_2,\ \ldots,\ q_n\}.$$

Gehen wir vom Rechnen mit Vektoren wieder auf ein Rechnen mit Polen zurück, so brauchen wir vor die n Koordinaten in der geschlungenen Klammer nur eine 0 zu setzen und die geschlungene Klammer in eine runde Klammer zu verwandeln, um wieder mit den Vektoren in der Darstellung als Pole weiter rechnen zu können. Bei der Verwandlung der Pole in Vektoren, falls sie solche sind, gehen wir natürlich umgekehrt vor:

$$(39,79) \qquad \overline{\mathfrak{p}} = \{p_1,\ p_2,\ \ldots,\ p_n\} = (0,\ p_1,\ p_2,\ \ldots,\ p_n).$$

Wollen wir wissen, welcher Art die geometrische Struktur ist, die irgend ein Pol besitzt, so arbeiten wir mit seinen $s = n + 1$ kartesischen Koordinaten und den Formeln (39, 55) und können auf diese Weise dem Rechnen mit den Koordinaten jederzeit wieder den ihm zukommenden Sinn in geometrischer Hinsicht geben. Es bleiben dabei natürlich alle unsere Rechenregeln über das Rechnen mit Punkten und Vektoren, wie sie in Punkt 37 bis 39 besprochen wurden, erhalten. Sehr leicht ist jetzt auch einzusehen, daß für das Rechnen mit Polen (39, 77) bzw. für das Rechnen mit Vektoren allein (39, 78) die nachfolgenden Rechenregeln bestehen müssen:

$$(39,80) \qquad \mathfrak{s} = (s_1,\ s_2,\ \ldots,\ s_s),\quad \mathfrak{t} = (t_1,\ t_2,\ \ldots,\ t_s),$$

$$\mathfrak{s} = \mathfrak{t} \longleftrightarrow s_1 = t_1,\ s_2 = t_2,\ \ldots,\ s_s = t_s,$$

$$\mathfrak{s} + \mathfrak{t} = (s_1 + t_1,\ s_2 + t_2,\ \ldots,\ s_s + t_s),$$

$$\mathfrak{s} - \mathfrak{t} = (s_1 - t_1,\ s_2 - t_2,\ \ldots,\ s_s - t_s),$$

$$k\mathfrak{t} = (k t_1,\ k t_2,\ \ldots,\ k t_s),$$

$$-\mathfrak{t} = (-t_1,\ -t_2,\ \ldots,\ -t_s),$$

$$a\mathfrak{s} + b\mathfrak{t} = (a s_1 + b t_1,\ a s_2 + b t_2,\ \ldots,\ a s_s + b t_s),$$

$$\mathfrak{o} = (0,\ 0,\ \ldots,\ 0).$$

$$(39,81) \qquad \mathfrak{p} = \{p_1,\ p_2,\ \ldots,\ p_n\},\quad \overline{\mathfrak{q}} = \{q_1,\ q_2,\ \ldots,\ q_n\},$$

$$\overline{\mathfrak{p}} = \overline{\mathfrak{q}} \longleftrightarrow p_1 = q_1,\ p_2 = q_2,\ \ldots,\ p_n = q_n,$$

$$\overline{\mathfrak{p}} + \overline{\mathfrak{q}} = \{p_1 + q_1,\ p_2 + q_2,\ \ldots,\ p_n + q_n\},$$

$$\overline{\mathfrak{p}} - \overline{\mathfrak{q}} = \{p_1 - q_1,\ p_2 - q_2,\ \ldots,\ p_n - q_n\},$$

$$k\overline{\mathfrak{p}} = \{k p_1,\ k p_2,\ \ldots,\ k p_n\},$$

$$-\overline{\mathfrak{p}} = \{-p_1,\ -p_2,\ \ldots,\ -p_n\},$$

$$a\overline{\mathfrak{p}} + b\overline{\mathfrak{q}} = \{a p_1 + b q_1,\ a p_2 + b q_2,\ \ldots,\ a p_n + b q_n\},$$

$$\overline{\mathfrak{o}} = \{0,\ 0,\ \ldots,\ 0\}.$$

Auch aus der Koordinatendarstellung folgt: Weil die erste Koordinate aller Vektoren in der Darstellung als Pole gleich 0 ist, so können durch Addition, Subtraktion und Vervielfachung mit Zahlen aus Vektoren immer wieder nur Vektoren entstehen. Ebenso entstehen aus Punkten durch Addition, Subtraktion und Vervielfachung mit Zahlen im allgemeinen wieder Punkte. In speziellen Fällen aber, wie z. B. bei der Subtraktion von Punkten gleicher Masse (erster Koordinate), können aus Punkten auch Vektoren hervorgehen. Da also ein Pol im allgemeinen Fall einen Punkt und nur im speziellen Fall einen Vektor darstellt, welcher stets 'als ein unendlichferner Punkt angesehen werden kann, so bezeichnen wir das Rechnen mit Polen statt als *Polrechnung* auch wie üblich als *Punktrechnung*. Rechnen wir hingegen nur mit Vektoren allein, so bewegen wir uns im Bereich der Vektorrechnung. Da die *Vektorrechnung* also einen Spezial-fall der Punktrechnung darstellt, so ist die Punktrechnung die praktischere und verwendungsfähigere, zumal sie die Vektorrechnung mitumfaßt.

Mit Hilfe der Schreibweise in der Relativitätstheorie in Punkt 36 können die Formeln (39, 80) und (39, 81) auch in den folgenden beiden Formen geschrieben werden:

$$(39, 82) \qquad \sigma = \text{Summationsindex von 1 bis } s, \quad s = n + 1,$$

$$\mathfrak{s} = s_\sigma \mathfrak{g}_\sigma, \quad \mathfrak{t} = t_\sigma \mathfrak{g}_\sigma \to \mathfrak{s} + \mathfrak{t} = (s_\sigma + t_\sigma)\,\mathfrak{g}_\sigma,$$

$$\mathfrak{s} - \mathfrak{t} = (s_\sigma - t_\sigma)\,\mathfrak{g}_\sigma, \quad k\mathfrak{t} = (kt_\sigma)\,\mathfrak{g}_\sigma, \quad -\mathfrak{t} = -t_\sigma \mathfrak{g}_\sigma,$$

$$a\mathfrak{s} + b\mathfrak{t} = (as_\sigma + bt_\sigma)\,\mathfrak{g}_\sigma, \quad \mathfrak{o} = 0\mathfrak{g}_\sigma,$$

$$(39, 83) \qquad \nu = \text{Summationsindex von 1 bis } n. \quad \overline{\mathfrak{p}} = p_\nu \overline{e}_\nu, \quad \overline{\mathfrak{q}} = q_\nu \overline{e}_\nu,$$

$$\overline{\mathfrak{p}} + \overline{\mathfrak{q}} = (p_\nu + q_\nu)\,\overline{e}_\nu, \quad \overline{\mathfrak{p}} - \overline{\mathfrak{q}} = (p_\nu - q_\nu)\,\overline{e}_\nu,$$

$$k\overline{\mathfrak{p}} = (kp_\nu)\,\overline{e}_\nu, \quad -\overline{\mathfrak{p}} = (-p_\nu)\,\overline{e}_\nu,$$

$$a\overline{\mathfrak{p}} + b\overline{\mathfrak{q}} = (ap_\nu + bq_\nu)\,\overline{e}_\nu, \quad \overline{\mathfrak{o}} = 0\overline{e}_\nu.$$

Aus jeder geometrischen Größe erster Stufe $\mathfrak{x}$, d. h. aus jedem beliebigen Pol läßt sich ein ihm zugeordneter Einheitspol $\mathfrak{g}'_x$, aus jedem beliebigen Vektor $\overline{\mathfrak{x}}$ ein ihm zugeordneter Einheitsvektor $\overline{e}'_x$ ableiten nach folgenden fundamentalen Vorgängen:

$$(39, 84) \qquad \mathfrak{x} = x_1 \mathfrak{g}_1 + x_2 \mathfrak{g}_2 + \cdots + x_s \mathfrak{g}_s, \quad s = n + 1,$$

$$x = |\mathfrak{x}| = {}_+\sqrt{x_1^2 + x_2^2 + \cdots + x_s^2},$$

$$\mathfrak{g}'_x = (x_1/x)\,\mathfrak{g}_1 + (x_2/x)\,\mathfrak{g}_2 + \cdots + (x_s/x)\,\mathfrak{g}_s,$$

$$|\mathfrak{g}'_x| = 1, \quad \mathfrak{x} = x\mathfrak{g}'_x \quad \text{Normalform des Poles.}$$

$$(39, 85) \qquad \overline{\mathfrak{x}} = x_1 \overline{e}_1 + x_2 \overline{e}_2 + \cdots + x_n \overline{e}_n,$$

$$x = |\overline{\mathfrak{x}}| = {}_+\sqrt{x_1^2 + x_2^2 + \cdots + x_n^2},$$

$$\overline{e}'_x = (x_1/x)\,\overline{e}_1 + (x_2/x)\,\overline{e}_2 + \cdots + (x_n/x)\,\overline{e}_n,$$

$$|\overline{e}'_x| = 1, \quad \overline{\mathfrak{x}} = x\overline{e}'_x \quad \text{Normalform des Vektors.}$$

i) Ferner sollen jetzt noch einige weitere Grundbegriffe eingeführt werden. Unter dem *skalaren Produkt* $\mathfrak{s}\cdot\mathfrak{t}$ *zweier geometrischer Größen erster Stufe* $\mathfrak{s}$ *und* $\mathfrak{t}$ bzw. unter dem *skalaren Produkt* $\overline{\mathfrak{p}}\cdot\overline{\mathfrak{q}}$ *zweier Vektoren* $\overline{\mathfrak{p}}$ *und* $\overline{\mathfrak{q}}$ verstehen wir fol-gende reelle Zahlen:

$$(39, 86) \qquad \mathfrak{s} = s_1 \mathfrak{g}_1 + s_2 \mathfrak{g}_2 + \cdots + s_s \mathfrak{g}_s = s_\sigma \mathfrak{g}_\sigma,$$

$$\mathfrak{t} = t_1 \mathfrak{g}_1 + t_2 \mathfrak{g}_2 + \cdots + t_s \mathfrak{g}_s = t_\sigma \mathfrak{g}_\sigma,$$

$$\mathfrak{s}\cdot\mathfrak{t} = s_1 t_1 + s_2 t_2 + \cdots + s_s t_s = s_\sigma t_\sigma,$$

$$(39, 87) \qquad \overline{\mathfrak{p}} = p_1 \overline{e}_1 + p_2 \overline{e}_2 + \cdots + p_n \overline{e}_n = p_\nu \overline{e}_\nu,$$

$$\overline{\mathfrak{q}} = q_1 \overline{e}_1 + q_2 \overline{e}_2 + \cdots + q_n \overline{e}_n = q_\nu \overline{e}_\nu,$$

$$\overline{\mathfrak{p}}\cdot\overline{\mathfrak{q}} = p_1 q_1 + p_2 q_2 + \cdots + p_n q_n = p_\nu q_\nu.$$

Wie man leicht erkennt, gelten für diese Produkte die folgenden Sätze:

$$(39, 88) \qquad \mathfrak{s} \cdot \mathfrak{t} = \mathfrak{t} \cdot \mathfrak{s}, \quad \mathfrak{s} \cdot (\mathfrak{t} + \mathfrak{u}) = \mathfrak{s} \cdot \mathfrak{t} + \mathfrak{s} \cdot \mathfrak{u},$$

$$\mathfrak{g}_i \cdot \mathfrak{g}_k = 0 \quad \text{für} \quad i \neq k \quad \text{und} \quad (i, k = 1, 2, \ldots, s),$$

$$\mathfrak{g}_i \cdot \mathfrak{g}_i = 1 \quad \text{und} \quad \mathfrak{s} \cdot \mathfrak{s} = s_1^2 + s_2^2 + \cdots + s_s^2 = s_\sigma^2 = |\mathfrak{s}|^2,$$

$$(39, 89) \qquad \overline{\mathfrak{p}} \cdot \overline{\mathfrak{q}} = \overline{\mathfrak{q}} \cdot \overline{\mathfrak{p}}, \quad \overline{\mathfrak{p}} \cdot (\overline{\mathfrak{q}} + \overline{\mathfrak{r}}) = \overline{\mathfrak{p}} \cdot \overline{\mathfrak{q}} + \overline{\mathfrak{p}} \cdot \overline{\mathfrak{r}},$$

$$\overline{e}_i \cdot \overline{e}_k = 0 \quad \text{für} \quad i \neq k \quad \text{und} \quad (i, k = 1, 2, \ldots, n),$$

$$\overline{e}_i \cdot \overline{e}_i = 1 \quad \text{und} \quad \overline{\mathfrak{p}} \cdot \overline{\mathfrak{p}} = p_1^2 + p_2^2 + \cdots + p_n^2 = p_\nu^2 = |\overline{\mathfrak{p}}|^2.$$

Man schreibt auch statt $\mathfrak{s} \cdot \mathfrak{s}$ einfach $\mathfrak{s}^2$ und statt $\overline{\mathfrak{p}} \cdot \overline{\mathfrak{p}}$ einfach $\overline{\mathfrak{p}}^2$

$$(39, 90) \qquad |\mathfrak{s}| = s, \quad \mathfrak{s} \cdot \mathfrak{s} = \mathfrak{s}^2 = s^2, \quad |\mathfrak{s}| = {}_+\sqrt{\mathfrak{s} \cdot \mathfrak{s}} = {}_+\sqrt{\mathfrak{s}^2},$$

$$|\overline{\mathfrak{p}}| = p, \quad \overline{\mathfrak{p}} \cdot \overline{\mathfrak{p}} = \overline{\mathfrak{p}}^2 = p^2, \quad |\overline{\mathfrak{p}}| = {}_+\sqrt{\overline{\mathfrak{p}} \cdot \overline{\mathfrak{p}}} = {}_+\sqrt{\overline{\mathfrak{p}}^2}.$$

Zwei Pole (*Vektoren*), von denen keiner gleich $\mathfrak{o}$ ($\overline{\mathfrak{o}}$) ist und deren skalares Produkt gleich 0 ist, *nennt man zueinander orthogonal* oder *aufeinander senkrecht*. In Zeichen schreibt man

$$(39, 91) \qquad \mathfrak{s} \neq \mathfrak{o}, \quad \mathfrak{t} \neq \mathfrak{o}, \quad \mathfrak{s} \cdot \mathfrak{t} = 0 \longleftrightarrow \mathfrak{s} \perp \mathfrak{t},$$

$$\overline{\mathfrak{p}} \neq \overline{\mathfrak{o}}, \quad \overline{\mathfrak{q}} \neq \overline{\mathfrak{o}}, \quad \overline{\mathfrak{p}} \cdot \overline{\mathfrak{q}} = 0 \longleftrightarrow \overline{\mathfrak{p}} \perp \overline{\mathfrak{q}}.$$

Das System der Einheitspole $\mathfrak{g}_1, \mathfrak{g}_2, \ldots, \mathfrak{g}_s$ sowie das System der Einheitsvektoren $\overline{e}_1, \overline{e}_2, \ldots, \overline{e}_n$ ist also dann wegen (39, 88) und (39, 89) stets ein *orthogonales* oder ein sogenanntes *normales System*. Darin stehen alle Einheitspole sowie alle Einheitsvektoren aufeinander senkrecht.

j) Im Anschluß an (39, 56) kann auch jetzt noch eine *Division kongruenter Pole* (*Vektoren*) folgendermaßen definiert werden:

$$(39, 92) \qquad \mathfrak{s} = k\mathfrak{t}, \quad k \neq 0 \longleftrightarrow \mathfrak{s}/\mathfrak{t} = k, \quad \mathfrak{s} : \mathfrak{t} = k : 1,$$

$$\overline{\mathfrak{p}} = k\overline{\mathfrak{q}}, \quad k \neq 0 \longleftrightarrow \overline{\mathfrak{p}}/\overline{\mathfrak{q}} = k, \quad \overline{\mathfrak{p}} : \overline{\mathfrak{q}} = k : 1.$$

k) Wir nehmen jetzt noch an, wir hätten ein System von m Polen $\mathfrak{s}_1, \mathfrak{s}_2, \ldots, \mathfrak{s}_m$ durch das System ihrer kartesischen Koordinaten, oder was dasselbe ist, durch das System ihrer s *Ableitungszahlen gegenüber den Grundpolen* gegeben durch die folgenden Gleichungen:

$$(39, 93) \qquad \mathfrak{s}_1 = s_{11}\mathfrak{g}_1 + s_{12}\mathfrak{g}_2 + \cdots + s_{1s}\,\mathfrak{g}_s,$$

$$\mathfrak{s}_2 = s_{21}\mathfrak{g}_1 + s_{22}\mathfrak{g}_2 + \cdots + s_{2s}\,\mathfrak{g}_s.$$

$$\cdot \quad \cdot \quad \cdot \quad \cdot \quad \cdot \quad \cdot \quad \cdot \quad \cdot \quad \cdot \quad \cdot \quad \cdot \quad \cdot$$

$$\mathfrak{s}_m = s_{m1}\mathfrak{g}_1 + s_{m2}\mathfrak{g}_2 + \cdots + s_{ms}\,\mathfrak{g}_s,$$

in anderen Formen schreiben wir auch dafür:

$$(39, 94) \qquad \mathfrak{s}_1 = \sum_{k_1=1}^{s} s_{1k_1}\mathfrak{g}_{k_1}, \quad \mathfrak{s}_2 = \sum_{k_2=1}^{s} s_{2k_2}\mathfrak{g}_{k_2} \cdots, \quad \mathfrak{s}_m = \sum_{k_m=1}^{s} s_{mk_m}\mathfrak{g}_{k_m},$$

$$(39, 95) \qquad \mathfrak{s}_1 = s_{1\sigma_1}\mathfrak{g}_{\sigma_1}, \quad \mathfrak{s}_2 = s_{2\sigma_2}\mathfrak{g}_{\sigma_2}, \ldots, \quad \mathfrak{s}_m = s_{m\sigma_m}\mathfrak{g}_{\sigma_m}.$$

Das System der Pole ist also eindeutig festgelegt durch Angabe der Gesamtheit ihrer $m \cdot s$ in bestimmter Weise angeordneten Ableitungszahlen nach folgendem, in zwei verschiedenen Formen geschriebenem, Schema. Im Schema werden dabei die $m \cdot s$ Ableitungszahlen genau so angeordnet, wie sie in den zugeordneten Gleichungen (39, 93) angeordnet erscheinen.

$$(39, 96) \qquad S_{ms} = \left\|\begin{matrix} s_{11} & s_{12} & \cdots & s_{1s} \\ s_{21} & s_{22} & \cdots & s_{2s} \\ \cdot & \cdot & \cdot & \cdot \\ s_{m1} & s_{m2} & \cdots & s_{ms} \end{matrix}\right\|.$$

$$(39, 97) \qquad S_{ms} = \| s_{ik} \|, \quad (i = 1, 2, \ldots, m), \quad (k = 1, 2, \ldots, s).$$

In der letzten Schreibweise können die beiden Angaben in den runden Klammern sogar erspart werden, da sie mit einiger Übung gleich aus der Formel selbst entnommen werden können, wenn man immer im gleichen n-dimensionalen Raum operiert, was wir ja immer voraussetzen wollen. Haben wir nur einen einzigen Pol gegeben $\mathfrak{s} = (s_1, s_2, \ldots, s_s)$, dann schreiben wir statt (39, 96) und (39, 97)

$$(39, 98) \qquad S_{1s} = \| s_1 \ s_2 \ \cdots \ s_s \| = \| s_k \|.$$

Wir nennen das Zahlenschema in (39, 96) rechts eine *Matrix* oder eine *Matrize*, genauer eine $m - s$-*Matrix* mit m Zeilen und s Spalten und bezeichnen solche Matrizen stets mit großen lateinischen Buchstaben. Die s_{ik} heißen *die Glieder oder die Elemente der Matrix*. Das reelle Zahlen s-tupel (m-tupel)

$$(39, 99) \qquad S_{1s}^{(i)} = \| s_{i1} \ s_{i2} \ \cdots \ s_{is} \|, \quad S_{m1}^{(k)} = \left\|\begin{matrix} s_{1k} \\ s_{2k} \\ \cdot \\ \cdot \\ s_{mk} \end{matrix}\right\|$$

nennt man die *i-te Zeile* (*k-te Spalte*) *der Matrix* (39, 96).

Im Element s_{ik} gibt dabei der erste (zweite) Index an, in der wievielten Zeile (Spalte) der Matrix das Glied zu finden ist. Im Zeichen der Matrix S_{ms} hingegen gibt der erste (zweite) Index an, wieviel Zeilen (Spalten) die ganze Matrix aufweist. Die ganze Matrix selbst kann daher durch ihre Zeilen und Spalten auch wie folgt dargestellt werden:

$$(39, 100) \qquad S_{ms} = \left\|\begin{matrix} S_{1s}^{(1)} \\ S_{1s}^{(2)} \\ \cdot \\ \cdot \\ S_{1s}^{(m)} \end{matrix}\right\| = \| S_{m1}^{(1)} \ S_{m1}^{(2)} \ \cdots \ S_{m1}^{(s)} \|,$$

wie sich durch Einsetzen von (39, 99) sofort ergibt. Gilt in (39, 96), (39, 97) der Reihe nach $m > s$, $m = s$, $m < s$, so nennt man die Matrix der Reihe nach eine *stehende, quadratische, liegende Matrix*. Die stehenden und liegenden Matrizen nennt man zusammen auch *rechteckige Matrizen*. Bei der quadratischen Matrix sagt man auch, *sie besitze die Ordnung* $m = s$. Greifen wir aus einer beliebigen Matrix alle Elemente heraus, deren beide Indizes einander gleich sind:

$$(39, 101) \qquad S_{1d} = \| s_{11} \ s_{22} \ \cdots \ s_{dd} \|,$$

dann sagen wir, diese Elemente bilden die *Hauptdiagonale der gegebenen Matrix*. Dabei gelten der Reihe nach für eine stehende, quadratische, liegende Matrix die Beziehungen: $d = s$, $d = m = s$, $d = m$. Die Elemente in der anderen Diagonale der quadratischen Matrix bilden dann die *Nebendiagonale der Matrix*. Sind alle anderen Glieder einer beliebigen Matrix außer den Gliedern, die in der Hauptdiagonale der Matrix stehen, gleich 0, so nennt man die Matrix eine *Diagonalmatrix*. Sind in einer quadratischen Diagonalmatrix alle Elemente der Hauptdiagonale gleich eins (gleich null), so nennt man die Matrix eine *Einheitsmatrix* (*Nullmatrix*) und bezeichnet diese Matrizen und nur diese Matrizen stets mit den großen lateinischen Buchstaben E (O) versehen, wie immer mit den beiden Indizes der Zeilen und Spaltenanzahlen, die hier natürlich gleich sein müssen. Die Beziehungen (39, 93) schreibt man auch häufig in folgenden beiden Formen:

$$(39, 102) \qquad \mathfrak{z}_i = s_{i\,1}\mathfrak{g}_1 + s_{i\,2}\mathfrak{g}_2 + \cdots + s_{i\,s}\mathfrak{g}_s \quad \text{oder}$$
$$\mathfrak{z}_i < \mathfrak{g}_1, \ \mathfrak{g}_2, \ \ldots, \mathfrak{g}_s, \quad (i = 1, \ 2, \ \ldots, \ m),$$
$$(39, 103) \qquad \mathfrak{z}_1, \ \mathfrak{z}_2, \ \ldots, \ \mathfrak{z}_m < \mathfrak{g}_1, \ \mathfrak{g}_2, \ \ldots, \ \mathfrak{g}_s.$$

Haben wir nur mit Vektoren des n-dimensionalen Raumes zu rechnen, so verwenden wir folgendes Bezeichnungssystem:

$$(39, 104) \qquad \overline{\mathfrak{p}}_1 = p_{11}\overline{e}_1 + p_{12}\overline{e}_2 + \cdots + p_{1\,n}\overline{e}_n,$$
$$\overline{\mathfrak{p}}_2 = p_{21}\overline{e}_1 + p_{22}\overline{e}_2 + \cdots + p_{2\,n}\overline{e}_n,$$
$$\cdots \cdots \cdots \cdots \cdots \cdots \cdots$$
$$\overline{\mathfrak{p}}_m = p_{m1}\overline{e}_1 + p_{m2}\overline{e}_2 + \cdots + p_{m\,n}\overline{e}_n,$$

$$(39, 105) \qquad \overline{\mathfrak{p}}_1 = \sum_{k_1=1}^{n} p_{1\,k_1}\overline{e}_{k_1}, \ \ldots, \ \overline{\mathfrak{p}}_m = \sum_{k_m=1}^{n} p_{m\,k_m}\overline{e}_{k_m},$$

$$(39, 106) \qquad \overline{\mathfrak{p}}_1 = p_{1\,\nu_1}\overline{e}_{\nu_1}, \ \ldots, \ \overline{\mathfrak{p}}_m = p_{m\,\nu_m}\overline{e}_{\nu_m}.$$

$$(39, 107) \quad P_{mn} = \| p_{ik} \|, \quad (i = 1, \ 2, \ \ldots, \ m), \quad (k = 1, \ 2, \ \ldots, \ n).$$

Analog lauten die Formeln (39, 98) bis (39, 101). Wir schreiben hier noch die (39, 102) und (39, 103) entsprechenden Gleichungen an:

$$(39, 108) \qquad \overline{\mathfrak{p}}_i = p_{i\,1}\overline{e}_1 + p_{i\,2}\overline{e}_2 + \cdots + p_{i\,n}\overline{e}_n \quad \text{oder}$$
$$\overline{\mathfrak{p}}_i < \overline{e}_1, \ \overline{e}_2, \ \ldots, \ \overline{e}_n, \quad (i = 1, \ 2, \ \ldots, \ m),$$
$$(39, 109) \qquad \overline{\mathfrak{p}}_1, \ \overline{\mathfrak{p}}_2, \ \ldots, \ \overline{\mathfrak{p}}_m < \overline{e}_1, \ \overline{e}_2, \ \ldots, \ \overline{e}_n.$$

40. Die linear ab- und unabhängigen Systeme von Größen. Die Stufen- und Dimensionszahl der Räume.

a) Wir verwenden nachfolgend die Abkürzungen:

(40, 1)   *lu statt linear-unabhängig, la statt linear-abhängig, lg statt linear-gleich.*

Wir geben hier einige Sätze bekannt, die wir zum Verständnis des Folgenden benötigen. Die Ableitung der Sätze ist zumeist sehr einfach. Der Leser findet diese Sätze und ihre Ableitung meist in etwas anderen Formen in jedem moderneren Werke über Algebra. Die Definition der Begriffe ist dabei die allgemein gebräuchliche.

(40, 2)   Die in allen nachfolgenden Untersuchungen in Punkt 40 auftretenden Pole [Vektoren], d. h. geometrischen Größen erster Stufe denken wir uns stets durch das System ihrer $s = n + 1$ kartesischen Koordinaten (n kartesischen Komponenten) in einem n-dimensionalen, ursprünglich gegebenen Raume $\mathfrak{R}_n$ entsprechend den Untersuchungen in Punkt 39 durch (39, 93) oder (39, 97) [durch (39, 104) oder (39, 107)] festgelegt.

(40, 3) Wir nennen *die m Pole* $\mathfrak{z}_1$, $\mathfrak{z}_2$, ..., $\mathfrak{z}_m$ *linearabhängig, in Zeichen:* $(\mathfrak{z}_1$, $\mathfrak{z}_2$, ..., $\mathfrak{z}_m)\, la$, wenn es m Zahlen k_1, k_2, ..., k_m gibt, die nicht alle gleichzeitig gleich null sind und für die die Beziehung gilt

$$k_1\mathfrak{z}_1 + k_2\mathfrak{z}_2 + \cdots + k_m\mathfrak{z}_m = \mathfrak{o}\,.$$

GRASSMANN sagt dann auch, *zwischen den Größen* $\mathfrak{z}_1$, $\mathfrak{z}_2$, ..., $\mathfrak{z}_m$ *herrscht eine Zahlbeziehung.* Daraus folgt sofort für eine Größe der Satz

$$(\mathfrak{z})\, la \leftrightarrow \mathfrak{z} = \mathfrak{o}\,.$$

(40, 4) Wir nennen *die* $m \leqq s$ *Pole* $\mathfrak{z}_1$, $\mathfrak{z}_2$, ..., $\mathfrak{z}_m$ *linear-unabhängig, in Zeichen:* $(\mathfrak{z}_1, \mathfrak{z}_2, ..., \mathfrak{z}_m)\, lu$, wenn es m solche Zahlen k_1, k_2, ..., k_m im Satz (40, 3) nicht gibt, d. h. wenn nach GRASSMANN zwischen den m Größen $\mathfrak{z}_1$, $\mathfrak{z}_2$, ..., $\mathfrak{z}_m$ keine andere Zahlbeziehung bestehen kann, außer der *homogenen-linearen-trivialen Zahlbeziehung*

$$0\,\mathfrak{z}_2 + 0\,\mathfrak{z}_1 + \cdots + 0\,\mathfrak{z}_m = \mathfrak{o}\,.$$

GRASSMANN sagt dann kürzer, *zwischen den Größen* $\mathfrak{z}_1$, $\mathfrak{z}_2$, ..., $\mathfrak{z}_m$ *herrscht keine Zahlbeziehung.* Daraus folgt dann sofort für eine Größe der Satz $(\mathfrak{z})\, lu \leftrightarrow \mathfrak{z} \neq \mathfrak{o}$. Auch läßt sich zeigen, daß wegen der Festsetzung (40, 2) mehr als s Pole immer la sein müssen. Deshalb wurde in der Definition $m \leqq s$ vorausgesetzt.

(40, 5) Kann ein Pol $\mathfrak{t}$ dargestellt werden in der Form:

$$\mathfrak{t} = r_1\mathfrak{z}_1 + r_2\mathfrak{z}_2 + \cdots + r_m\mathfrak{z}_m,$$

so nennt man *den Pol* $\mathfrak{t}$ *eine Linearkombination der Pole* $\mathfrak{z}_1$, $\mathfrak{z}_2$, ..., $\mathfrak{z}_m$, wenn in dieser Darstellung wieder die r_1, r_2, ..., r_m reelle Zahlen, nach GRASSMANN sogenannte *Ableitungszahlen* bedeuten. r_i heißt dabei *die zum Pol* $\mathfrak{z}_i$ *gehörige Ableitungszahl.* Wir schreiben auch statt dessen in anderer Form $\mathfrak{t} < \mathfrak{z}_1$, $\mathfrak{z}_2$, ..., $\mathfrak{z}_m$ und nennen auch nach GRASSMANN *den Pol* $\mathfrak{t}$ *numerisch- oder linear-abgeleitet aus den Polen* $\mathfrak{z}_1$, $\mathfrak{z}_2$, ..., $\mathfrak{z}_m$. Nach der Definition (40, 3) herrscht dann auch zwischen den Größen $\mathfrak{t}$, $\mathfrak{z}_1$, $\mathfrak{z}_2$, ..., $\mathfrak{z}_m$ stets eine Zahlbeziehung. Ist speziell $\mathfrak{t} = \mathfrak{o}$, $(\mathfrak{t} \neq \mathfrak{o})$, so nennt man die Darstellung für $\mathfrak{t}$ auch eine *homogene (inhomogene) lineare Beziehung zwischen* $\mathfrak{t}$ *und* $\mathfrak{z}_1$, $\mathfrak{z}_2$, ..., $\mathfrak{z}_m$.

Es gilt aber nach GRASSMANN auch umgekehrt der wichtige Satz:

(40, 6) Die Größen $\mathfrak{t}$, $\mathfrak{z}_1$, $\mathfrak{z}_2$, ..., $\mathfrak{z}_m$ *stehen in einer Zahlbeziehung* (oder der *Verein dieser Größen unterliegt einer Zahlbeziehung*) dann und nur dann, wenn sich in dieser Zahlbeziehung mindestens eine der Größen, z. B. $\mathfrak{t}$ (nämlich eine der Größen, deren Koeffizient in der Zahlbeziehung $\neq 0$ ist) aus den übrigen Größen $\mathfrak{z}_1$, $\mathfrak{z}_2$, ..., $\mathfrak{z}_m$ numerisch ableiten läßt. Denn lautet die Zahlbeziehung etwa

$$k_0\mathfrak{t} + k_1\mathfrak{z}_1 + k_2\mathfrak{z}_2 + \cdots + k_m\mathfrak{z}_m = \mathfrak{o}$$

und ist darin z. B. $k_0 \neq 0$ (denn mindestens eine Zahlgröße muß ja ungleich null sein), so folgt durch Ausrechnen die Darstellung $\mathfrak{t} = (-k_1/k_0)\mathfrak{z}_1 + (-k_2/k_0)\mathfrak{z}_2 + \cdots + (-k_m/k_0)\mathfrak{z}_m$, also wieder eine Gleichung der Form (40, 5).

(40, 7)   Wir nennen *das System der Pole* t_1, t_2, ..., t_l *la vom System der Pole*
$\mathfrak{z}_1$, $\mathfrak{z}_2$, ..., $\mathfrak{z}_m$, wenn gilt:

$$\begin{cases} t_1 = r_{11}\mathfrak{z}_1 + r_{12}\mathfrak{z}_2 + \cdots + r_{1m}\mathfrak{z}_m, \\ t_2 = r_{21}\mathfrak{z}_1 + r_{22}\mathfrak{z}_2 + \cdots + r_{2m}\mathfrak{z}_m, \\ \cdots\cdots\cdots\cdots\cdots\cdots\cdots\cdots \\ t_l = r_{l1}\mathfrak{z}_1 + r_{l2}\mathfrak{z}_2 + \cdots + r_{lm}\mathfrak{z}_m \end{cases}$$

oder anders geschrieben, wenn gilt:

$$t_i < \mathfrak{z}_1, \ \mathfrak{z}_2, \ \ldots, \ \mathfrak{z}_m, \quad (i = 1, \ 2, \ \ldots, \ l)$$

Wir benützen statt dessen auch kürzer die *Schreibweise:*

$$t_1, \ t_2, \ \ldots, \ t_l < \mathfrak{z}_1, \ \mathfrak{z}_2, \ \ldots, \ \mathfrak{z}_m.$$

(40, 8)   Wir nennen *zwei Polsysteme* t_1, t_2, ..., t_l *und* $\mathfrak{z}_1$, $\mathfrak{z}_2$, ..., $\mathfrak{z}_m$ *linear-gleich*,
wenn gleichzeitig gilt:

$$t_1, \ t_2, \ \ldots, \ t_l \ < \mathfrak{z}_1, \ \mathfrak{z}_2, \ \ldots, \ \mathfrak{z}_m \qquad \text{und}$$

$$\mathfrak{z}_1, \ \mathfrak{z}_2, \ \ldots, \ \mathfrak{z}_m < t_1, \ t_2, \ \ldots, \ t_l.$$

Wir schreiben dafür auch kürzer t_1, t_2, ..., $t_l \sim \mathfrak{z}_1$, $\mathfrak{z}_2$, ..., $\mathfrak{z}_m$ oder auch
$\mathfrak{z}_1$, $\mathfrak{z}_2$, ..., $\mathfrak{z}_m \sim t_1$, t_2, ..., t_l.

(40, 9)   Greifen wir aus dem System der m Pole $\mathfrak{z}_1$, $\mathfrak{z}_2$, ..., $\mathfrak{z}_m$, einen Teil der
Pole, etwa die h Pole $\mathfrak{z}_{k_1}$, $\mathfrak{z}_{k_2}$, ..., $\mathfrak{z}_{k_h}$ heraus, und gilt dabei gleichzeitig
$0 < h \leqq m \ (0 < h < m, \ m \geqq 2)$, dann nennen wir *das System der*
Pole $\mathfrak{z}_{k_1}$, $\mathfrak{z}_{k_2}$, ..., $\mathfrak{z}_{k_h}$ *ein Teilsystem (ein echtes Teilsystem) der Pole* $\mathfrak{z}_1$,
$\mathfrak{z}_2$, ..., $\mathfrak{z}_m$. Gilt ferner für die Indizes die Beziehung

$$1 \leqq k_1 \leqq k_2 \leqq \cdots \leqq k_h \leqq m,$$

dann sprechen wir von einem *geordneten Teilsystem.*

(40, 10)   Für jeden einzelnen Pol $\mathfrak{z}_k$ gilt selbstverständlich die triviale Beziehung
$\mathfrak{z}_k < \mathfrak{z}_1$, $\mathfrak{z}_2$, ..., $\mathfrak{z}_m$; $(k = 1, 2, \ldots, m)$, denn es ist ja:

$$\mathfrak{z}_k = 0\,\mathfrak{z}_1 + \cdots + 0\,\mathfrak{z}_{k-1} + 1\,\mathfrak{z}_k + 0\,\mathfrak{z}_{k+1} + \cdots + 0\,\mathfrak{z}_m.$$

Die gleiche Beziehung besteht auch für jeden Pol eines Teilsystems
der Pole $\mathfrak{z}_1$, $\mathfrak{z}_2$, ..., $\mathfrak{z}_m$.

(40, 11)   Der Pol $\mathfrak{o}$ kann aus jedem Polsystem linear abgeleitet werden, denn es
gilt sogar:

$$(\mathfrak{z}_1, \ \mathfrak{z}_2, \ \ldots, \ \mathfrak{z}_m)\,lu \rightarrow \mathfrak{o} = 0\,\mathfrak{z}_1 + 0\,\mathfrak{z}_2 + \cdots + 0\,\mathfrak{z}_m.$$

(40, 12)   Als *Basis von* $\mathfrak{z}_1$, $\mathfrak{z}_2$, ..., $\mathfrak{z}_m$ bezeichnen wir jedes lu System von Polen
$(t_1, \ t_2, \ \ldots, \ t_r)\,lu$, für welches gilt:

$$\mathfrak{z}_1, \ \mathfrak{z}_2, \ \ldots, \ \mathfrak{z}_m \sim t_1, \ t_2, \ \ldots, \ t_r.$$

Die Zahl r heißt die *Gliederzahl oder Länge der betreffenden Basis.* Sind
$\mathfrak{z}_1$, $\mathfrak{z}_2$, ..., $\mathfrak{z}_m$ sämtlich gleich $\mathfrak{o}$, so gibt es keine solche Basis von $\mathfrak{z}_1$, $\mathfrak{z}_2$,
..., $\mathfrak{z}_m$. Wir sprechen dann von der *Basis* $\mathfrak{o}$ oder von einer *Basis von*
der Länge 0.

Damit wären wir mit den Definitionen im wesentlichen fertig. Jetzt geben
wir die Sätze in rein formaler Zeichendarstellung in jener Reihenfolge bekannt,

in welcher sie leicht vom Leser selbst abgeleitet werden können. Ihre Ableitung ist durchwegs einfach. Alle in den Sätzen vorkommenden Größen $\mathfrak{z}$, $\mathfrak{z}_1$, $\mathfrak{z}_2$, ..., $\mathfrak{z}_m$, t, t_1, t_2, ..., t_l, ferner $\mathfrak{v}_1$, $\mathfrak{v}_2$, ..., $\mathfrak{v}_j$ sind stets Pole. Alle kleinen lateinischen Buchstaben bedeuten immer reelle Zahlen. Ein beliebiges Teilsystem von Polen bezeichnen wir stets in der Art und Weise wie in (40, 9). Dann gilt der Reihe nach:

(40, 13) $\qquad t < \mathfrak{z}_1, \ldots, \mathfrak{z}_m \to t < \mathfrak{z}_1, \ldots, \mathfrak{z}_m, t_1, \ldots, t_l,$

(40, 14) $\qquad t \equiv \mathfrak{z} \to t = k\,\mathfrak{z}, \quad k \neq 0 \to t < \mathfrak{z}, \quad \mathfrak{z} < t, \quad \mathfrak{z} \sim t,$

(40, 15) $\qquad t < t, \quad \mathfrak{o} < t, \quad \mathfrak{o} < \mathfrak{z}_1, \mathfrak{z}_2, \ldots, \mathfrak{z}_m,$

(40, 16) $\qquad \mathfrak{z}_1, \ldots, \mathfrak{z}_m < t_1, \ldots, t_l \to \mathfrak{z}_{k_1}, \ldots, \mathfrak{z}_{kh} < t_1, \ldots, t_l,$

(40, 17) $\qquad \mathfrak{z}_1, \ldots, \mathfrak{z}_m < t_1, \ldots, t_l \to \mathfrak{z}_1, \ldots, \mathfrak{z}_m, t_1, \ldots, t_l < t_1, \ldots, t_l.$

(40, 18) $\qquad t_1, \ldots, t_l < \mathfrak{z}_1, \ldots, \mathfrak{z}_m \to t_1, \ldots, t_l, \mathfrak{z}_{k_1}, \ldots, \mathfrak{z}_{kh} < \mathfrak{z}_1, \ldots, \mathfrak{z}_m,$

(40, 19) $\qquad (\mathfrak{z}_1, \ldots, \mathfrak{z}_m)\,lu \to \mathfrak{z}_k \neq \mathfrak{o}, \quad (k = 1, 2, \ldots, m),$

(40, 20) $\qquad (\mathfrak{z}_1, \ldots, \mathfrak{z}_m)\,lu \to (\mathfrak{z}_{k_1}, \ldots, \mathfrak{z}_{kh})\,lu,$

(40, 21) $\qquad (\mathfrak{z}_1, \ldots, \mathfrak{z}_m)\,lu, \; (t, \mathfrak{z}_1, \ldots, \mathfrak{z}_m)\,la \to t < \mathfrak{z}_1, \ldots, \mathfrak{z}_m,$

(40, 22) $\qquad (\mathfrak{z}_1, \ldots, \mathfrak{z}_m)\,lu, \quad t < \mathfrak{z}_1, \ldots, \mathfrak{z}_m \to (t, \mathfrak{z}_1, \ldots, \mathfrak{z}_m)\,la,$

(40, 23) $\qquad (\mathfrak{z}_1, \ldots, \mathfrak{z}_m)\,lu, \; t = p_1\mathfrak{z}_1 + p_2\mathfrak{z}_2 + \cdots + p_m\mathfrak{z}_m \longleftrightarrow p_1, p_2, \ldots, p_m$ *sind eindeutig bestimmt*, d. h. für eine zweite mögliche Darstellung müßte gelten:

$$t = q_1\mathfrak{z}_1 + \cdots + q_m\mathfrak{z}_m \quad \text{und} \quad q_1 = p_1, \; q_2 = p_2, \ldots, q_m = p_m,$$

(40, 24) $\qquad (\mathfrak{z}_1, \mathfrak{z}_2, \ldots, \mathfrak{z}_m)\,la \to (t_1, \ldots, t_l, \mathfrak{z}_1, \ldots, \mathfrak{z}_m)\,la,$

(40, 25) $\qquad \mathfrak{v}_1, \ldots, \mathfrak{v}_j < \mathfrak{z}_1, \ldots, \mathfrak{z}_m \quad \text{und} \quad \mathfrak{z}_1, \ldots, \mathfrak{z}_m < t_1, \ldots,$
$\qquad t_l \to \mathfrak{v}_1, \ldots, \mathfrak{v}_j < t_1, \ldots, t_l.$

(40, 26) $\quad (\mathfrak{z}_1, \ldots, \mathfrak{z}_m)\,lu \longleftrightarrow .$ Es besteht keine Beziehung der Form $\mathfrak{z}_1, \ldots,$ $\mathfrak{z}_m < \mathfrak{z}_{k_1}, \ldots, \mathfrak{z}_{kh}$ $(1 \leqq h < m)$. Wesentlich ist dabei, daß das echte Teilsystem immer weniger Größen enthält als das gegebene System.

(40, 27) $\quad (\mathfrak{z}_1, \ldots, \mathfrak{z}_m)\,la \longleftrightarrow .$ Es besteht immer mindestens eine Beziehung der Form $\mathfrak{z}_i < \mathfrak{z}_1, \ldots, \mathfrak{z}_{i-1}, \mathfrak{z}_{i+1}, \ldots, \mathfrak{z}_m$. Darin ist i entweder gleich 1 oder gleich 2 oder ... gleich m.

Wegen der Gültigkeit dieser beiden Sätze nennt man das linear-unabhängige (linear-abhängige) System der Größen $\mathfrak{z}_1, \mathfrak{z}_2, \ldots, \mathfrak{z}_m$ *ein irreduzibles (reduzibles) System von Größen.* Anschließend an (40, 12) gilt der Satz:

(40, 28) $\quad$ Aus jedem vorgegebenen System von Polen $\mathfrak{z}_1, \ldots, \mathfrak{z}_m$, die nicht sämtlich gleich $\mathfrak{o}$ sind, läßt sich stets ein Teilsystem von linear-unabhängigen Polen $(\mathfrak{z}_{k_1}, \ldots, \mathfrak{z}_{k_r})\,lu$ mit $1 \leqq r \leqq m$ aussondern, welches eine Basis von $\mathfrak{z}_1, \ldots, \mathfrak{z}_m$ bildet. Die Aussonderung kann dabei auf verschiedene Arten geschehen. Alle Basen besitzen aber dieselbe Länge r. Die Zahl r wird darum *der Rang r des Systems* $\mathfrak{z}_1, \mathfrak{z}_2, \ldots, \mathfrak{z}_m$ genannt. Sind dabei die Pole $\mathfrak{z}_1, \mathfrak{z}_2, \ldots, \mathfrak{z}_m$ in (39, 93) durch ihre Matrix in (39, 96) gegeben, so nennen wir die Zahl r auch *den Rang dieser Matrix.* Es besteht dann immer außer der obigen Beziehung $1 \leqq r \leqq m$, falls die Darstellung (39, 93) gilt, auch noch die Beziehung $r \leqq s$.

Dieser Satz ist neben der Definition (40, 12) von fundamentaler Bedeutung. Er kann am bequemsten mit Zuhilfenahme der Theorie der Determinanten und Matrizen bewiesen werden. Wie die Aussonderung am einfachsten, praktisch rechnerisch durchgeführt wird, zeigen wir erst in dem geplanten Ausbau dieses Werkes. Sehr wesentlich ist auch noch folgender Zusatz:

(40, 29)   Da nach (40, 11) die Pole $\mathfrak{o}$ stets linear-abhängig sind von jedem linear-unabhängigen Polsystem, so muß für das nach Satz (40, 28) ausgesonderte Teilsystem linearunabhängiger Pole $(\mathfrak{z}_{k_1},\ \mathfrak{z}_{k_2},\ \ldots,\ \mathfrak{z}_{k_h})\ lu$ stets gelten $\mathfrak{z}_{k_i} \neq \mathfrak{o}$ für alle $(i = 1, 2, \ldots, r)$.

Bei der Aussonderung können somit alle Pole, die gleich $\mathfrak{o}$ sind, von vornherein im gegebenen System der Pole $\mathfrak{z}_1,\ \ldots,\ \mathfrak{z}_m$ gestrichen werden. Wichtig ist auch, *daß in allen bekannt gegebenen Sätzen die Polsysteme durch Systeme von speziellen Polen, z. B. nur durch Vektoren ersetzt werden können.*

b) Wir schließen die nachfolgenden Betrachtungen jetzt an die eben gegebenen Sätze und an die Untersuchungen in Punkt 39, h) an. Man erkennt sehr leicht, daß die s Grundpole (39, 67) lu sein müssen, denn es gilt die von uns festgesetzte grundlegende Beziehung

$$(40, 30) \qquad p_0 e_0 + p_1 \bar{e}_1 + \cdots + p_n \bar{e}_n = \mathfrak{o} \leftrightarrow p_0 = p_1 = \cdots = p_n = 0.$$

Wegen des Satzes (40, 20) ist dann aber auch jedes Teilsystem der Grundpole wieder lu. Daher gelten also die wichtigen Beziehungen:

(40, 31) $(e_0,\ \bar{e}_1,\ \bar{e}_2,\ \ldots,\ \bar{e}_n)\ lu$ oder $(\mathfrak{g}_1,\ \ldots,\ \mathfrak{g}_s)\ lu,$

(40, 32) $(\bar{e}_1,\ \bar{e}_2,\ \ldots,\ \bar{e}_n)\ lu,$

(40, 33) $(\mathfrak{g}_{k_1},\ \mathfrak{g}_{k_2},\ \ldots,\ \mathfrak{g}_{k_h})\ lu$ neben   (39, 67),

(40, 34) $(\bar{e}_{k_1},\ \bar{e}_{k_2},\ \ldots,\ \bar{e}_{k_h})\ lu.$

Für irgend einen beliebigen Pol $\mathfrak{z}$ bzw. Vektor $\mathfrak{p}$ gilt dann wegen (39, 77) und (39, 78) im n-dimensionalen Raume stets die Darstellung:

(40, 35) $\mathfrak{z} < \mathfrak{g}_1,\ \mathfrak{g}_2,\ \ldots,\ \mathfrak{g}_s,$ (40, 36) $\bar{\mathfrak{p}} < \bar{e}_1,\ \bar{e}_2,\ \ldots,\ \bar{e}_n.$

c) Nunmehr gehen wir wieder zur Graßmannschen Darstellung über.

(40, 36)   Die Gesamtheit aller Größen $\mathfrak{x} = x_1 \mathfrak{z}_1 + x_2 \mathfrak{z}_2 + \cdots + x_r \mathfrak{z}_r$, welche aus einer Reihe von Größen $\mathfrak{z}_1,\ \mathfrak{z}_2,\ \ldots,\ \mathfrak{z}_r$ mittels der frei wählbaren r Ableitungszahlen $x_1,\ x_2,\ \ldots,\ x_r$ numerisch ableitbar sind, nennt GRASSMANN *das aus jenen Größen $\mathfrak{z}_1,\ \mathfrak{z}_2,\ \ldots,\ \mathfrak{z}_r$ ableitbare Gebiet* oder *das Gebiet S der Größen $\mathfrak{z}_1,\ \mathfrak{z}_2,\ \ldots,\ \mathfrak{z}_r$.* Speziell nennt GRASSMANN dieses Gebiet ein *Gebiet r-ter Stufe,* wenn jene Größen $\mathfrak{z}_1,\ \ldots,\ \mathfrak{z}_r$ linearunabhängig sind und sich alle diese Größen wie in (39, 93) aus den ursprünglichen Einheiten den Grundpolen $\mathfrak{g}_1,\ \mathfrak{g}_2,\ \ldots,\ \mathfrak{g}_s$ numerisch ableiten lassen. Wegen (40, 2) muß dann wieder $r \leqq s$ sein. Dieses Gebiet S kann dann aber auch nicht aus weniger als aus r solchen geometrischen Größen $\mathfrak{z}_1,\ \mathfrak{z}_2,\ \ldots,\ \mathfrak{z}_r$ der ersten Stufe abgeleitet werden.

(40, 37)   Ein Gebiet, welches außer reellen Zahlen keine Größen enthält, nennt GRASSMANN *ein Gebiet nullter Stufe.* Es kann mit Hilfe beliebiger reeller Ableitungszahlen aus der *absoluten Einheit $+ 1$* abgeleitet werden.

Ferner folgt jetzt:

(40, 38) Das *Gebiet erster Stufe einer Größe $\mathfrak{s}$ erster Stufe* ist die Gesamtheit aller Vielfachen dieser Größe $\mathfrak{s}$ oder das Gebiet aller mit $\mathfrak{s}$ kongruenter Größen $\mathfrak{x} = x\mathfrak{s}$ bzw. $\mathfrak{x} \equiv \mathfrak{s}$.

(40, 39) *Zwei Gebiete* $\mathfrak{t}_1, \ldots, \mathfrak{t}_l$ *und* $\mathfrak{s}_1, \ldots, \mathfrak{s}_m$ *nennt* GRASSMANN *inzident oder ineinanderliegend*, wenn jede Größe $\mathfrak{x} = x_1\mathfrak{t}_1 + \cdots + x_l\mathfrak{t}_l$ des einen Gebietes zugleich Größe des zweiten Gebietes $\mathfrak{x} = y_1\mathfrak{s}_1 + \cdots + y_m\mathfrak{s}_m$ ist, ohne daß das Umgekehrte notwendig stattfindet. Es müssen dann nach (40, 7) einfach die folgenden Beziehungen $\mathfrak{t}_1, \mathfrak{t}_2, \ldots, \mathfrak{t}_l < \mathfrak{s}_1, \mathfrak{s}_2, \ldots, \mathfrak{s}_m$ bestehen, d. h. das System der Pole $\mathfrak{t}_1, \mathfrak{t}_2, \ldots, \mathfrak{t}_l$ muß *la* vom System der Pole $\mathfrak{s}_1, \mathfrak{s}_2, \ldots, \mathfrak{s}_m$ sein, ohne daß das Umgekehrte notwendig der Fall ist. GRASSMANN nennt deshalb weiter *das Gebiet der Größen* $\mathfrak{t}_1, \ldots, \mathfrak{t}_l$ *untergeordnet dem Gebiet der Größen* $\mathfrak{s}_1, \ldots, \mathfrak{s}_m$ oder auch *das Gebiet der Größen* $\mathfrak{s}_1, \ldots, \mathfrak{s}_m$ *übergeordnet dem Gebiet der Größen* $\mathfrak{t}_1, \ldots, \mathfrak{t}_l$.

(40, 40) *Zwei Gebiete* $\mathfrak{t}_1, \ldots, \mathfrak{t}_l$ *und* $\mathfrak{s}_1, \ldots, \mathfrak{s}_m$ *nennt* GRASSMANN *weiter identisch*, wenn jede Größe des einen Gebietes zugleich Größe des zweiten Gebietes ist und umgekehrt, d. h. also nach (40, 8) und (40, 39) nichts anderes, daß die beiden Systeme von Größen $\mathfrak{t}_1, \ldots, \mathfrak{t}_l$ und $\mathfrak{s}_1, \ldots, \mathfrak{s}_m$ lineargleich sind und daher nach (40, 12) denselben Rang besitzen.

(40, 41) Weiter nennt GRASSMANN die Gesamtheit der Größen, die zwei oder mehreren Gebieten zugleich, angehören, *das gemeinschaftliche oder Schnittgebiet dieser Größen* und die Gesamtheit aller Größen, die sich aus den Größen zweier oder mehrerer Gebiete numerisch ableiten lassen, *das verbindende Gebiet dieser Größen*.

Dafür wollen wir ein Beispiel angeben. Es sei das Gebiet A numerisch abgeleitet aus den *lu* Größen $\mathfrak{s}_1, \mathfrak{s}_2, \mathfrak{s}_3$ und das Gebiet B numerisch abgeleitet aus den *lu* Größen $\mathfrak{s}_2, \mathfrak{s}_3, \mathfrak{s}_4, \mathfrak{s}_5$. Dann kann das den Gebieten A und B gemeinschaftliche Gebiet G (verbindende Gebiet V) abgeleitet werden aus den Größen $\mathfrak{s}_2, \mathfrak{s}_3$ ($\mathfrak{s}_1, \mathfrak{s}_2, \mathfrak{s}_3, \mathfrak{s}_4, \mathfrak{s}_5$). Für solche Gebiete gilt dabei der fundamentale Satz:

(40, 42) Die Stufenzahlen a und b zweier Gebiete A und B sind zusammengenommen ebenso groß als die Stufenzahlen g ihres gemeinschaftlichen Gebietes G und die Stufenzahl v ihres verbindenden Gebietes V, d. h. es gilt: $a + b = g + v$.

Tatsächlich gilt in unserem Beispiele $a = 3$, $b = 4$, $g = 2$, $v = 5$, und deshalb ist wirklich $3 + 4 = 2 + 5$ oder $a + b = g + v$. Wir geben jetzt noch einige Sätze GRASSMANNS wieder, die in etwas anderer Form schon teilweise in unseren Sätzen unter a) enthalten sind. Z. B. lautet der Satz (40, 28) in Graßmannscher Fassung:

(40, 43) Wenn m linearabhängige Größen $\mathfrak{s}_1, \ldots, \mathfrak{s}_m$ nach (40, 3) in einer Zahlbeziehung zueinander stehen und sie nicht alle gleich $\mathfrak{o}$ sind, so läßt sich aus ihnen stets ein Verein von weniger als m Größen aussondern, welcher keiner Zahlbeziehung unterliegt und aus denen die übrigen Größen linear bzw. numerisch ableitbar sind.

(40, 44)   Wenn in einem Verein von Größen $\mathfrak{z}_1, \ldots, \mathfrak{z}_m$ die erste Größe $\mathfrak{z}_1 \neq \mathfrak{o}$ ist und keine der folgenden Größen sich aus den vorhergehenden Größen numerisch ableiten läßt, so gilt die Beziehung: $(\mathfrak{z}_1, \ldots, \mathfrak{z}_m)\, lu$.

(40, 45)   Wenn eine Größe $\mathfrak{t}_1$ aus den m Größen $\mathfrak{z}_1, \ldots, \mathfrak{z}_m$ numerisch ableitbar ist $\mathfrak{t}_1 = x_1\mathfrak{z}_1 + \cdots + x_m\mathfrak{z}_m$, und dabei $x_1 \neq 0$ ist, so ist das aus den Größen $\mathfrak{z}_1, \mathfrak{z}_2, \ldots, \mathfrak{z}_m$ ableitbare Gebiet identisch mit dem aus den Größen $\mathfrak{t}_1, \mathfrak{z}_2, \ldots, \mathfrak{z}_m$ ableitbaren Gebiet.

(40, 46)   Wenn $1 \leqq r \leqq s$ Größen $(\mathfrak{t}_1, \ldots, \mathfrak{t}_r)\, lu$ aus $s = n + 1$ Größen $(\mathfrak{z}_1, \ldots, \mathfrak{z}_s)$ lu numerisch ableitbar sind, so kann man stets zu den r Größen $\mathfrak{t}_1, \ldots, \mathfrak{t}_r$ noch $(s - r)$ Größen $\mathfrak{t}_{r+1}, \ldots, \mathfrak{t}_s$ von der Art hinzufügen, daß sich die Größen $\mathfrak{z}_1, \ldots, \mathfrak{z}_s$ auch aus $\mathfrak{t}_1, \ldots, \mathfrak{t}_s$ numerisch ableiten lassen und daß also das Gebiet der Größen $\mathfrak{t}_1, \ldots, \mathfrak{t}_r, \mathfrak{t}_{r+1}, \ldots, \mathfrak{t}_s$ identisch ist mit dem Gebiet der Größen $\mathfrak{z}_1, \ldots, \mathfrak{z}_s$. Man kann dabei, was besonders wichtig ist, die Größen $\mathfrak{t}_{r+1}, \ldots, \mathfrak{t}_s$ aus dem System der Größen $\mathfrak{z}_1, \ldots, \mathfrak{z}_s$ selbst entnehmen. Gilt dabei im Sonderfall $r = s$, so ist nichts hinzuzufügen.

     Im Falle $r > s = n + 1$ müssen jedoch die Größen $\mathfrak{t}_1, \ldots, \mathfrak{t}_r$ stets in einer Zahlbeziehung stehen, d. h. es gilt dann immer $(\mathfrak{t}_1, \ldots, \mathfrak{t}_r)\, la$. Voraussetzung ist natürlich in allen diesen Sätzen die Darstellung aller Pole $\mathfrak{z}_i$ und $\mathfrak{t}_k$ in der Form (39, 93) im *Urkoordinatensystem* $(\mathfrak{g}_1, \ldots, \mathfrak{g}_s)$ nach (40, 2).

Wie die Auswahl zu treffen ist, damit beschäftigen wir uns erst wieder später nach Bekanntgabe des Matrizenkalküls. Besonders wichtig sind auch noch die folgenden Sätze:

(40, 47)   Wenn r Größen $(\mathfrak{t}_1, \ldots, \mathfrak{t}_r)\, lu$, die in keiner Zahlbeziehung stehen aus r anderen Größen $(\mathfrak{z}_1, \ldots, \mathfrak{z}_r)$ numerisch ableitbar sind, so ist das Gebiet der ersten Größenreihe identisch dem der letzten.

(40, 48)   Wenn r Größen $\mathfrak{t}_1, \ldots, \mathfrak{t}_r$ aus weniger als r Größen $\mathfrak{z}_1, \ldots, \mathfrak{z}_m$ mit $m < r$ numerisch ableitbar sind, so gilt stets $(\mathfrak{t}_1, \ldots, \mathfrak{t}_r)\, la$.

(40, 49)   Wenn ein Gebiet r-ter Stufe aus r Größen 1. Stufe ableitbar ist, so stehen diese r Größen 1. Stufe in keiner Zahlbeziehung zueinander und sind daher lu und umgekehrt: Sind r Größen 1. Stufe lu, so ist das aus ihnen ableitbare Gebiet ein Gebiet r-ter Stufe.

(40, 50)   Jedes Gebiet r-ter Stufe kann aus r beliebigen, ihm angehörenden Größen 1. Stufe, die lu sind, linear abgeleitet werden.

Dieser Satz wird besonders wichtig für den Fall $r = s = n + 1$. Durch ihn wird dann nämlich jeder Unterschied zwischen den ursprünglichen Einheiten $\mathfrak{g}_1, \ldots, \mathfrak{g}_s$ und irgend einer daraus nach (40, 12) abgeleiteten Basis $\mathfrak{z}_1, \ldots, \mathfrak{z}_s$ aufgehoben, weil man dann statt den ursprünglichen Einheiten $\mathfrak{g}_1, \ldots, \mathfrak{g}_s$ auch beliebige s andere Größen $(\mathfrak{z}_1, \ldots, \mathfrak{z}_s)\, lu$ zur Ableitung jeder beliebigen anderen Größe erster Stufe verwenden kann.

Damit hätten wir jetzt die wichtigsten Sätze über lineare Abhängigkeit und lineare Unabhängigkeit bekanntgegeben. Wir gehen jetzt noch zur Anwendung dieser Sätze in der Geometrie, speziell in der Punkt- und in der Vektorrechnung des n-dimensionalen Raumes über.

d) Zunächst führen wir noch ein paar neue grundlegende Begriffe ein:

(40, 51) Wir nennen das Gebiet der Größen $e_0, \bar{e}_1, \ldots, \bar{e}_n$ oder das Gebiet der Größen $g_1, \ldots, g_s$, welches ein Gebiet $s = n + 1$-ter Stufe darstellt, *das Hauptgebiet — mit der Grundzahl oder Stufenzahl s* bzw. *mit der Dimensionszahl n des n-dimensionalen Raumes $\mathfrak{R}_n$* oder kurz *das Hauptgebiet H*.

(40, 52) Wir nennen das Gebiet der Größen $\bar{e}_1, \ldots, \bar{e}_n$, welches ein Gebiet n-ter Stufe darstellt und dem Hauptgebiet untergeordnet und mit ihm inzident ist, *das Vektorgebiet des n-dimensionalen Raumes $\mathfrak{R}_n$* oder kurz *das Vektorgebiet V*.

Gegeben seien $r + 1 \leqq s$ (also gilt $r \leqq n$) Punkte $(\mathfrak{p}_1, \ldots, \mathfrak{p}_r)\,lu$ des Hauptgebietes, die alle die gleiche Masse m besitzen sollen. Mehr als s solcher Punkte müßten im Hauptgebiete wieder la sein. Greifen wir jetzt aus diesen Punkten irgend einen Punkt, z. B. $\mathfrak{p}_i$, heraus und verbinden wir diesen Punkt mit allen übrigen Punkten, so erhalten wir r Vektoren.

(40, 53)
$$\overline{\mathfrak{p}}_1 = \mathfrak{p}_1 - \mathfrak{p}_i, \qquad \overline{\mathfrak{p}}_2 = \mathfrak{p}_2 - \mathfrak{p}_i, \ldots, \overline{\mathfrak{p}}_{i-1} = \mathfrak{p}_{i-1} - \mathfrak{p}_i,$$
$$\overline{\mathfrak{p}}_i = \mathfrak{p}_{i+1} - \mathfrak{p}_i, \overline{\mathfrak{p}}_{i+1} = \mathfrak{p}_{i+2} - \mathfrak{p}_i, \ldots, \overline{\mathfrak{p}}_r = \mathfrak{p}_{r+1} - \mathfrak{p}_i,$$

die, wie sich leicht zeigen läßt, wieder lu sein müssen $(\overline{\mathfrak{p}}_1, \ldots, \overline{\mathfrak{p}}_r)\,lu$. An die eben gegebenen Betrachtungen schließen wir jetzt die beiden folgenden Definitionen:

(40, 54) Wir nennen das Gebiet $r + 1$-ter Stufe der Punkte $(\mathfrak{p}_1, \ldots, \mathfrak{p}_{r+1})\,lu$ des Hauptgebietes, die nicht notwendig dieselbe Masse besitzen müssen, sondern beliebige Massen aufweisen können, auch *das von den Punkten $\mathfrak{p}_1, \ldots, \mathfrak{p}_{r+1}$ aufgespannte lineare Punktgebilde*. Diesem Punktgebilde gehört also jeder Punkt $\mathfrak{x}$ und jeder Vektor der Form

$$\mathfrak{x} = x_1 \mathfrak{p}_1 + x_2 \mathfrak{p}_2 + \cdots + x_{r+1} \mathfrak{p}_{r+1}$$

an. Wir sagen auch *diese $r+1$ Punkte bilden einen linearen Raum L von r Dimensionen oder einen r-dimensionalen Raum $\mathfrak{R}_r$*. Darin ist $r \leqq n$ bzw. $r + 1 \leqq s$. Wir nennen das Zahlen-$(r + 1)$-tupel $\mathfrak{x} = [x_1, x_2, \ldots, x_{r+1}]$ *die Punktkoordinaten* oder kurz *Koordinaten des Punktes oder Vektors $\mathfrak{x}$ im Punktkoordinatensystem $P_r = [\mathfrak{p}_1, \mathfrak{p}_2, \ldots, \mathfrak{p}_{r+1}]$*. Den Punkt $\mathfrak{x}$ aber selbst einen $(r + 1)$-*dimensionalen Punkt des Raumes $\mathfrak{R}_r$*.

(40, 55) Wir nennen das Gebiet r-ter Stufe der Vektoren $(\overline{\mathfrak{p}}_1, \ldots, \overline{\mathfrak{p}}_r)\,lu$ des Hauptgebietes, welches mit Hilfe der Gleichungen (40, 53) aus dem Gebiet der Punkte $(\mathfrak{p}_1, \ldots, \mathfrak{p}_{r+1})\,lu$ des Hauptgebietes, die jedoch jetzt notwendig alle dieselbe Masse besitzen müssen, hergeleitet werden kann, auch *das von den Vektoren $\overline{\mathfrak{p}}_1, \ldots, \overline{\mathfrak{p}}_r$ aufgespannte lineare Vektorgebilde*. Diesem Vektorgebilde gehört also jeder Vektor $\overline{\mathfrak{y}}$ der Form $\overline{\mathfrak{y}} = y_1 \overline{\mathfrak{p}}_1 + \cdots + y_r \overline{\mathfrak{p}}_r$ an. Wir sagen auch, *diese r Vektoren bilden ein lineares Vektorgebilde $\mathfrak{L}_r$ von r Dimensionen oder ein r-dimensionales lineares Vektorgebilde*. Dabei ist $r \leqq n$. Das Gebiet der Vektoren $\overline{\mathfrak{p}}_1, \ldots, \overline{\mathfrak{p}}_r$ ist somit stets dem Gebiet der Punkte $\mathfrak{p}_1, \ldots, \mathfrak{p}_{r+1}$ untergeordnet und mit diesem inzident. Wir nennen das Zahlen r-tupel $\overline{\mathfrak{y}} = \{y_1, y_2, \ldots, y_r\}$ *die Vektorkomponenten* oder *die Komponenten des Vektors* $\overline{\mathfrak{y}}$ *im Vektorkoordinatensystem* $\mathfrak{B}_r = \{\overline{\mathfrak{p}}_1, \overline{\mathfrak{p}}_2, \ldots, \overline{\mathfrak{p}}_r\}$. Den Vektor $\overline{\mathfrak{y}}$ aber selbst einen *r-dimensionalen Vektor des Raumes* $\mathfrak{R}_r$.

Lösen wir die Gleichungen (40, 53) auf, so ergeben sich folgende Beziehungen

$$(40, 56) \qquad \mathfrak{p}_1 = \mathfrak{p}_i + \overline{\mathfrak{p}}_1, \quad \mathfrak{p}_2 = \mathfrak{p}_i + \overline{\mathfrak{p}}_2, \ldots, \mathfrak{p}_{i-1} = \mathfrak{p}_i + \overline{\mathfrak{p}}_{i-1},$$

$$\mathfrak{p}_i = \mathfrak{p}_i, \qquad \mathfrak{p}_{i+1} = \mathfrak{p}_i + \overline{\mathfrak{p}}_i, \ldots, \mathfrak{p}_{r+1} = \mathfrak{p}_i + \overline{\mathfrak{p}}_r.$$

Setzen wir diese Werte in (40, 54) ein, so erhalten wir

$$(40, 57) \qquad \mathfrak{x} = x_1 \overline{\mathfrak{p}}_1 + \cdots + x_{i-1} \overline{\mathfrak{p}}_{i-1} + x_{i+1} \overline{\mathfrak{p}}_i + \cdots + x_{r+1} \overline{\mathfrak{p}}_r +$$

$$+ \, (x_1 + x_2 + \cdots + x_{i-1} + x_i + x_{i+1} + \cdots + x_{r+1}) \, \mathfrak{p}_i.$$

Setzt man hingegen (40, 53) in (40, 55) ein, so ergibt sich

$$(40, 58) \qquad \overline{\mathfrak{y}} = y_1 \mathfrak{p}_1 + \cdots + y_{i-1} \mathfrak{p}_{i-1} -$$

$$- \, (y_1 + y_2 + \cdots + y_{i-1} + y_i + y_{i+1} + \cdots + y_r) \, \mathfrak{p}_i +$$

$$+ \, y_i \mathfrak{p}_{i+1} + \cdots + y_r \mathfrak{p}_{r+1}.$$

Daraus können jetzt noch leicht folgende Schlüsse gezogen werden:

(40, 59)   Das Gebiet $r + 1$-ter Stufe der Punkte $(\mathfrak{p}_1, \ldots, \mathfrak{p}_{r+1})\,lu$ ist wegen (40, 57) mit dem Gebiet $r + 1$-ter Stufe der Größen $(\mathfrak{p}_i, \overline{\mathfrak{p}}_1, \ldots, \overline{\mathfrak{p}}_r)\,lu$ identisch.

(40, 60)   Besteht aber neben der Beziehung $\mathfrak{x} = x_1\mathfrak{p}_1 + \cdots + x_{r+1}\mathfrak{p}_{r+1}$ die Nebenbedingung $x_1 + \cdots + x_{r+1} = 0$, dann ist das Gebiet $\mathfrak{x}$ der Punkte $\mathfrak{p}_1,$ $\ldots, \mathfrak{p}_{r+1}$ identisch mit dem Gebiet der Vektoren $\overline{\mathfrak{p}}_1, \ldots, \overline{\mathfrak{p}}_r$. Sind letztere lu, dann müssen erstere la gewesen sein, also gilt: $(\mathfrak{p}_1, \ldots, \mathfrak{p}_{r+1})\,la$ und $(\overline{\mathfrak{p}}_1, \ldots, \overline{\mathfrak{p}}_r)\,lu$.

Nun wollen wir noch einen Sonderfall untersuchen.

(40, 61)   Es sei in (40, 53) speziell $r = n$ und $\mathfrak{p}_1 = \mathfrak{e}_1, \mathfrak{p}_2 = \mathfrak{e}_2, \ldots, \mathfrak{p}_{i-1} = \mathfrak{e}_{i-1},$ $\mathfrak{p}_i = \mathfrak{e}_0, \mathfrak{p}_{i+1} = \mathfrak{e}_i, \ldots, \mathfrak{p}_{r+1} = \mathfrak{e}_n$, dann folgt sofort wegen unserer Beziehungen (39, 15) bis (39, 32)

$$\overline{\mathfrak{p}}_1 = \overline{\mathfrak{e}}_1, \ldots, \overline{\mathfrak{p}}_{i-1} = \overline{\mathfrak{e}}_{i-1}, \quad \overline{\mathfrak{p}}_i = \overline{\mathfrak{e}}_i, \ldots, \overline{\mathfrak{p}}_r = \overline{\mathfrak{e}}_n.$$

Wir erkennen dann sofort wieder, daß in Übereinstimmung mit unseren bisherigen Untersuchungen gilt:

(40, 62)   Das Gebiet $s = n + 1$-ter Stufe der Punkte $(\mathfrak{e}_0, \mathfrak{e}_1, \ldots, \mathfrak{e}_n)\,lu$ ist identisch mit dem Gebiet s-ter Stufe $(\mathfrak{e}_0, \overline{\mathfrak{e}}_1, \ldots, \overline{\mathfrak{e}}_n)\,lu$. Beide Gebiete haben wir in (40, 51) kurz das Hauptgebiet H genannt. Die $n + 1$ Punkte $\mathfrak{e}_0, \mathfrak{e}_1, \ldots, \mathfrak{e}_n$ bzw. die $s = n + 1$ Pole $\mathfrak{e}_0, \overline{\mathfrak{e}}_1, \ldots, \overline{\mathfrak{e}}_n$ oder $\mathfrak{g}_1, \ldots, \mathfrak{g}_s$ bilden unseren *n-dimensionalen linearen Raum* $\mathfrak{R}_n$. Die n Vektoren $\overline{\mathfrak{e}}_1, \ldots, \overline{\mathfrak{e}}_n$ bilden das n-dimensionale lineare Vektorgebilde des $\mathfrak{R}_n$, d. h. kurz *das Vektorgebiet V des* $\mathfrak{R}_n$. Ferner übertragen sich alle Begriffe über Koordinaten, Komponenten und Koordinatensysteme entsprechend den Definitionen in Punkt 39, mit welchen sie sämtlich in Übereinstimmung stehen.

Nunmehr wollen wir auch noch einige Namen bekanntgeben.

(40, 63) Betreiben wir eine n-dimensionale Geometrie des $\Re_n$, dann nennen wir allgemein der Reihe nach einen 0, 1, 2, 3, ... dimensionalen linearen Raum $\Re_0$, $\Re_1$, $\Re_2$, $\Re_3$, ... einen *Punkt*, eine *Gerade*, eine *Ebene*, einen *Raum*, ... Da ein r-dimensionaler Raum von $r + 1$ linear-unabhängigen Punkten aufgespannt wird, so besitzt er die Stufenzahl $r + 1$. Allgemein besitzen daher obige lineare Räume der Reihe nach die *Grund- oder Stufenzahlen* 1, 2, 3, 4, ...

(40, 64) Betreiben wir allgemein eine n-dimensionale Geometrie des $\Re_n$, dann haben wir uns alle möglichen 0, 1, 2, ..., n-dimensionalen linearen Räume in das Hauptgebiet der $s = n + 1$-ten Stufe eingebettet zu denken. Das Gebiet nullter Stufe enthält wieder nur die Zahlen.

Im Anschluß an die Sätze (40, 41) und (40, 42) fügen wir noch folgenden wichtigen Satz GRASSMANNS hinzu:

(40, 65) Zwei Gebiete A und B, die von a-ter und b-ter Stufe, sind und in einem, Hauptgebiet s-ter Stufe liegen, haben, wenn $a + b \geqq s$ ist, mindestens ein Schnittgebiet g-ter Stufe mit $g = (a + b) - s$ gemeinschaftlich. Da andrerseits wegen (40, 42) auch die Beziehung $a + b = g + v$ gilt, so ist das verbindende Gebiet H der Gebiete A und B stets von $v = s$-ter Stufe, und da es nur ein solches Gebiet gibt, ist dieses Gebiet stets mit dem Hauptgebiet H identisch.

Beispielsweise ist das gemeinsame Gebiet einer Geraden und einer Ebene der Durchstoßpunkt dieser Geraden mit der Ebene, das verbindende Gebiet beider aber der Raum.

Im n-dimensionalen Raum gelten jetzt die folgenden grundlegenden Sätze:

(40, 66) Aus einem lu Punkt $\mathfrak{F}_1$, der nicht der Punkt $\mathfrak{o}$ sein darf, lassen sich alle mit ihm räumlich zusammenfallenden Punkte beliebiger Masse linear ableiten. Aus zwei lu Punkten $\mathfrak{F}_1$, $\mathfrak{F}_2$, die nicht in einen Raumpunkt zusammenfallen dürfen, lassen sich alle Punkte der durch diese Punkte $\mathfrak{F}_1$, $\mathfrak{F}_2$ gehenden Geraden linear ableiten. Aus drei lu Punkten $\mathfrak{F}_1$, $\mathfrak{F}_2$, $\mathfrak{F}_3$, die nicht in einer Geraden liegen dürfen, lassen sich alle Punkte einer Ebene durch $\mathfrak{F}_1$, $\mathfrak{F}_2$, $\mathfrak{F}_3$ linear ableiten. Aus vier lu Punkten $\mathfrak{F}_1$, $\mathfrak{F}_2$, $\mathfrak{F}_3$, $\mathfrak{F}_4$, die nicht in einer Ebene liegen dürfen, lassen sich alle Punkte des dreidimensionalen Raumes bestimmt durch $\mathfrak{F}_1$, $\mathfrak{F}_2$, $\mathfrak{F}_3$, $\mathfrak{F}_4$ linear ableiten. Ferner gilt: Mehr als $r + 1$ lu Punkte gibt es in einem r-dimensionalen linearen Raume nicht. Im Hauptgebiet sind somit immer mehr als $s = n + 1$ Punkte linear abhängig.

(40, 67) Ein la Punkt ist der Nullpunkt $\mathfrak{o}$; zwei la Punkte fallen stets in denselben Punkt des Raumes; drei la Punkte liegen mindestens in einer Geraden; vier la Punkte liegen mindestens in einer Ebene; fünf la Punkte liegen mindestens in einem dreidimensionalen, linearen Raume.

Für die Vektoren des n-dimensionalen Raumes gelten ferner die folgenden Sätze:

(40, 68) Aus einem lu Vektor $\overline{p}_1$, der nicht der Nullvektor sein darf, lassen sich alle zu ihm parallelen Vektoren linear ableiten. Aus zwei lu Vektoren $\overline{p}_1$, $\overline{p}_2$, die nicht parallel sein dürfen, lassen sich alle Vektoren einer Ebene, bestimmt durch $\overline{p}_1$, $\overline{p}_2$ linear, ableiten. Aus drei lu Vektoren $\overline{p}_1$, $\overline{p}_2$, $\overline{p}_3$, die nicht einer Ebene parallel sein dürfen, lassen sich alle Vektoren eines (dreidimensionalen) Raumes, bestimmt durch $\overline{p}_1$, $\overline{p}_2$, $\overline{p}_3$, linear ableiten. Mehr als $r\,lu$ Vektoren gibt es im r-dimensionalen Raume nicht. Im Hauptgebiete sind somit immer mehr als n Vektoren linear abhängig.

(40, 69) Ein la Vektor ist der Nullvektor. Zwei la Vektoren sind mindestens zueinander parallel. Drei la Vektoren sind mindestens einer Ebene parallel. Vier la Vektoren liegen mindestens in einem (dreidimensionalen) Raume.

Durch diese Sätze der Punkt- und Vektorrechnung erlangen die Begriffe der linearen Abhängigkeit und linearen Unabhängigkeit von Punkten und Vektoren bzw. von Polen erst die ihr zukommende Bedeutung für die n-dimensionale Geometrie. Die Begriffe la und lu bilden darum überhaupt die Grundlage für den Begriff der Stufenzahl bzw. der Dimension irgend eines Raumes. Alle bekanntgegebenen Sätze können mit Hilfe der Determinanten- und Matrizenrechnung in bequemer eleganter Form abgeleitet werden. Ihre Entwicklung würde jedoch hier zu weit führen.

41. Das Rechnen mit komplexen Zahlengrößen und komplexen geometrischen Größen erster Stufe.

Wir erklären zuerst die Begriffe der *Gleichheit, Addition, Subtraktion, Multiplikation und Division komplexer Zahlen* und anschließend daran *dieselben Begriffe für komplexe geometrische Größen erster Stufe*. a, b und c, d seien reelle Zahlen, i die imaginäre Einheit, Quadratwurzel aus minus Eins. Dann gilt:

$$(41, 1) \qquad i = \sqrt{-1}, \quad i^2 = -1, \quad i^3 = -i, \quad i^4 = +1,$$
$$a + ib = c + id \leftrightarrow a = c, \ b = d,$$
$$(a + ib) + (c + id) = (a + c) + i(b + d),$$
$$(a + ib) - (c + id) = (a - c) + i(b - d),$$
$$(a + ib) \cdot (c + id) = (ac - bd) + i(bc + ad),$$
$$(a + ib) \,/\, (c + id) = [(ac + bd)/(c^2 + d^2)] + i(bc - ad)/(c^2 + d^2).$$

Sind die beiden Zahlen konjugiert komplex, d. h. gilt im Sonderfall: $c = a$ und $d = -b$, so folgt:

$$(41, 2) \qquad a + ib = a - ib \rightarrow b = 0,$$
$$(a + ib) + (a - ib) = 2a,$$
$$(a + ib) - (a - ib) = 2ib,$$
$$(a + ib) \cdot (a - ib) = (a^2 + b^2),$$
$$(a + ib) \,/\, (a - ib) = [(a^2 - b^2)/(a^2 + b^2)] + 2iab/(a^2 + b^2).$$

Ferner folgt:

$$(41,3) \qquad (a+ib)^0 = 1,$$
$$(a+ib)^1 = a+ib,$$
$$(a+ib)^2 = (a^2-b^2)+2iab,$$
$$(a+ib)^3 = (a^3-3ab^2)+i(3a^2b-b^3),$$
$$(a+ib)^4 = (a^4-6a^2b^2+b^4)+i(4a^3b-4ab^3).$$

Wir verstehen unter einer *komplexen geometrischen Größe erster Stufe* eine Größe der Form

$$(41,4) \qquad \mathfrak{k} = \mathfrak{a}+i\mathfrak{b},$$

in welcher $\mathfrak{a}$ und $\mathfrak{b}$ gewöhnliche geometrische Größen erster Stufe sind. i ist darin wieder die imaginäre Einheit. *Die zu $\mathfrak{k}$ konjugierte komplexe Größe erster Stufe* ist dann wieder die Größe

$$(41,5) \qquad \mathfrak{k}' = \mathfrak{a}-i\mathfrak{b}.$$

Es gelten für diese Größen folgende Rechenregeln:

$$(41,6) \qquad \mathfrak{a}+i\mathfrak{b} = \mathfrak{c}+i\mathfrak{d} \leftrightarrow \mathfrak{a}=\mathfrak{c},\ \mathfrak{b}=\mathfrak{d},$$
$$(\mathfrak{a}+i\mathfrak{b})+(\mathfrak{c}+i\mathfrak{d}) = (\mathfrak{a}+\mathfrak{c})+i(\mathfrak{b}+\mathfrak{d}),$$
$$(\mathfrak{a}+i\mathfrak{b})-(\mathfrak{c}+i\mathfrak{d}) = (\mathfrak{a}-\mathfrak{c})+i(\mathfrak{b}-\mathfrak{d}),$$
$$(\mathfrak{a}+i\mathfrak{b})\cdot(\mathfrak{c}+i\mathfrak{d}) = (\mathfrak{a}\cdot\mathfrak{c}-\mathfrak{b}\cdot\mathfrak{d})+i(\mathfrak{b}\cdot\mathfrak{c}+\mathfrak{a}\cdot\mathfrak{d}),$$
$$(\mathfrak{a}+i\mathfrak{b})/(\mathfrak{c}+i\mathfrak{d}) = [(\mathfrak{a}\cdot\mathfrak{c}+\mathfrak{b}\cdot\mathfrak{d})/(\mathfrak{c}^2+\mathfrak{d}^2)]+i(\mathfrak{b}\cdot\mathfrak{c}-\mathfrak{a}\cdot\mathfrak{d})/(\mathfrak{c}^2+\mathfrak{d}^2).$$

Für konjugiert komplexe Größen gilt wieder speziell:

$$(41,7) \qquad (\mathfrak{a}+i\mathfrak{b}) = (\mathfrak{a}-i\mathfrak{b}) \rightarrow \mathfrak{b}=\mathfrak{o},$$
$$(\mathfrak{a}+i\mathfrak{b})+(\mathfrak{a}-i\mathfrak{b}) = 2\mathfrak{a},$$
$$(\mathfrak{a}+i\mathfrak{b})-(\mathfrak{a}-i\mathfrak{b}) = 2i\mathfrak{b},$$
$$(\mathfrak{a}+i\mathfrak{b})\cdot(\mathfrak{a}-i\mathfrak{b}) = \mathfrak{a}^2+\mathfrak{b}^2,$$
$$(\mathfrak{a}+i\mathfrak{b})/(\mathfrak{a}-i\mathfrak{b}) = [(\mathfrak{a}^2-\mathfrak{b}^2)/(\mathfrak{a}^2+\mathfrak{b}^2)]+2i\mathfrak{a}\cdot\mathfrak{b}/(\mathfrak{a}^2+\mathfrak{b}^2).$$
$$(41,8) \qquad (\mathfrak{a}+i\mathfrak{b})^0 = 1,$$
$$(\mathfrak{a}+i\mathfrak{b})^1 = \mathfrak{a}+i\mathfrak{b},$$
$$(\mathfrak{a}+i\mathfrak{b})\cdot(\mathfrak{a}+i\mathfrak{b}) = (\mathfrak{a}^2-\mathfrak{b}^2)+2i\mathfrak{a}\cdot\mathfrak{b}.$$

Speziell gilt dann nach der Definition (41,6) für reelle Größen die Beziehung:

$$(41,9) \qquad \mathfrak{a}/\mathfrak{b} = \mathfrak{a}\cdot\mathfrak{b}/\mathfrak{b}\cdot\mathfrak{b} = \mathfrak{a}\cdot\mathfrak{b}/\mathfrak{b}^2.$$

Somit ist ein solcher Ausdruck wieder eine reelle Zahl, daher gilt in anderer Form:

$(41,10)$ $\mathfrak{a}/\mathfrak{b} = k$ oder $\mathfrak{a} = k\mathfrak{b}$, somit ist dann $\mathfrak{a} = \mathfrak{b}$ oder anders ausgedrückt $\mathfrak{a}\cdot\mathfrak{b} = k\mathfrak{b}\cdot\mathfrak{b}$.

Diese Ergebnisse stehen somit wieder mit unseren ursprünglichen Definitionen in (39,92) sowie in (39,86) bis (39,91) in Übereinstimmung.

42. Die geometrischen Größen höherer Stufen im Hauptgebiet $s = n + 1$-ter Stufe des n-dimensionalen Raumes.

Es können aus den *ursprünglichen, normalen, geometrischen Einheiten erster Stufe*

$$(42,0) \qquad \mathfrak{g}_1 = \mathfrak{e}_0, \quad \mathfrak{g}_2 = \mathfrak{e}_1, \quad \mathfrak{g}_3 = \bar{\mathfrak{e}}_2, \ldots, \mathfrak{g}_s = \mathfrak{e}_n \qquad (s = n + 1)$$

des Hauptgebietes s-ter Stufe bis jetzt neue *abgeleitete geometrische Einheiten erster Stufe* $\mathfrak{g}'_x$ bzw. $\bar{\mathfrak{e}}'_x$ nur auf dem Wege (39, 84) und (39, 85) erzeugt werden. Andere Wege gibt es nicht. Wohl aber können von uns jetzt durch Vornahme von Produktbildungen aus den Einheiten (42, 1) die sogenannten *ursprünglichen, normalen Einheiten höherer Stufen* γ_k erzeugt werden. Als *ursprüngliche, normale, allgemeine, geometrische Einheit r-ter Stufe* bezeichnen wir dabei einen Ausdruck folgender Form:

$$(42,1) \qquad \gamma_k = \mathfrak{g}_{k_1} \mathfrak{g}_{k_2} \cdots \mathfrak{g}_{k_r},$$

darin bedeutet allgemein

$$(42,2) \qquad (k_1, k_2, \ldots, k_r) = k$$

irgend eine bestimmte, nämlich die k-te Variation aller lexikographisch geordneten Variationen $(k_1, k_2, \ldots, k_r)$ mit Wiederholung zur r-ten Klasse aus den s Elementen $1, 2, \ldots, s$ und $\mathfrak{g}_1, \mathfrak{g}_2, \ldots, \mathfrak{g}_s$ wie immer die ursprünglichen geometrischen Einheiten (42, 0). Es gibt daher im Höchstfalle

$$(42,3) \qquad t = {}^W V_s^r = s^r, \quad 1 \leqq r \qquad (k = 1, 2, \ldots, s^r)$$

voneinander verschiedene solcher Einheiten. Wir haben in (42, 1) die Produkte der Einheiten mit keiner Klammer umschlossen, um anzudeuten, daß die Art der Produktbildung noch frei steht. Wir sprechen deshalb von einer *allgemeinen Produktbildung* und nennen darum (42, 1) eine *allgemeine Einheit r-ter Stufe*. Verwenden wir später spezielle Arten von Multiplikationen, so umschließen wir die Produkte mit bestimmten Klammern. Dabei wird dann im allgemeinen die Anzahl der ursprünglichen Einheiten r-ter Stufe dadurch verringert, daß in (42, 2) nur mehr Variationen ohne Wiederholung oder Kombinationen oder Permutationen usw. zugelassen werden. Dadurch erhalten wir dann *verschiedene* Arten bzw. *Systeme von geometrischen Einheiten höherer Stufen.*

Wir umschließen dann auch das Zeichen der Einheit γ_k mit der entsprechenden Sorte von Klammern. Sehr wesentlich ist es schon, hier anzudeuten, daß die Einheiten höherer Stufen in zwei voneinander verschiedene Komplexe von Einheiten entsprechend der Festsetzung (42, 1) zerfallen. Zum ersten Einheitenkomplex gehören nämlich alle Einheiten r-ter Stufe, die in ihrem Produkt $\mathfrak{e}_0$ oder $\mathfrak{g}_1$ enthalten, wir nennen sie *ursprungsgebundene Einheiten*, während zum zweiten Einheitenkomplex jene Einheiten r-ter Stufe gehören, die $\mathfrak{e}_0$ oder $\mathfrak{g}_1$ nicht enthalten, wir nennen sie *freie Einheiten.*

Gegeben seien jetzt m beliebige geometrische Größen erster Stufe:

$$(42,4) \qquad \mathfrak{z}_1 = \sum_{k_1=1}^{s} s_{1k_1} \mathfrak{g}_{k_1}, \quad \mathfrak{z}_2 = \sum_{k_2=1}^{s} s_{2k_2} \mathfrak{g}_{k_2}, \ldots, \quad \mathfrak{z}_m = \sum_{k_m=1}^{s} s_{mk_m} \mathfrak{g}_{k_m}.$$

Bilden wir jetzt das *allgemeine Produkt aus irgendwelchen r dieser geometrischen Größen erster Stufe*, z. B. der Größen

$$(42,5) \qquad \mathfrak{S}_{h_1} = \sum_{k_1=1}^{s} s_{h_1 k_1}\, \mathfrak{g}_{k_1}, \quad \mathfrak{S}_{h_2} = \sum_{k_2=1}^{s} s_{h_2 k_2}\, \mathfrak{g}_{k_2}, \ldots, \quad \mathfrak{S}_{h_r} = \sum_{k_r=1}^{s} s_{h_r k_r}\, \mathfrak{g}_{k_r},$$

worin jetzt auch

$$(42,6) \qquad (h_1, h_2, \ldots, h_r) = h$$

wieder ähnlich wie früher die h-te Variation aller lexikographisch geordneten Variationen $(h_1, h_2, \ldots, h_r)$ mit Wiederholung zur r-ten Klasse aber aus den m Elementen $1, 2, \ldots, m$ bedeutet, so gibt es im Höchstfalle also

$$(42,7) \qquad {}^W V_m^r = m^r \qquad\qquad (h = 1, 2, \ldots, m^r)$$

voneinander verschiedene allgemeine Produkte der nachfolgenden Art:

$$(42,8) \qquad \sigma_h = \mathfrak{S}_{h_1} \mathfrak{S}_{h_2} \cdots \mathfrak{S}_{h_r} = \left(\sum_{k_1=1}^{s} s_{h_1 k_1}\, \mathfrak{g}_{k_1}\right) \cdot \left(\sum_{k_2=1}^{s} s_{h_2 k_2}\, \mathfrak{g}_{k_2}\right) \cdots \left(\sum_{k_r=1}^{s} s_{h_r k_r}\, \mathfrak{g}_{k_r}\right).$$

Fassen wir darin alle reellen Zahlen zu einem Zahlprodukt zusammen und lassen wir dabei im Produkt die Reihenfolge der miteinander allgemein multiplizierten ursprünglichen Einheiten erster Stufe unverändert, so ergibt sich der folgende Ausdruck:

$$(42,9) \qquad \sigma_h = \sum_{k_1 k_2, \ldots, k_r = 1, 1, \ldots, 1}^{s, s, \ldots, s} s_{h_1 k_1} s_{h_2 k_2} \cdots s_{h_r k_r}\, \mathfrak{g}_{k_1} \mathfrak{g}_{k_2} \cdots \mathfrak{g}_{k_r}.$$

Führen wir darin die beiden Abkürzungen

$$(42,10) \qquad s_{h_1 k_1} s_{h_2 k_2} \cdots s_{h_r k_r} = s_{h k}, \quad \mathfrak{g}_{k_1} \mathfrak{g}_{k_2} \cdots \mathfrak{g}_{k_r} = \gamma_k$$

ein, so können wir (42, 9) in folgende bequemere Darstellungsform bringen:

$$(42,11) \qquad \sigma_h = \mathfrak{S}_{h_1} \mathfrak{S}_{h_2} \cdots \mathfrak{S}_{h_r} = \sum_{k=1}^{t} s_{h k} \gamma_k.$$

Darin bedeutet t die Anzahl aller ursprünglichen Einheiten der r-ten Stufe wie in (42, 3) und k bzw. h die Abkürzungen in (42, 2) bzw. (42, 6). Damit haben wir jetzt die Größe σ_h, die wir jetzt eine *allgemeine geometrische Größe r-ter Stufe* nennen wollen, *welche dem Hauptgebiet s-ter Stufe angehört*, durch ihre normalen geometrischen Einheiten r-ter Stufe in (42, 1) ausgedrückt und die Summanden in ganz bestimmter Art und Weise angeordnet. In dem allgemeinen Produkt (42, 8) braucht dabei die Anzahl r der Faktoren keineswegs $\leqq s$ der Stufenzahl unseres Hauptgebietes zu sein; sie kann vielmehr jede beliebige Zahl, die nur $\geqq 1$ zu sein braucht, bedeuten. Im Falle $r = 1$ ist, wie man sofort erkennt, die Größe wieder eine Größe 1. Stufe, die dann wieder in (42, 11) aus ihren s ursprünglichen Einheiten 1. Stufe (42, 1) abgeleitet erscheint. Wir nennen dabei

$$(42,12) \qquad \gamma_1, \gamma_2, \ldots, \gamma_t$$

das *wohlgeordnete System der geometrischen, ursprünglichen, normalen Einheiten r-ter Stufe*. Ebenso nennen wir das geordnete Zahlen-t-tupel:

$$(42,13) \qquad \sigma_h = (s_{h1}, s_{h2}, \ldots, s_{ht})$$

die rechtwinkligen, kartesischen Koordinaten der geometrischen Größe σ_h *der r-ten Stufe im rechtwinkligen, kartesischen Grundkoordinatensystem*

$$(42,14) \qquad \Re_n = (\mathfrak{g}_1, \mathfrak{g}_2, \ldots, \mathfrak{g}_s)\,. \qquad (s = n+1)$$

Für die angeführte Art der allgemeinen Produktbildung setzen wir dabei vorläufig bloß die Gültigkeit folgender Grundgesetze voraus: Die Gültigkeit der *Klammerregel*

$$(42,15) \qquad \mathfrak{Z}_{h_1}\mathfrak{Z}_{h_2}\mathfrak{Z}_{h_3}\mathfrak{Z}_{h_4}\mathfrak{Z}_{h_5}\cdots = \{[(\mathfrak{Z}_{h_1}\mathfrak{Z}_{h_2})\,\mathfrak{Z}_{h_3}]\,\mathfrak{Z}_{h_4}\}\,\mathfrak{Z}_{h_5}\cdots$$

und die Gültigkeit des *assoziativen Gesetzes*

$$(42,16) \qquad \mathfrak{Z}_{h_1}(\mathfrak{Z}_{h_2}\mathfrak{Z}_{h_3}) = (\mathfrak{Z}_{h_1}\mathfrak{Z}_{h_2})\,\mathfrak{Z}_{h_3}\,.$$

Dieses Gesetz soll dann auch wieder nach Art von (3, 3) ohne weiteres auf beliebig viele Faktoren erweitert werden können. Die Gültigkeit des kommutativen Gesetzes von der Vertauschung nebeneinanderstehender Faktoren des Produktes soll im allgemeinen Produkt nicht verlangt werden (in speziellen Produkten jedoch kann sie von uns gleichfalls vorausgesetzt werden).

Wir erklären jetzt weiter die *Gleichheit, Addition, Subtraktion und Vervielfachung mit Zahlen von beliebig vielen Größen r-ter Stufe.* Ebenso wie wir mit geometrischen Größen 1. Stufe gerechnet haben, wollen wir auch vereinbaren mit geometrischen Größen r-ter Stufe zu rechnen. Dabei wollen wir die Rechenregeln für die geometrischen Größen 1. Stufe nach folgendem Vergleichsschema einfach auf die geometrischen Größen r-ter Stufe übertragen.

$$(42,17) \qquad \mathfrak{Z}_h = \sum_{k=1}^{s} s_{hk}\,\mathfrak{g}_k\,, \qquad \sigma_h = \sum_{k=1}^{t} s_{hk}\gamma_k\,.$$

Der einzige Unterschied ist der, daß die geometrischen Größen 1. Stufe aus s ursprünglichen Einheiten 1. Stufe und die geometrischen Größen r-ter Stufe aus t ursprünglichen Einheiten r-ter Stufe abgeleitet sind. Ein neuerliches Anschreiben dieser Rechenregeln können wir uns daher ersparen. Es gelten auch wieder entsprechend übertragen alle unsere Sätze über lineare Ab- und Unabhängigkeit. Während wir die geometrischen Einheiten 1. Stufe und nur sie mit dem Buchstaben $\mathfrak{g}$ bezeichnen, bezeichnen wir die geometrischen Einheiten r-ter Stufe und nur sie mit dem Buchstaben γ. Während wir die Nullgröße 1. Stufe, als Größe deren sämtliche s kartesische Koordinaten gleich 0 waren, mit $\mathfrak{o}$ bezeichnet haben, bezeichnen wir *die Nullgröße r-ter Stufe*, als Größe deren sämtliche t kartesischen Koordinaten gleich 0 sind mit $(\overline{H})_r$. Wir verwenden deshalb allgemein in Gegenüberstellung die Formeln:

$$(42,18) \qquad \mathfrak{o} = \sum_{k=1}^{s} 0\,\mathfrak{g}_k\,, \qquad (\overline{H})_r = \sum_{k=1}^{t} 0\,\gamma_k\,.$$

$(\overline{H})_r$ ist also das neutrale Element bei der Addition geometrischer Größen r-ter Stufe. Während die rechtwinkligen, kartesischen Koordinaten der ursprünglichen Einheiten erster Stufe allgemein in leicht verständlicher Form durch

$$(42,19) \qquad 1, \ldots, k-1, k, k+1, \ldots, s\text{-te Zahl}$$
$$\mathfrak{g}_k = (0, \ldots, \quad 0, \quad 1, \quad 0, \quad \ldots, 0)$$

gegeben waren, sind die rechtwinkligen, kartesischen Koordinaten der ursprünglichen Einheiten r-ter Stufe entsprechend allgemein in ähnlicher Darstellung durch

$$(42, 20) \qquad 1, \ldots, k-1, k, k+1, \ldots, t\text{-te Zahl}$$
$$\gamma_k = (0, \ldots, \quad 0, \quad 1, \quad 0, \quad \ldots, 0)$$

gegeben. Ähnlich wie wir eine geometrische Größe 1. Stufe durch den Vorgang anschließend an Formel $(42, 17)$

$$(42, 21) \qquad s_h = {}_+\sqrt{s_{h1}^2 + s_{h2}^2 + \cdots + s_{hs}^2}, \quad \mathfrak{g}_h' = \mathfrak{s}_h / s_h$$

auf ihre Normalform gebracht haben

$$(42, 22) \qquad \mathfrak{s}_h = s_h \mathfrak{g}_h' \quad \text{mit} \quad |\mathfrak{s}_h| = s_h, \quad |\mathfrak{g}_h'| = 1$$

und wir s_h als den absoluten Betrag $|\mathfrak{s}_h|$ der Größe 1. Stufe $\mathfrak{s}_h$ ansprechen, so können wir jetzt jede Größe r-ter Stufe $(42, 17)$ nach dem gleichen Verfahren

$$(42, 23) \qquad s_h = {}_+\sqrt{s_{h1}^2 + s_{h2}^2 + \cdots + s_{ht}^2}, \quad \gamma_h' = \sigma_h / s_h$$

auf ihre Normalform

$$(42, 24) \qquad \sigma_h = s_h \gamma_h' \quad \text{mit} \quad |\sigma_h| = s_h, \quad |\gamma_h'| = 1$$

bringen und auch wieder s_h als den *absoluten Betrag* $|\sigma_h|$ der Größe r. Stufe σ_h ansprechen. Damit können jetzt auch wieder alle *Begriffe parallel, gleichsinnig parallel, gegensinnig parallel usw.*, ferner die Begriffe *reelle und komplexe geometrische Größen* 1. Stufe, weiter der Begriff des *inneren Produktes der Größen* 1. Stufe auf die *geometrischen Größen r-ter Stufe* übertragen werden. Die Begriffe der *linearen Ab- und Unabhängigkeit von* Größen 1. Stufe können auf *Größen r-ter Stufe* nur dann übertragen werden, wenn wir stets an den beiden Grundregeln

$$(42, 25) \qquad (\mathfrak{g}_1, \mathfrak{g}_2, \ldots, \mathfrak{g}_s)\, l\,u \quad \text{und} \quad (\gamma_1, \gamma_2, \ldots, \gamma_t)\, l\,u,$$

die wir für die allgemeine Multiplikation immer treffen wollen, festhalten. Gehen wir später auf spezielle Multiplikationsgattungen über, dann müssen wir die letzte Annahme durch speziellere Annahmen ersetzen. Jede geometrische Einheit r-ter Stufe γ_h', die wir aus einer beliebigen geometrischen Größe r-ter Stufe σ_h in $(42, 17)$ nach dem Verfahren $(42, 23)$ und $(42, 24)$ gewinnen können, nennen wir jetzt wieder eine *abgeleitete geometrische Einheit r-ter Stufe*, zum Unterschied von den *ursprünglichen, normalen geometrischen Einheiten r-ter Stufe* $(42, 12)$. Außer diesen Einheiten gibt es wieder keine anderen geometrischen Größen σ_h der r-ten Stufe, deren absoluter Betrag $|\sigma_h|$ gleich 1 ist. Die ursprünglichen Einheiten 1. (r-ter) Stufe bezeichnen wir stets mit $\mathfrak{g}_i(\gamma_i)$, die abgeleiteten Einheiten mit $\mathfrak{g}_i'(\gamma_i')$. Mit Hilfe der gegebenen Darstellungen in den Normalformen können wir jetzt für das Produkt beliebig vieler geometrischer Größen 1. Stufe in $(42, 8)$ eine vereinfachte Schreibweise finden. Schreiben wir nämlich sämtliche geometrische Größen 1. Stufe $(42, 5)$ in ihren Normalformen an, so erhalten wir dafür nach $(42, 22)$ die Darstellungen:

$$(42, 26) \qquad \mathfrak{s}_{h1} = s_{h1} \mathfrak{g}_{h1}', \quad \mathfrak{s}_{h2} = s_{h2} \mathfrak{g}_{h2}', \quad \ldots, \quad \mathfrak{s}_{hr} = s_{hr} \mathfrak{g}_{hr}',$$

durch die Bildung ihres Produktes und Zusammenziehen aller Zahlfaktoren erhalten wir dann:

$$(42, 27) \qquad \sigma_h = \mathfrak{s}_{h_1} \mathfrak{s}_{h_2} \ldots \mathfrak{s}_{h_r} = s_{h_1} s_{h_2} \ldots s_{h_r} \, \mathfrak{g}'_{h_1} \mathfrak{g}'_{h_2} \ldots \mathfrak{g}'_{h_r} .$$

Vergleichen wir diese Darstellung jetzt mit der Normalform oder geometrischen
Größe r-ter Stufe selbst

$$(42, 28) \qquad \sigma_h = s_h \gamma'_h ,$$

so können wir aber zeigen, daß die grundlegenden Beziehungen

$$(42, 29) \qquad s_h = s_{h_1} s_{h_2} \ldots s_{h_r} \quad \text{oder} \quad \left| \sigma_h \right| = \left| \mathfrak{s}_{h_1} \right| \left| \mathfrak{s}_{h_2} \right| \ldots \left| \mathfrak{s}_{h_r} \right| ,$$
$$\gamma'_h = \mathfrak{g}'_{h_1} \mathfrak{g}'_{h_2} \ldots \mathfrak{g}'_{h_r}$$

bestehen müssen, denn es ist wegen (42, 5) und (42, 10)

$$s_{h_1} s_{h_2} \ldots s_{h_r} = \left(\sum_{k_1=1}^{s} s^2_{h_1 k_1} \right) \left(\sum_{k_2=1}^{s} s^2_{h_2 k_2} \right) \ldots \left(\sum_{k_r=1}^{s} s^2_{h_r k_r} \right)$$
$$= \sum_{k_1, k_2, \ldots, k_r = 1, 1, \ldots, 1}^{s, s, \ldots, s} \cdot (s_{h_1 k_1} s_{h_2 k_2} \ldots s_{h_r k_r})^2 = \sum_{k=1}^{t} s^2_{h k} ,$$

womit der Beweis sofort erbracht ist. Somit haben wir den Satz:

(42, 30)   Die abgeleitete geometrische Einheit γ'_h einer beliebigen allgemeinen,
            geometrischen Größe r-ter Stufe σ_h, die als allgemeines Produkt von
            r geometrischen Größen 1. Stufe $\mathfrak{s}_{h_1}, \mathfrak{s}_{h_2}, \ldots, \mathfrak{s}_{h_r}$ darstellbar ist, kann
            immer als ein allgemeines Produkt der abgeleiteten geometrischen Ein-
            heiten $\mathfrak{g}'_{h_1}, \mathfrak{g}'_{h_2}, \ldots, \mathfrak{g}'_{h_r}$ der Faktoren $\mathfrak{s}_{h_1}, \mathfrak{s}_{h_2}, \ldots, \mathfrak{s}_{h_r}$ dargestellt werden.

Wir haben eine geometrische Größe r-ter Stufe als ein Produkt von r geometrischen Größen 1. Stufe dargestellt. Wir fragen uns jetzt: Können wir eine
beliebige, durch ihre kartesischen, rechtwinkligen Koordinaten s_{hk} in (42, 17)
willkürlich gegebene Größe r-ter Stufe auch immer als ein Produkt von r geometrischen Größen 1. Stufe darstellen? Die Antwort auf diese Frage lautet im
allgemeinen nein. Dies ergibt sich leicht durch eine genauere Betrachtung unserer
Gleichungen (42, 10) links. Hierin sind die Indizes h_1, h_2, ..., h_r bzw. der Index h
in (42, 7) als fest gegeben anzusehen. Die Indizes k_1, k_2, ..., k_r bzw. k in (42, 10)
können irgend eine Variation der r-ten Klasse mit Wiederholung der Elemente
1, 2, 3, ..., s darstellen. Somit haben wir ein System von insgesamt $t = s^r$ Gleichungen der Form

$$(42, 31) \qquad s_{hk} = s_{h_1 k_1} s_{h_2 k_2} \ldots s_{h_r k_r}$$

als gegeben anzusehen. Darin sind die t Zahlen links gegeben, hingegen die $r \cdot s$
unbekannten Zahlen $s_{h_i k_i}$ rechts gesucht. Da die Anzahl der Gleichungen $t = s^r$
in der Regel immer größer sein wird als die Anzahl der Unbekannten $s \cdot r$, so kann
das Gleichungssystem ein bestimmtes Lösungssystem besitzen. Es kann aber
auch unlösbar sein und braucht dann ein bestimmtes Lösungssystem nicht auf-
zuweisen. Die Anzahl der Gleichungen wird gleich der Anzahl der Unbekannten,
wenn die Bedingung $s^r = s \cdot r$ erfüllt ist. Dies ist nur, wie man leicht zeigen kann,
für die Sonderfälle $r = 1$, $s = $ beliebig und $r = s = 2$ der Fall. Diese Betrachtungen veranlassen uns deshalb zu einer neuen Definition: Unter einer *einfachen*

geometrischen Größe r-ter Stufe verstehen wir eine geometrische Größe r-ter Stufe, die sich als allgemeines Produkt von r geometrischen Größen 1. Stufe darstellen läßt. Jede andere geometrische Größe r-ter Stufe nennen wir eine *zusammengesetzte geometrische Größe r-ter Stufe*. Eine solche zusammengesetzte geometrische Größe 2. Stufe im Falle $s = 5$ ist z. B. die Größe $\mathfrak{g}_2\mathfrak{g}_3 + \mathfrak{g}_4\mathfrak{g}_5$. Sie ist tatsächlich nicht mehr als allgemeines Produkt zweier geometrischer Größen 1. Stufe darstellbar.

Wir haben erklärt, wie wir geometrische Größen r-ter Stufe gleichsetzen, addieren, subtrahieren und mit Zahlen vervielfachen können usw., jetzt wollen wir auch noch erklären, wie wir geometrische Größen beliebiger Stufen allgemein miteinander multiplizieren können. Es seien also zwei Größen α und β von r-ter bzw. q-ter Stufe im Hauptgebiet s-ter Stufe gegeben:

$$(42, 32) \qquad \alpha = \sum_{p=1}^{t} a_p \gamma_p, \quad t = s^r, \quad \gamma_p = \mathfrak{g}_{i_1}\mathfrak{g}_{i_2}\cdots\mathfrak{g}_{i_r}, \quad (i_1, i_2, \ldots, i_r) = p$$

Variation r-ter Klasse mit Wiederholung aus den Elementen $1, 2, \ldots, s$.

$$(42, 33) \qquad \beta = \sum_{m=1}^{v} b_m \gamma_m, \quad v = s^q, \quad \gamma_m = \mathfrak{g}_{k_1}\mathfrak{g}_{k_2}\cdots\mathfrak{g}_{k_q}, \quad (k_1, k_2, \ldots, k_q) = m$$

Variation q-ter Klasse mit Wiederholung aus den Elementen $1, 2, \ldots, s$.

Dann verstehen wir unter ihrem *allgemeinen Produkt* jenen Ausdruck, den wir erhalten, wenn wir jedes Glied mit jedem Glied in den Summen miteinander multiplizieren, die Zahlenfaktoren zusammenziehen und die Reihenfolge der geometrischen Einheiten in den Produkten ungeändert lassen:

$$(42, 34) \qquad \alpha\beta = (\sum_{p=1}^{t} a_p \gamma_p)(\sum_{m=1}^{v} b_m \gamma_m) =$$

$$= \sum_{p=1}^{t}\sum_{m=1}^{v} a_p b_m \gamma_p \gamma_m = \sum_{p,\,m=1,\,1}^{t,\,v} a_p b_m \gamma_p \gamma_m \cdot$$

Setzen wir darin

$$(42, 35) \qquad\qquad \sigma = \alpha\beta, \quad s_l = a_p b_m, \quad \gamma_l = \gamma_p \gamma_m,$$

dann erhalten wir die Darstellung:

$$(42, 36) \qquad\qquad \sigma = \sum_{l=1}^{w} s_l \gamma_l, \quad \gamma_l = \mathfrak{g}_{i_1}\mathfrak{g}_{i_2}\cdots\mathfrak{g}_{i_r}\mathfrak{g}_{k_1}\mathfrak{g}_{k_2}\cdots\mathfrak{g}_{k_q}$$

Variation $(r + p)$-ter Klasse mit Wiederholung aus den Elementen $1, 2, \ldots, s$,

$$(i_1, i_2, \ldots, i_r, k_1, k_2, \ldots, k_q) = l$$

d. h. das Produkt σ ist allgemein eine geometrische Größe $(r + q)$-ter Stufe mit insgesamt

$$(42, 37) \qquad\qquad w = s^{r+q} = s^r \cdot s^q = t \cdot v$$

Ableitungszahlen p_l, denn γ_l ist dann tatsächlich eine geometrische Einheit der $(r + q)$-ten Stufe. Fügt man nämlich zu jeder Variation p in (42, 32) alle Variationen m in (42, 33) hinzu, so ergeben sich daraus wieder alle Variationen l in (42, 36). Dabei geben zwei bestimmt numerierte Glieder p und m der Summen α in (42, 32) und β in (42, 33) ein ganz bestimmt numeriertes Glied l in der Summe σ

in (42, 36), die somit das allgemeine Produkt von α und β darstellt, vorausgesetzt natürlich, daß alle Variationen lexikographisch geordnet sind, was wir stets annehmen wollen. Zur Bildung der Produkte beliebig vieler, geometrischer Größen beliebiger Stufenzahlen benützen wir wieder die Klammerregel

$$(42, 38) \qquad \alpha\,\beta\,\delta\,\varphi\,\chi \ldots = \{[(\alpha\,\beta)\,\delta]\,\varphi\}\,\chi \ldots .$$

Das *skalare Produkt zweier geometrischen Größen derselben Stufe* erklären wir in derselben Art, siehe den Vergleich (42, 17), wie für geometrische Größen 1. Stufe in (39, 86) und (39, 87). Ferner erklären wir auch den *Quotient zweier geometrischen Größen derselben Stufe* in derselben Art — siehe den Vergleich in (42, 17) — wie in (41, 9) und (41, 10). Es können dann wieder nur kongruente, geometrische Größen derselben Stufenzahl durcheinander dividiert werden.

Damit sind wir mit der Erklärung der einfachen Grundrechenoperationen für Größen höherer Stufen fertig. Wir gehen jetzt zu den speziellen Gattungen der Multiplikation der geometrischen Größen höherer Stufen über.

43. Die symmetrischen, zirkulären und linearen Gattungen der Multiplikation geometrischer Größen 1. Stufe.

Unsere allgemeinen, geometrischen Größen r-ter Stufe stellen, wie wir schon erklärt haben, im Prinzip geometrische Größen dar, die aus einem System von $t = s^r$ geometrischen Einheiten (42, 12) der Form (42, 1) mittels Verwendung von t Ableitungszahlen abgeleitet werden können. Wie dieses System der neuen geometrischen Einheiten (42, 12) aussieht, und wie aus den ursprünglichen Einheiten $\mathfrak{g}_1, \mathfrak{g}_2, \ldots, \mathfrak{g}_s$ die neuen Produkte der Einheiten (42, 1) abzuleiten sind, darüber sagt vorläufig unsere Definition des Produktes r-ter Stufe von r geometrischen Größen 1. Stufe (42, 8) und (42, 9) noch nichts aus.

Soll jetzt der Begriff eines speziellen besonderen Produktes genau festgestellt werden, so müssen über das System dieser $t = s^r$ geometrischen Einheiten r-ter Stufe (42, 12) noch besondere Bestimmungen getroffen werden. Diese Bestimmungen nennt Grassmann *das System der die Produktbildung näher bestimmenden Beziehungsgleichungen*. Die einfachste und zugleich allgemeinste Beziehungsgleichung, die man überhaupt aufstellen kann, zeigt die folgende Form:

$$(43, 1) \qquad \sum_{i_1=1}^{s} \sum_{i_2=1}^{s} k_{i_1 i_2}\, \mathfrak{g}_{i_1}\, \mathfrak{g}_{i_2} = (\mathit{H})_2 .$$

$(\mathit{H})_2$ ist darin die geometrische Nullgröße der 2. Stufe. Die Summe ist in der Formel zu erstrecken über alle s^2 Variationen (i_1, i_2) der zweiten Klasse der s Elementen $1, 2, \ldots, s$. Darin sind die $k_{i_1 i_2}$ beliebige, aber festgegebene reelle Zahlen. Einer besonderen speziellen Art der Multiplikation kann dabei die gleichzeitige Gültigkeit auch mehrerer Beziehungsgleichungen derselben Form (43, 1) zugrunde gelegt werden. Um weiter aus diesen Beziehungsgleichungen (43, 1) allgemeine Beziehungsgleichungen für Produkte von r geometrischen Einheiten zu erhalten, wollen wir uns die Gleichungen (43, 1) rechts und links mit Produkten von beliebig vielen, geometrischen Einheiten allgemein multipliziert denken, und zwar so, daß im ganzen Produkte von r ursprünglichen geometrischen Einheiten 1. Stufe entstehen. Sind

$$(43, 2) \qquad h_1,\ h_2,\ \ldots,\ h_k,\ h_{k+1},\ \ldots,\ h_{r-3},\ h_{r-2}$$

beliebige $r - 2$ reelle Zahlen aus der Reihe 1, 2, ..., s, so können bei fester Wahl dieser Zahlen (43, 2) die allgemeinsten Beziehungsgleichungen zwischen den Einheitenprodukten (42, 12) in der Form

$$(43, 3) \qquad \sum_{i_1=1}^{s} \sum_{i_2=1}^{s} k_{i_1 i_2} \, \mathfrak{g}_{h_1} \, \mathfrak{g}_{h_2} \cdots \mathfrak{g}_{h_k} \, \mathfrak{g}_{i_1} \, \mathfrak{g}_{i_2} \, \mathfrak{g}_{h_{k+1}} \cdots \mathfrak{g}_{h_{r-3}} \, \mathfrak{g}_{h_{r-2}}$$

geschrieben werden. Sind die Beziehungsgleichungen (43, 1) gegeben, so erhalten wir daraus mittels dieses Vorganges sofort alle Beziehungsgleichungen für die Einheitenprodukte (43, 3). Wir wenden daher unser Augenmerk von nun an nur mehr den Beziehungsgleichungen der Form (43, 1) zu. Es können natürlich auch noch viel allgemeinere Beziehungsgleichungen als (43, 1) verwendet werden.

(43, 4) Man kann z. B. einer Summe von mit Zahlen vervielfachten ursprünglichen, geometrischen, Einheiten r-ter Stufe wiederum eine ganz genau bestimmte Summe von mit Zahlen vervielfachten ursprünglichen, geometrischen Einheiten s-ter Stufe durch eine oder auch mehrere Beziehungsgleichungen einander zuordnen, wie dies z. B. in der Theorie der Quaternionen und der höheren komplexen Zahlen geschieht. Im Sonderfall $r = 2$ und $s = 1$ spricht man dann von *komplexen Zahlen im engeren Sinne*.

Wir wollen von der Aufzählung dieser ungeheuren Zahl überhaupt möglicher Zuordnungsgesetze absehen und an geeigneter Stelle darauf hinweisen. Schon das gewöhnliche Ex-Produkt oder äußere Produkt der Vektorrechnung im dreidimensionalen Raume verwendet derartige Zuordnungsgesetze. Durch diese Gesetze können allgemein den geometrischen Größen s-ter Stufe die geometrischen Größen r-ter Stufe usw. geometrisch nach irgend einem Schema zugeordnet werden. Die Beziehungsgleichungen stellen dann nichts anderes als geometrische Verwandtschaften allgemeinster Art dar. Die bekanntesten geometrischen Verwandtschaften sind dabei jene, wo den geometrischen Größen r-ter Stufe die geometrischen Größen $q = s - r$-ter Stufe im Falle $0 \leq r < s$ zugeordnet werden. Gilt aber $r \geq s$, wobei s natürlich wie immer die Stufe des Hauptgebietes ist, so werden dabei immer den geometrischen Größen r-ter Stufe nach der Formel $t = r - k \cdot s$, wobei k eine positive ganze Zahl ist, den geometrischen Größen t-ter Stufe mit $0 \leq t < s$ nach einem ganz bestimmten Gesetz zugeordnet. Den *Blöcken*, nämlich den *geometrischen Größen s-ter Stufe*, entsprechen dabei in der Regel die *Zahlen*, das sind *die geometrischen Größen 0-ter Stufe*. Die ganze geometrische Verwandtschaft wird dann als *Dualitätsprinzip der Geometrie* bezeichnet.

Jetzt gehen wir zur Besprechung der wichtigsten Gruppen von Multiplikationen geometrischer Größen, die alle zunächst denselben Charakter zeigen, an Hand besonderer Formen der Beziehungsgleichungen (43, 1), über.

Erstens: Wir sprechen von einer *symmetrischen Multiplikation*, wenn das System der Beziehungsgleichungen (43, 1) seine Gültigkeit nicht verliert, wenn darin

(43, 5) $\mathfrak{g}_{i_1}$ durch $- \mathfrak{g}_{i_1}$ bzw. $\mathfrak{g}_{i_2}$ durch $- \mathfrak{g}_{i_2}$ ersetzt wird und wenn darin $\mathfrak{g}_{i_1}$ bzw. $\mathfrak{g}_{i_2}$ durch irgend eine ursprüngliche Einheit aus der Reihe $\mathfrak{g}_1, \mathfrak{g}_2, ..., \mathfrak{g}_s$ ersetzt wird.

Zweitens: Wir sprechen von einer *zirkulären Multiplikation allgemeiner Art*, wenn das gegebene System der Beziehungsgleichungen (43, 1) seine Gültigkeit nicht verliert, wenn darin

(43, 6)　$\mathfrak{g}_{i_1}$ ersetzt wird durch $\mathfrak{x} = x_1\mathfrak{g}_{i_1} + x_2\mathfrak{g}_{i_2}$ und gleichzeitig $\mathfrak{g}_{i_2}$ ersetzt wird durch $\mathfrak{y} = y_1\mathfrak{g}_{i_1} + y_2\mathfrak{g}_{i_2}$. Darin können $i_1 \neq i_2$ beliebig aus der Reihe 1, 2, . . ., s gewählt werden. x_1, x_2, y_1, y_2 sind dabei frei wählbare, reelle Zahlen.

(43, 7)　Im Sonderfall $y_1 = -x_2$, $y_2 = +x_1$, $x_1^2 + x_2^2 = 1$ spricht man dabei von einer *zirkulären Multiplikation positiver Art* und

(43, 8)　im Sonderfall $y_1 = +x_2$, $y_2 = -x_1$, $x_1^2 + x_2^2 = 1$ hingegen von einer *zirkulären Multiplikation negativer Art*

oder (**43, 7**) und (**43, 8**) zusammengefaßt:

(43, 9)　Wir sprechen von einer *zirkulären Multiplikation positiver (negativer) Art* oder in beiden Fällen von *zirkulärer Multiplikation schlechtweg*, wenn das gegebene System der Beziehungsgleichungen (43, 1) seine Gültigkeit nicht verliert, wenn darin $\mathfrak{g}_{i_1}$ ersetzt wird durch $\mathfrak{x} = x_1\mathfrak{g}_{i_1} + x_2\mathfrak{g}_{i2}$ und gleichzeitig $\mathfrak{g}_{i_2}$ ersetzt wird durch $\mathfrak{x}' = -x_2\mathfrak{g}_{i_1} + x_1\mathfrak{g}_{i_2}$ (gleichzeitig $\mathfrak{g}_{i2}$ ersetzt wird durch $\mathfrak{x}'' = x_2\mathfrak{g}_{i_1} - x_1\mathfrak{g}_{i_2}$), wobei in beiden Fällen gleichzeitig noch $x_1^2 + x_2^2 = 1$ gilt und $\mathfrak{g}_{i_1} \neq \mathfrak{g}_{i_2}$ aus der Reihe $\mathfrak{g}_1$, $\mathfrak{g}_2$, . . ., $\mathfrak{g}_s$ gewählt werden kann.

Drittens: Wir sprechen von einer *linearen Multiplikation*, wenn das gegebene System der Beziehungsgleichungen (43, 1) seine Gültigkeit nicht verliert, wenn darin

(43, 10)　$\mathfrak{g}_{i_1}$ bzw. $\mathfrak{g}_{i_2}$ jederzeit durch $\mathfrak{x} = x_1\mathfrak{g}_1 + x_2\mathfrak{g}_2 + \cdots + x_s\mathfrak{g}_s$ bzw. durch $\mathfrak{y} = y_1\mathfrak{y}_1 + y_2\mathfrak{y}_2 + \cdots + y_s\mathfrak{g}_s$ ersetzt werden kann. $\mathfrak{g}_{i_1}$ und $\mathfrak{g}_{i_2}$ können dabei beliebig aus der Reihe $\mathfrak{g}_1$, $\mathfrak{g}_2$, . . ., $\mathfrak{g}_s$ gewählt werden. x_1, x_2, . . ., x_s sowie y_1, y_2, . . ., y_s sind dabei beliebige s frei wählbare, reelle Zahlen.

GRASSMANN zeigt nun durch seine Untersuchungen, daß ein System (43, 1) von Beziehungsgleichungen diesen Forderungen entspricht, wenn es folgende Form besitzt:

(43, 11)　　(1)　$\mathfrak{g}_{i_1}\,\mathfrak{g}_{i_2} = \mathfrak{g}_{i_2}\,\mathfrak{g}_{i_1}$　　$\Big\}$　$i_1 \neq i_2$ beide aus der Reihe 1, 2, . . ., s,

　　　　　　(2)　$\mathfrak{g}_{i_1}\,\mathfrak{g}_{i_2} = -\,\mathfrak{g}_{i_2}\,\mathfrak{g}_{i_1}$

　　　　　　(3)　$\mathfrak{g}_1\,\mathfrak{g}_1 = \mathfrak{g}_2\,\mathfrak{g}_2 = \cdots = \mathfrak{g}_s\,\mathfrak{g}_s$,

　　　　　　(4)　$\mathfrak{g}_1\,\mathfrak{g}_1 + \mathfrak{g}_2\,\mathfrak{g}_2 + \cdots + \mathfrak{g}_s\,\mathfrak{g}_s = (\widehat{H})_2$.

Je nach der Auswahl zusammengehöriger Systeme dieser Beziehungsgleichungen erhalten wir dann die Grundgesetze der symmetrischen bzw. zirkulären bzw. linearen Multiplikationsgattungen. So ergibt jetzt die Auswahl von Beziehungsgleichungen aus den Gruppen

(43, 12)　　　　(A)　(1), (2), (3), (4)　　symmetrische . . . s

　　　　　　　　(B)　(1), (2, 3), (4)　　zirkuläre . . . . z

　　　　　　　　(C)　(1), (2, 3, 4)　　　lineare l

Multiplikationen. Dabei müssen die in eine Klammer eingeschriebenen Beziehungsgleichungen gleichzeitig als zusammengehörig gültig angesehen werden. Von den in Klammern gestellten Gruppen von Beziehungsgleichungen können dann nach Belieben gar keine, eine, zwei, drei oder vier Gruppen von Beziehungsgleichungen als gleichzeitig gültig angesehen werden. In $(43, 11)$ wird hierbei die Beziehungsgleichung (1) allein nicht geändert durch Vornahme einer zirkulären Transformation $(43, 6)$ allgemeiner Art, während das System der Beziehungsgleichungen $(2, 3)$ zusammengenommen oder die Beziehungsgleichung (4) allein nicht geändert wird durch Vornahme der nur viel spezielleren zirkulären Transformationen $(43, 9)$ positiver oder negativer Art, d. h. der zirkulären Transformationen schlechtweg. Die zirkuläre Transformation allgemeiner Art $(43, 6)$ besitzt deshalb für das Folgende eine nur geringe Bedeutung.

Die *linearen Multiplikationsgattungen* entsprechen dabei geometrischen Operationen, die mittels des Lineals allein, die *zirkulären Multiplikationsgattungen* hingegen geometrischen Operationen, die nur mittels des Zirkels allein konstruktiv räumlich ausgeführt werden können. Fassen wir nämlich g_{i_1} und g_{i_2} als zwei aufeinander senkrecht stehende Einheitsvektoren einer Ebene auf, wobei entsprechend $(39, 14)$ g_{i_1} durch eine Drehung um 90 Grad entgegen dem Uhrzeigersinn in g_{i_2} übergeht, so sind $\mathfrak{x}$ und $\mathfrak{y}$ in $(43, 6)$ zwei beliebig frei wählbare Vektoren der Ebene; hingegen sind dann in $(43, 9)$ $\mathfrak{x}$ und $\mathfrak{x}'$ zwei aufeinander senkrecht stehende Einheitsvektoren, wobei bei zirkulären Multiplikationen positiver Art der Vektor $\mathfrak{x}'$ aus $\mathfrak{x}$ ebenfalls durch eine Drehung um 90 Grad entgegen dem Uhrzeigersinn hervorgeht, während bei zirkulären Multiplikationen negativer Art der Vektor $\mathfrak{x}''$ aus $\mathfrak{x}$ durch eine Drehung um 90 Grad im Uhrzeigersinn gebildet werden kann. Die Größen $\mathfrak{x}$ und $\mathfrak{y}$ in $(43, 10)$ hingegen stellen dann Punkte bzw. Vektoren beliebiger Raumlage dar. Sie können stets mittels des

Tabelle $(43, 13)$. Abkürzungen: symmetrisch $= s$, zirkulär $= z$, linear $= l$.
Beziehungsgleichungen (1), (2), (3), (4) siehe $(43, 11)$.

Nr.	Gleichzeitig gültige Beziehungsgleichungen	s	z	l	Name der Multiplikationsart
1	(2)	—			
2	(3)	—			
3	(1), (2)	—			
4	(1), (3)	—			
5	(2), (4)	—			
6	(3), (4)	—			
7	(1), (2), (4)	—			
8	(1), (3), (4)	—			symmetrische
9	(4)	—	—		
10	(2), (3)	—	—		
11	(1), (4)	—	—		komplexe
12	(1), (2), (3)	—	—		innere
13	gar keine	—	—	—	unbestimmte oder allgemeine
14	(1)	—	—	—	algebraische
15	(2), (3), (4)	—	—	—	äußere
16	(1), (2), (3), (4)	—	—	—	bedeutungslose

Lineals allein konstruiert werden. Soweit die geometrische Deutung und damit die Begriffserklärung.

Je nach der Auswahl der Beziehungsgleichungen aus den Gruppen (43, 12) bzw. (43, 11) ergeben sich jetzt folgende voneinander verschiedene Multiplikationsgattungen. Es sind dabei, wie die vorstehende Tabelle (43, 13) zeigt, von den 16 verschiedenen, möglichen symmetrischen Multiplikationsgattungen nur gleichzeitig 8 zirkulär-entsprechend der Gültigkeit der Forderungen (43, 9) — und von diesen wiederum nur gleichzeitig 4 linear. Die linearen Multiplikationsgattungen besitzen naturgemäß für praktische Berechnungen die größte Bedeutung und werden daher später besonders eingehend untersucht. Die wichtigste symmetrische Multiplikation Nr. 8 der Tabelle nennen wir kurz *symmetrische Multiplikation*. Die anderen Arten der Multiplikationen tragen die üblichen Benennungen.

44. Die verschiedenen Arten der Multiplikation geometrischer Größen erster Stufe.

1. Die allgemeine oder unbestimmte Multiplikation geometrischer Größen erster Stufe.

Diese Art der Produktbildung haben wir im vorstehenden bereits allgemein erklärt und behandelt. Sie schließt gewissermaßen alle nachfolgenden Arten der Produktbildung in sich. Die zugehörigen Produkte sind von uns ohne jedem Produktzeichen und ohne jeder Klammer bezeichnet worden. Es werden hier keinerlei Beziehungsgleichungen zwischen den Produkten der ursprünglichen Einheiten erster Stufe angenommen. Daher rührt auch der Name *allgemeine oder unbestimmte Multiplikation*. Diese Multiplikation ist symmetrisch, zirkulär und linear und erfüllt daher gleichzeitig (43, 5) bis (43, 10). In den Produkten aus r geometrischen Größen 1. Stufe

$$(44, 1) \qquad \sigma_h = \mathfrak{s}_{h_1} \mathfrak{s}_{h_2} \ldots \mathfrak{s}_{h_r} = \sum_{i_1, i_2, \ldots, i_r = 1, 1, \ldots, 1}^{s, s, \ldots, s} s_{h_1 i_1} s_{h_2 i_2} \ldots s_{h_r i_r} \, \mathfrak{g}_{i_1} \mathfrak{g}_{i_2} \ldots \mathfrak{g}_{i_r}$$

sind, wie wir wissen, die Summen über die $t = {}^W V_s^r = s^r$ Variationen $(i_1, i_2, \ldots, i_r)$ der r-ten Klasse der s-Elemente $1, 2, \ldots, s$ zu erstrecken. Das Ergebnis ist eine *allgemeine geometrische Größe der r-ten Stufe* mit t Ableitungszahlen. Wir nennen dabei σ_h im Sonderfall:

$(44, 2) \qquad r = 0 \quad$ *eine Zahl des n-dimensionalen Raumes* mit $s^0 = 1$,

$\qquad\qquad\quad r = 1 \quad$ *einen Pol des n-dimensionalen Raumes* mit $s^1 = s$,

$\qquad\qquad\quad r = 2 \quad$ *eine Dyade dos n-dimensionalen Raumes* mit s^2

$\qquad\qquad\quad r = 3 \quad$ *eine Triade des n-dimensionalen Raumes* mit s^3 $\quad\}$ Ableitungszahlen

$\qquad\qquad\quad r = 4 \quad$ *eine Tetrade des n-dimensionalen Raumes* mit s^4

Denken wir uns als Pole im Produkt (44, 1) speziell Vektoren des n-dimensionalen Raumes gewählt und sehen wir dann von den Gliedern der Summe in (44, 1), die $\mathfrak{g}_1 = \mathfrak{e}_0$ als Faktor enthalten, gänzlich ab, da deren Ableitungszahlen stets gleich null sein müssen, so besitzt dann der Reihe nach im Falle $r = 0, 1, 2, 3, 4, \ldots$ *eine Zahl, ein Vektor, eine Vektordyade, eine Vektortriade, eine Vektortetrade,* $\ldots$ insgesamt der Reihe nach $n^0 = 1$, $n^1 = n$, n^2, n^3, n^4 Ableitungszahlen. Im dreidimensionalen Raume $n = 3$ besitzt somit der Reihe nach eine Zahl, ein

Vektor, eine Vektordyade, eine Vektortriade, eine Vektortetrade, . . . insgesamt 1, 3, 9, 27, 81, . . . Ableitungszahlen. Regeln über das Rechnen mit solchen Größen führen wir erst nach Bekanntgabe des Matrizenkalküls an.

Durch die Annahme von bestimmten Beziehungsgleichungen zwischen den Produkten der Einheitspole $\mathfrak{g}_1$, $\mathfrak{g}_2$, . . ., $\mathfrak{g}_s$ kann die Anzahl t der geometrischen ursprünglichen Einheiten r-ter Stufe nach bestimmten Gesetzen, wie wir nachfolgend sehen werden, verringert werden. Die allgemeinen, geometrischen Größen r-ter Stufe (44, 1) gehen dann in die zugehörigen speziellen geometrischen Größen r-ter Stufe, entsprechend der ihnen zugeordneten speziellen Art der Multiplikation, über. Sie sind dann zumeist aus weniger als $t = s^r$ geometrisch ursprünglichen Einheiten mittels Ableitungszahlen eindeutig ableitbar. Das ist aber der einzige Unterschied zwischen den speziellen und den allgemeinen geometrischen Größen r-ter Stufe.

2. Die algebraische Multiplikation geometrischer Größen 1. Stufe.

Die Beziehungsgleichungen besitzen entsprechend unserer Tabelle (43, 13) die Form:

$$(44, 3) \qquad \mathfrak{g}_{i_1}\,\mathfrak{g}_{i_2} = \mathfrak{g}_{i_2}\,\mathfrak{g}_{i_1}\,, \qquad i_1 \neq i_2 \quad \text{beide aus der Reihe } 1,\,2,\,\ldots,\,s\,.$$

Diese Multiplikation ist symmetrisch, zirkulär und linear und erfüllt daher gleichzeitig wieder die Eigenschaften (43, 5), (43, 6) und (43, 10). Produkte, die alle diese Eigenschaften besitzen, umschließen wir hier mit einer geschlungenen Klammer und kennzeichnen sie dadurch als *algebraische Produkte*. Da, wie wir im III. Kapitel gezeigt haben, irgend eine beliebige Permutation von r-Indizes durch Vornahme einer bestimmten Mindestzahl von Vertauschungen erreicht werden kann, so ergibt das Grundgesetz (44, 3), übertragen auf Produkte von r-Einheitspolen, die folgende verallgemeinerte Beziehungsgleichung:

$$(44, 4) \qquad \{\mathfrak{g}_{i_1}\,\mathfrak{g}_{i_2}\cdots\mathfrak{g}_{i_r}\} = \{\mathfrak{g}_{k_1}\,\mathfrak{g}_{k_2}\cdots\mathfrak{g}_{k_r}\}\,,$$

darin ist $\begin{pmatrix} k_1 & k_2 & \cdots & k_r \\ i_1 & i_2 & \cdots & i_r \end{pmatrix}$ irgend eine beliebige Permutation von r Elementen aus der Reihe 1, 2, 3, . . ., s. Darin können die Indizes $k_1 \leqq k_2 \leqq \cdots \leqq k_r$ fest und die Indizes i_1, i_2, . . ., i_r variabel gewählt werden. Die allgemeine geometrische Größe σ_h in (44, 1) geht für diese besondere Art der Multiplikation in die *spezielle, geometrische, algebraische Größe r-ter Stufe*

$$(44, 5) \qquad \{\sigma_h\} = \{\mathfrak{s}_{h_1}\,\mathfrak{s}_{h_2}\cdots\mathfrak{s}_{h_r}\} = \sum_{i_1,\,i_2,\,\ldots,\,i_r=1,\,1,\,\ldots,\,1}^{s,\,s,\,\ldots,\,s} s_{h_1 i_1}\,s_{h_2 i_2}\cdots s_{h_r i_r}\{\mathfrak{g}_{i_1}\,\mathfrak{g}_{i_2}\cdots\mathfrak{g}_{i_r}\}$$

über. Darin können aber jetzt noch alle Glieder, die durch Permutationen (44, 4) auseinander hervorgehen, zu Gruppen zusammengefaßt werden, so daß sich der Ausdruck (44, 5), der zunächst eine Summe über alle

$$(44, 6) \qquad t = {}^W V_s^r = s^r$$

Variationen $(i_1, i_2, i_3, \ldots, i_r)$ der Indizes 1, 2, . . ., s darstellt auf eine Summe von nur mehr

$$(44, 7) \qquad w = {}^W K_s^r = \binom{s + r - 1}{r}$$

Gliedern, nämlich

$$(44, 8) \qquad \{\sigma_h\} = \{\mathfrak{s}_{h_1}\,\mathfrak{s}_{h_2}\cdots\mathfrak{s}_{h_r}\} = \sum_{k_1 \leqq k_2 \leqq \cdots \leqq k_r} t_{h_1\,h_2\,\ldots\,h_r}^{k_1\,k_2\,\ldots\,k_r}\{\mathfrak{g}_{k_1}\,\mathfrak{g}_{k_2}\cdots\mathfrak{g}_{k_r}\}\,,$$

d. h. auf eine Summe über alle Kombinationen r-ter Klasse $(k_1, k_2, \ldots, k_r)$ mit Wiederholung aus den Elementen 1, 2, $\ldots$, s reduziert. Darin bedeutet noch nachfolgend *der Ausdruck* $t_{h_1\,h_2\,\ldots\,h_r}^{k_2\,k_2\,\ldots\,k_r}$ in (44, 8) eine Summe über alle

$$(44, 9) \qquad {}^W\!P_r^{s_1+s_2+\cdots+s_r} = r!/(s_1!\,s_2!\,\ldots\,s_r!)$$

möglichen Permutationen $(i_1, i_2, \ldots, i_r)$ der Indizes $(k_1, k_2, \ldots, k_r)$ bei fester Auswahl der Indizes $k_1, k_2, \ldots, k_r$ nach dem Grundsatz $k_1 \leqq k_2 \leqq \cdots \leqq k_r$. Unter den Indizes $k_1, k_2, \ldots, k_r$ können dabei insgesamt t verschiedene Gruppen von je $s_1, s_2, \ldots, s_t$ gleichen Elementen aus der Reihe 1, 2, $\ldots$, s vorhanden sein, so daß

$$(44, 10) \qquad s_1 + s_2 + \cdots + s_t = r$$

gilt. Somit gilt also für diesen Ausdruck die Darstellung:

$$(44, 11) \qquad t_{h_1\,h_2\,\ldots\,hr}^{k_1\,k_2\,\ldots\,k_r} = \sum_{i_1,\,i_2,\,\ldots,\,i_r} s_{h_1 i_1}\,s_{h_2 i_2}\,\ldots\,s_{h_r i_r}.$$

3. Die äußere Multiplikation geometrischer Größen 1. Stufe.

a) Da wir die eckige Klammer bis jetzt nur zur Bezeichnung der physikalischen Dimensionen der Größen benützt haben und daher innerhalb dieser eckigen Klammern immer nur kleine lateinische Buchstaben, also Skalare, stehen können, so können wir ohne Befürchtungen von Verwechslungen auch die eckige Klammer zur Bezeichnung der äußeren Produkte geometrischer Größen 1. Stufe, die ja stets durch kleine deutsche Buchstaben bezeichnet werden, verwenden.

Die äußere Multiplikation fordert die gleichzeitige Gültigkeit der Beziehungsgleichungen:

$$(44, 12) \qquad \mathfrak{g}_{i_1}\,\mathfrak{g}_{i_2} = -\,\mathfrak{g}_{i_2}\,\mathfrak{g}_{i_1}, \quad i_1 \neq i_2, \quad \text{aus der Reihe } 1, 2, \ldots, s,$$

$$\mathfrak{g}_1\,\mathfrak{g}_1 = \mathfrak{g}_2\,\mathfrak{g}_2 = \cdots = \mathfrak{g}_s\,\mathfrak{g}_s, \quad \mathfrak{g}_1\,\mathfrak{g}_1 + \mathfrak{g}_2\,\mathfrak{g}_2 + \cdots + \mathfrak{g}_s\,\mathfrak{g}_s = (\mathit{H})_2$$

oder in anderer Form:

$$(44, 13) \qquad \mathfrak{g}_{i_1}\,\mathfrak{g}_{i_1} = (\mathit{H})_2, \quad \mathfrak{g}_{i_1}\,\mathfrak{g}_{i_2} = -\,\mathfrak{g}_{i_2}\,\mathfrak{g}_{i_1},$$

$$i_1 \neq i_2, \quad \text{beide aus der Reihe } 1, 2, \ldots, s.$$

Diese Multiplikation ist symmetrisch, zirkulär und linear und erfüllt daher gleichzeitig wieder die Forderungen (43, 5), (43, 9) und (43, 10). Nun kann, wie wir im III. Kapitel gezeigt haben, irgend eine Permutation von r Indizes durch Vornahme einer bestimmten Mindestzahl von Vertauschungen, die nur gerade oder ungerade sein kann, erzeugt werden. Vertauschen wir in einem äußeren Produkte von Einheitspolen zwei benachbarte Einheitspole miteinander, so ändert sich zufolge (44, 13) das Vorzeichen des Produktes. Das Gesetz (44, 13), verallgemeinert auf r Faktoren, besitzt daher die folgenden beiden Formen:

$$(44, 14) \qquad [\mathfrak{g}_{i_1}\mathfrak{g}_{i_2}\cdots\mathfrak{g}_{i_r}] = (\mathit{H})_r, \quad \text{falls es unter den Indizes } i_1, i_2, \ldots, i_r, \text{ die}$$
alle aus der Reihe 1, 2, $\ldots$, s zu nehmen sind, irgend zwei einander gleiche gibt und

$$[\mathfrak{g}_{i_1}\,\mathfrak{g}_{i_2}\cdots\mathfrak{g}_{i_r}] = (-1)^v\,[\mathfrak{g}_{k_1}\,\mathfrak{g}_{k_2}\cdots\mathfrak{g}_{k_r}],$$

wobei die Reihenfolge der Indizes $k_1 < k_2 < \cdots < k_r$ aus der Reihe 1, 2, $\ldots$, s gewählt werden kann und bei fester Wahl der Indizes $k_1, k_2, \ldots, k_r$ die Permutation $\begin{pmatrix} k_1\,k_2\,\ldots\,k_r \\ i_1\,i_2\,\ldots\,i_r \end{pmatrix} = v$ Fehlstände besitzt.

Der Name *äußere Multiplikation* rührt vom Bestehen der Gleichungen (44, 14) her. Nur wenn die Faktoren des Produktes voneinander verschieden sind, also geometrisch gesprochen jeder Faktor außerhalb des anderen liegt, besitzt das Produkt einen geltenden Wert. Mit Hilfe dieser Beziehungen (44, 14) kann jetzt das allgemeine Produkt

$$(44, 15) \qquad [\sigma_h] = [\mathfrak{z}_{h_1}\, \mathfrak{z}_{h_2} \ldots \mathfrak{z}_{h_r}] = \sum_{i_1,\, i_2,\, \ldots,\, i_r} s_{h_1 i_1}\, s_{h_2 i_2} \cdots s_{h_r i_r} [\mathfrak{g}_{i_1}\, \mathfrak{g}_{i_2} \cdots \mathfrak{g}_{i_r}],$$

welches zunächst wieder eine Summe über alle $^W V_s^r = s^r$ Variationen $(i_1, i_2, \ldots, i_r)$ r-ter Klasse mit Wiederholung aus den Elementen $1, 2, \ldots, s$ darstellt, zunächst durch Anwendung von nur (44, 14) oben reduziert werden auf eine Summe über alle $V_s^r = \binom{s}{r} r!$ Variationen $(i_1, i_2, \ldots, i_r)$ r-ter Klasse ohne Wiederholung aus den Elementen $1, 2, \ldots, s$, zumal die übrigen Produkte mit nur irgend zwei gleichen Indizes ja alle den Wert Null besitzen müssen. Damit die Produktbildung noch einen Sinn hat, muß aber jetzt $1 \leqq r \leqq s$ sein, denn wäre $r > s$, so müßten unbedingt darunter gleiche Elemente vorhanden sein, da es insgesamt nur s voneinander verschiedene Elemente überhaupt gibt. Jedes dann auftretende Produkt von $r > s = n + 1$ Faktoren $\mathfrak{g}_{i_1}, \mathfrak{g}_{i_2}, \ldots, \mathfrak{g}_{i_r}$ müßte daher notwendig gleich null sein. Damit ist aber das gesamte Produkt $[\sigma_h]$ gleich null. Also gilt:

$$(44, 16) \qquad [\mathfrak{z}_{h_1}\, \mathfrak{z}_{h_2} \ldots \mathfrak{z}_{h_r}] = \textcircled{H}_r \quad \text{für} \quad r > s = n + 1.$$

Durch Anwendung der Formel (44, 14) unten kann das Produkt (44, 15), das jetzt eine Summe von V_s^r Gliedern darstellt, aber noch auf eine Summe von K_s^r Gliedern reduziert werden, denn wegen (44, 14) unten sind die möglichen $r!$ voneinander verschiedenen Produkte der Einheitspole $[\mathfrak{g}_{i_1}\, \mathfrak{g}_{i_2} \cdots \mathfrak{g}_{i_r}]$ alle gleich oder entgegengesetzt dem Produkt $[\mathfrak{g}_{k_1}\, \mathfrak{g}_{k_2} \cdots \mathfrak{g}_{k_r}]$, wobei die Indizes $k_1, k_2, \ldots, k_r$ noch der Größe nach geordnet werden können. Somit ergibt sich nach Zusammenziehung aller Glieder die folgende Summe

$$(44, 17) \qquad [\sigma_h] = [\mathfrak{z}_{h_1}\, \mathfrak{z}_{h_2} \ldots \mathfrak{z}_{h_r}] = \sum_{k_1,\, k_2,\, \ldots,\, k_r} d_{h_1\, h_2\, \ldots\, h_r}^{k_1\, k_2\, \ldots\, k_r} [\mathfrak{g}_{k_1}\, \mathfrak{g}_{k_2} \cdots \mathfrak{g}_{k_r}],$$

$$\text{darin ist} \quad k_1 < k_2 < \cdots < k_r, \quad 0 \leqq r \leqq s, \qquad \text{und}$$

$$(44, 18) \qquad d_{h_1\, h_2\, \ldots\, h_r}^{k_1\, k_2\, \ldots\, k_r} = \sum_{i_1,\, i_2,\, \ldots\, i_r,} (-1)^v\, s_{h_1 i_1}\, s_{h_2 i_2} \cdots s_{h_r i_r},$$

$$\text{wobei} \quad \begin{pmatrix} k_1\, k_2\, \ldots\, k_r \\ i_1\, i_2\, \ldots\, i_r \end{pmatrix} = v \ \text{Fehlstände aufweist.}$$

In (44, 17) ist die Summe zu erstrecken über alle $K_s^r = \binom{s}{r}$ Kombinationen ohne Wiederholung $(k_1, k_2, \ldots, k_r)$ der Indizes aus den Elementen $1, 2, \ldots, s$. Die Summanden werden am einfachsten bei lexikographischer Anordnung der Kombinationen summiert. Dabei soll stets $k_1 < k_2 < \cdots < k_r$ sein. In (44, 18) hingegen ist die Summe zu erstrecken über alle $P_r = r!$ Permutationen $(i_1, i_2, \ldots, i_r)$ von $(k_1, k_2, \ldots, k_r)$ bei fester Auswahl der Indizes $k_1, k_2, \ldots, k_r$ nach dem eben genannten Gesetz $k_1 < k_2 < \cdots < k_r$ aus der Reihe $1, 2, \ldots, s$ und bei veränderlicher Wahl der Indizes $i_1, i_2, \ldots, i_r$ als Permutation von $(k_1, k_2, \ldots, k_r)$. Einen Ausdruck mit dem Bildungsgesetz (44, 18) nennt man eine *Determinante*.

Man schreibt diesen Ausdruck auch symbolisch in der folgenden Form:

$$(44, 19) \qquad d_{h_1 h_2 \ldots h_r}^{k_1 k_2 \ldots k_r} = \begin{vmatrix} s_{h_1 k_1} s_{h_1 k_2} \cdots s_{h_1 k_r} \\ s_{h_2 k_1} s_{h_2 k_2} \cdots s_{h_2 k_r} \\ \cdot \quad \cdot \quad \cdot \quad \cdot \quad \cdot \quad \cdot \\ s_{h_r k_1} s_{h_r k_2} \cdots s_{h_r k_r} \end{vmatrix} = \sum_{i_1, i_2, \ldots i_r} (-1)^v \, s_{h_1 i_1} s_{h_2 i_2} \cdots s_{h_r i_r} \, .$$

Die Summe darin ist über die $r!$ Permutationen $\begin{pmatrix} k_1 \, k_2 \, \ldots \, k_r \\ i_1 \, i_2 \, \ldots \, i_r \end{pmatrix} = v$, wo v die Anzahl der Fehlstände jeder Permutation ist, zu erstrecken. Darin sind die Indizes $k_1 < k_2 < \cdots < k_r$ fest gewählt und die Indizes $i_1, i_2, \ldots, i_r$ variabel, und beide Indizesreihen sind aus der Reihe 1, 2, ..., s zu wählen.

Weist das Produkt (44, 17) genau $r = s$ Faktoren auf, so gibt es nur $K_s^s = 1$, eine einzige Kombination $(k_1, k_2, \ldots, k_s)$ der Indizes aus der Reihe 1, 2, ..., s, nämlich die Kombination (1, 2, ..., s) selbst; d. h. die Summe (44, 17) erstreckt sich dann nur über ein einziges Glied und erhält die Form

$$(44, 20) \qquad [\sigma_h] = [\mathfrak{s}_{h_1} \mathfrak{s}_{h_2} \ldots \mathfrak{s}_{h_s}] = d_{h_1 h_2 \ldots h_s}^{1 \; 2 \; \ldots \; s} [\mathfrak{g}_1 \mathfrak{g}_2 \cdots \mathfrak{g}_s] \, ,$$

darin ist

$$(44, 21) \qquad d_{h_1 h_2 \ldots h_s}^{1 \; 2 \; \ldots \; s} = \sum_{i_1, i_2, \ldots, i_s} (-1)^v \, s_{h_1 i_1} s_{h_2 i_2} \cdots s_{h_s i_s} \, ,$$

wobei $\begin{pmatrix} 1 \; 2 \; \ldots \; s \\ i_1 \, i_2 \, \ldots \, i_s \end{pmatrix} = v$ die Anzahl der Fehlstände ist.

Die Determinante

$$(44, 22) \qquad d_{h_1 h_2 \ldots h_s}^{1 \; 2 \; \ldots \; s} = \begin{vmatrix} s_{h_1 1} \cdots s_{h_1 s} \\ \cdot \quad \cdot \quad \cdot \quad \cdot \quad \cdot \\ s_{h_s 1} \cdots s_{h_s s} \end{vmatrix}$$

ist dann eine Summe über alle $P_s = s!$ Permutationen $\begin{pmatrix} 1 \; 2 \; \ldots \; s \\ i_1 \, i_2 \, \ldots \, i_s \end{pmatrix} = v$. Weist das Produkt (44, 17) hingegen genau $r = s - 1$ Faktoren auf, so gibt es $K_s^{s-1} = s$ verschiedene Kombinationen $(k_1, k_2, \ldots, k_{s-1})$ der Indizes aus der Reihe 1, 2, ..., s. Die Summe (44, 17) erstreckt sich dann genau über s Glieder. Sie kann daher in diesem Falle wieder einer geometrischen Größe 1. Stufe mit ihren s Ableitungszahlen zugeordnet werden.

Diese Betrachtungen können verallgemeinert werden. Wir unterscheiden dabei zwei verschiedene Fälle. Weist nämlich ein äußeres Produkt σ_h *im 1. Falle* r Faktoren auf, so besitzt es nach (44, 17) im Hauptgebiete $s = n + 1$-ter Stufe, wie wir gefunden haben, K_s^r Ableitungszahlen, nämlich die in (44, 18) angegebenen Determinanten. Besitzt hingegen das äußere Produkt genau $q = s - r$ Faktoren, so besitzt es $K_s^q = K_s^{s-r} = K_s^r$, d. h. also genau wieder dieselbe Anzahl von Ableitungszahlen. Das *Dualitätsprinzip der Geometrie* macht von dieser Eigenschaft in umfangreicher Art und Weise Gebrauch. Auf Grund dieses Prinzipes werden nämlich allen möglichen r-faktorigen Produkten in einer ganz bestimmten eindeutigen Weise mittels des *Begriffes der Ergänzung* alle möglichen $s - r$-faktorigen Produkte zugeordnet. Dadurch ergeben sich geometrische Verwandtschaften allgemeinster Art.

Kommen *im zweiten Falle* lediglich nur äußere Produkte von Vektoren allein zur Anwendung, wie etwa in der reinen Vektorrechnung, d. h. bewegt man sich also im Vektorgebiet n-ter Stufe des n-dimensionalen Raumes, dann besitzt ein äußeres Produkt von r Vektoren nur K_n^r Ableitungszahlen (da alle übrigen Ableitungszahlen in deren zugeordneten Einheitenprodukten $\mathfrak{g}_1 = e_0$ vorkommt, ja gleich null sein müssen und daher weggelassen werden können). Somit besitzt ein äußeres Produkt von $n - r$ Vektoren dann $K_n^{n-r} = K_n^r$, d. h. also wieder dieselbe Anzahl von Ableitungszahlen. Das *Dualitätsprinzip der Geometrie* ordnet deshalb in diesem Falle den r-faktorigen Vektorprodukten die $(n - r)$-faktorigen Vektorprodukte eindeutig nach einem bestimmten Gesetze, nämlich der *Ergänzung* zu.

b) Da im ersten (zweiten) Falle unter a) die Produkte von s (n) Faktoren speziell den Produkten von null (null) Faktoren, also den geometrischen Größen nullter Stufe, d. h. den Zahlen zugeordnet werden, so verwendet man bei Annahme allgemeinerer Beziehungsgleichungen der Form (43, 4) für diese Produkte neben (44, 14) oben und unten fast immer die Gültigkeit der wichtigen weiteren Beziehungsgesetze

Im 1. Fall für das Rechnen   Im 2. Fall für das Rechnen
mit Polen   mit Vektoren

$$(44, 23) \qquad [\mathfrak{g}_1 \mathfrak{g}_2 \ldots \mathfrak{g}_s] = + 1 \qquad \text{bzw.} \qquad [\bar{e}_1 \bar{e}_2 \ldots \bar{e}_n] = + 1.$$

Mit Anwendung dieser Beziehung geht dann die Formel (44, 20) über in die folgende Beziehung:

$$(44, 24) \quad [\sigma_h] = [\mathfrak{s}_{h_1} \mathfrak{s}_{h_2} \ldots \mathfrak{s}_{h_s}] = d_{h_1 \, h_2 \ldots h_s}^{1 \; 2 \; \ldots \; s}, \quad [\sigma_h] = [\bar{\mathfrak{s}}_{h_1} \bar{\mathfrak{s}}_{h_2} \ldots \bar{\mathfrak{s}}_{h_n}] = d_{h_1 \, h_2 \ldots h_n}^{1 \; 2 \; \ldots \; n},$$

worin die $\mathfrak{s}_{h_1}$, $\mathfrak{s}_{h_2}$, $\ldots$, $\mathfrak{s}_{h_s}$ entweder alle Pole oder auch alle zugleich Vektoren, wie in der zweiten Formel rechts angedeutet, bedeuten können, je nachdem der erste oder der zweite Fall vorliegt, d. h. je nachdem wir uns also im Hauptgebiete s-ter Stufe oder allein im Vektorgebiete n-ter Stufe, welches in diesem Falle selbst zugleich als Hauptgebiet aufgefaßt werden muß, bewegen.

Die Determinante in (44, 24) stellt immer eine Zahl dar und kann deshalb entweder nur gleich einer positiven oder einer negativen reellen Zahl sein. Ist nun die Determinante in (44, 24) gleich einer positiven reellen Zahl, so sagen wir dann, *die geometrischen Größen* $\mathfrak{s}_{h_1}$, $\mathfrak{s}_{h_2}$, $\ldots$, $\mathfrak{s}_{h_s}$ bzw. im Vektorgebiet *die Vektoren* $\bar{\mathfrak{s}}_{h_1}$, $\bar{\mathfrak{s}}_{h_2}$, $\ldots$, $\bar{\mathfrak{s}}_{h_k}$ *sind einer Rechtsschraubung entsprechend angeordnet* oder *bilden ein Rechtssystem*. Ist hingegen die Determinante in (44, 24) gleich einer negativen reellen Zahl, so sagen wir, *die geometrischen Größen* $\mathfrak{s}_{h_1}$, $\mathfrak{s}_{h_2}$, $\ldots$, $\mathfrak{s}_{h_s}$ bzw. im Vektorgebiet *die Vektoren* $\bar{\mathfrak{s}}_{h_1}$, $\bar{\mathfrak{s}}_{h_2}$, $\ldots$, $\bar{\mathfrak{s}}_{h_k}$ *sind einer Linksschraubung entsprechend angeordnet* oder *bilden ein Linkssystem*. Entsprechend der Definitionsgleichung (44, 32) bilden dann unsere *Grundpole* $\mathfrak{g}_1$, $\mathfrak{g}_2$, $\ldots$, $\mathfrak{g}_s$ immer ein Rechtssystem. Ebenso bilden im Vektorgebiet unsere *Grundvektoren* $\bar{e}_1$, $\bar{e}_2$, $\ldots$, $\bar{e}_n$ stets ein Rechtssystem.

c) Im dreidimensionalen Raume verwendet man entsprechend den vorhergehenden Überlegungen im Falle $n = 3$ im Vektorgebiet als Hauptgebiet, also in der Vektorrechnung die sogenannte *vektorielle Multiplikation*, die eine Abart der äußeren Multiplikation darstellt und die ebenfalls viel speziellere Beziehungsgleichungen der Form (43, 4) für Produkte von zwei Einheitsvektoren anwendet, nämlich:

$$[\bar{e}_1 \bar{e}_1] = \bar{0}, \qquad [\bar{e}_1 \bar{e}_2] = + \bar{e}_3, \qquad [\bar{e}_1 \bar{e}_3] = - \bar{e}_2,$$
$$[\bar{e}_2 \bar{e}_1] = - \bar{e}_3, \qquad [\bar{e}_2 \bar{e}_2] = \bar{0}, \qquad [\bar{e}_2 \bar{e}_3] = + \bar{e}_1,$$
$$[\bar{e}_3 \bar{e}_1] = + \bar{e}_2, \qquad [\bar{e}_3 \bar{e}_2] = - \bar{e}_1, \qquad [\bar{e}_3 \bar{e}_3] = \bar{0},$$

d. h. es werden also hier, entsprechend dem Prinzip der Dualität in der Geometrie, den äußeren Produkten von $r = 2$ Einheitsvektoren, wie schon besprochen, Produkte von $q = n - r = 3 - 2 = 1$ Einheitsvektoren, d. h. also den Einheitsvektoren selbst zugeordnet.

Die Gültigkeit der Gesetze (44, 14) bleibt dabei erhalten. Ferner gilt hier auch wieder die Formel (44, 23) und (44, 24) für $n = 3$, also

$$[\bar{e}_1 \bar{e}_2 \bar{e}_3] = + 1.$$

Die Produkte von zwei gleichen Einheitsvektoren werden dabei gleich dem Nullvektor gesetzt. Statt der Bezeichnung durch eckige Klammern verwendet man in der Vektorrechnung zumeist das Mal-Zeichen, auch *Ex-Zeichen* — wegen des Namens *Ex-Produkt* statt äußeres Produkt — genannt, so daß man dann schreibt

$$
(44, 25) \qquad
\begin{aligned}
\bar{e}_1 \times \bar{e}_1 &= \bar{o}, & \bar{e}_1 \times \bar{e}_2 &= + \bar{e}_3, & \bar{e}_1 \times \bar{e}_3 &= - \bar{e}_2, \\
\bar{e}_2 \times \bar{e}_1 &= - \bar{e}_3, & \bar{e}_2 \times \bar{e}_2 &= \bar{o}, & \bar{e}_2 \times \bar{e}_3 &= + \bar{e}_1, \\
\bar{e}_3 \times \bar{e}_1 &= + \bar{e}_2, & \bar{e}_3 \times \bar{e}_2 &= - \bar{e}_1, & \bar{e}_3 \times \bar{e}_3 &= \bar{o}, \\
\end{aligned}
$$
$$[\bar{e}_1 \bar{e}_2 \bar{e}_3] = + 1.$$

Die Aufstellung der Beziehungsgleichungen der vektoriellen Multiplikation für n-dimensionale Räume erfordert zuerst die grundlegende Definition des Begriffes der *Ergänzung einer geometrischen Größe r-ter Stufe* und des Begriffes der *Reziproken einer geometrischen Größe* und soll daher, wie auch das Prinzip der Dualität in der Geometrie, erst später genau besprochen werden.

d) Ganz ähnlich kann auch *in zweidimensionalen Räumen*, also für $n = 2$, eine entsprechende Art der *vektoriellen Multiplikation* für Produkte von nur einem Vektor nach folgenden Gesetzen

$$(44, 26) \qquad\qquad [\bar{e}_1] = + \bar{e}_2, \quad [\bar{e}_2] = - \bar{e}_1$$

festgelegt werden. Es werden also Produkten von $r = 1$ Vektoren wieder solche von $q = n - r = 2 - 1 = 1$, d. h. wieder Produkten von nur einem Vektor zugeordnet. Auch hier legt man den Berechnungen wieder die Gültigkeit des Gesetzes (44, 23) für $n = 2$, nämlich

$$(44, 27) \qquad\qquad [\bar{e}_1 \bar{e}_2] = + 1$$

zugrunde. Durch die Wahl unseres Gesetzes (44, 26) und die gleichzeitige Gültigkeit unserer allgemeinen Multiplikationsgesetze wird dann irgend einem Vektor $\bar{a} = x_1 \bar{e}_1 + x_2 \bar{e}_2$ der um 90 Grad entgegen dem Uhrzeigersinn verdrehte Vektor $\bar{a}' = - x_2 \bar{e}_1 + x_1 \bar{e}_2$ nach der Formel

$$(44, 28) \qquad\qquad [\bar{a}] = \bar{a}'$$

zugeordnet.

4. Die bedeutungslose Multiplikation geometrischer Größen 1. Stufe.

Nimmt man die gleichzeitige Gültigkeit der Beziehungsgleichungen (1), (2), (3), (4) in der Tabelle (43, 13) an, so ergibt sich eine für die Praxis unbrauchbare bzw. bedeutungslose Art der Multiplikation, bei welcher alle Produkte von je zwei Einheiten gleichzeitig gleich null werden. Damit haben wir die vier wichtigsten linearen Multiplikationsgattungen besprochen. Wir gehen jetzt zur Besprechung der wichtigsten zirkulären Multiplikationsgattungen über.

5. Die komplexe Multiplikation geometrischer Größen 1. Stufe.

a) Sie ist symmetrisch und zirkulär und fordert die gleichzeitige Gültigkeit der Beziehungsgleichungen:

$$(44, 29) \qquad \mathfrak{g}_{i_1}\mathfrak{g}_{i_2} = \mathfrak{g}_{i_2}\mathfrak{g}_{i_1}, \quad i_1 \neq i_2, \text{ beide aus der Reihe } 1, 2, \ldots, s,$$

$$\mathfrak{g}_1\mathfrak{g}_1 + \mathfrak{g}_2\mathfrak{g}_2 + \cdots + \mathfrak{g}_s\mathfrak{g}_s = (\overline{H})_2.$$

Wenden wir diese Gesetze auf den Fall $s = 2$ an, in welchem sie eine besonders große Rolle in der Algebra spielen, setzen wir also

$$(44, 30) \qquad \mathfrak{g}_2\mathfrak{g}_1 = \mathfrak{g}_1\mathfrak{g}_2, \quad \mathfrak{g}_2\mathfrak{g}_2 = -\mathfrak{g}_1\mathfrak{g}_1,$$

so ergibt sich, wenn wir die Produkte selbst durch eine Klammer nachfolgender Art $\lceil\,\rceil$ umschließen, für Produkte von zwei Faktoren die folgende Formel:

$$(44, 31) \qquad \lceil\sigma_h\rceil = \lceil\mathfrak{s}_{h_1}\mathfrak{s}_{h_2}\rceil = \sum_{i_1, i_2} s_{h_1 i_1} s_{h_2 i_2} \lceil\mathfrak{g}_{i_1}\mathfrak{g}_{i_2}\rceil.$$

Bei Anwendung von (44, 30) können in dieser allgemeinen Produktbildungsformel mit vier Summanden rechts wieder je zwei Summanden zu einem gemeinschaftlichen Gliede zusammengezogen werden, so daß sich somit die bekannte Formel für das Produkt zweier komplexer Zahlen ergibt, nämlich:

$$(44, 32) \qquad \lceil\sigma_h\rceil = \lceil\mathfrak{s}_{h_1}\mathfrak{s}_{h_2}\rceil = (s_{h_1 1} s_{h_2 1} - s_{h_1 2} s_{h_2 2}) \lceil\mathfrak{g}_1\mathfrak{g}_1\rceil +$$
$$+ (s_{h_1 1} s_{h_2 2} + s_{h_1 2} s_{h_2 1}) \lceil\mathfrak{g}_1\mathfrak{g}_2\rceil.$$

Produkte von mehr als zwei Faktoren wären durch fortlaufende Anwendung von (44, 29) zu bilden. Es ergeben sich aber unübersichtliche Rechenausdrücke. Solche Produkte finden daher selten praktische Verwendung.

b) Deuten wir in unseren Beziehungsgleichungen die ursprünglichen Einheiten $\mathfrak{g}_1$, $\mathfrak{g}_2$ nicht mehr, wie bisher stets üblich, als Einheitspole bzw. als Einheitsvektoren, sondern jetzt einmal als spezielle komplexe Zahlen, nämlich:

$$(44, 33) \qquad \mathfrak{g}_1 = +1, \quad \mathfrak{g}_2 = \sqrt{-1} = i,$$

so sehen wir sofort die Richtigkeit der Beziehungen (44, 30) ein. In der Theorie der komplexen Zahlen werden dann aber die zweifaktorigen Produkte wieder einfaktorigen Produkten selbst zugeordnet, d. h. den geometrischen Größen 2. Stufe im 2-dimensionalen Raume werden wieder geometrische Größen 1. Stufe des 2-dimensionalen Raumes zugeordnet. Das System der Beziehungsgleichungen besitzt dann die erweiterte Form (43, 4), nämlich für diesen speziellen Fall mit der Deutung (44, 33) die Form:

$$(44, 34) \qquad \mathfrak{g}_1\mathfrak{g}_1 = \mathfrak{g}_1, \quad \mathfrak{g}_1\mathfrak{g}_2 = \mathfrak{g}_2, \quad \mathfrak{g}_2\mathfrak{g}_1 = \mathfrak{g}_2, \quad \mathfrak{g}_2\mathfrak{g}_2 = -\mathfrak{g}_1.$$

Damit ergibt sich dann für das Produkt zweier geometrischer Größen 1. Stufe das Bildungsgesetz:

$$(44, 35) \quad \lceil\sigma_h\rceil = \lceil\mathfrak{s}_{h_1}\mathfrak{s}_{h_2}\rceil = (s_{h_1 1} s_{h_2 1} - s_{h_1 2} s_{h_2 2}) \mathfrak{g}_1 + (s_{h_1 1} s_{h_2 2} + s_{h_1 2} s_{h_2 1}) \mathfrak{g}_2.$$

Setzen wir darin wieder (44, 33) ein, so erhalten wir die allgemeine übliche Bildungsweise der Produkte in der *Theorie der gewöhnlichen komplexen Zahlen*, wie sie in der Algebra zur Anwendung kommt, nämlich jetzt in der Schreibweise der gewöhnlichen Algebra:

$$(44, 36) \qquad (a + ib)\cdot(c + id) = (ac - bd) + i(ad + bc),$$

d. h. ebenso wie wir dies in (41, 1) bereits besprochen haben. Da jetzt das Produkt von zwei komplexen Zahlen 1. Stufe wieder eine komplexe Zahl 1. Stufe ist, so kann das Produkt beliebig vieler komplexer Zahlen durch die Anwendung der Klammerregel (2, 2) klar und einfach definiert werden.

6. Die innere Multiplikation geometrischer Größen 1. Stufe.

a) Sie ist symmetrisch und zirkulär und fordert die gleichzeitige Gültigkeit der Beziehungsgleichungen:

$$(44, 37) \qquad \left. \begin{array}{l} \mathfrak{g}_{i_1}\mathfrak{g}_{i_2} = \mathfrak{g}_{i_2}\mathfrak{g}_{i_1}, \\ \mathfrak{g}_{i_1}\mathfrak{g}_{i_2} = -\mathfrak{g}_{i_2}\mathfrak{g}_{i_1}, \end{array} \right\} \ i_1 \neq i_2, \ \text{beide aus der Reihe } 1, 2, \ldots, s,$$

$$\mathfrak{g}_1\mathfrak{g}_1 = \mathfrak{g}_2\mathfrak{g}_2 = \cdots = \mathfrak{g}_s\mathfrak{g}_s.$$

Diese Gleichungen zeigen, daß nur Produkte von Polen mit gleichen Indizes einen geltenden Wert besitzen, denn in anderer Form lauten die Beziehungsgleichungen (44, 37) wie folgt:

$$(44, 38) \qquad \mathfrak{g}_{i_1}\mathfrak{g}_{i_1} = \mathfrak{g}_1\mathfrak{g}_1, \quad \mathfrak{g}_{i_1}\mathfrak{g}_{i_2} = (H)_2, \quad i_1 \neq i_2, \ \text{beide aus der Reihe } 1, 2, \ldots, s.$$

Wenden wir diese Gesetze nur auf Produkte von zwei geometrischen Größen 1. Stufe an und umschließen wir sie durch Klammern nachfolgender Art $\lfloor \ \rfloor$, so ergibt sich jetzt aus der allgemeinen Produktbildungsformel

$$(44, 39) \qquad \lfloor \sigma_h \rfloor = \lfloor \mathfrak{s}_{h_1}\mathfrak{s}_{h_2} \rfloor = \sum_{i_1, i_2 = 1, 1}^{s, s} s_{h_1 i_1} s_{h_2 i_2} \lfloor \mathfrak{g}_{i_1} \mathfrak{g}_{i_2} \rfloor$$

rechts eine Summe mit n^2 Summanden, und wenn wir wieder nach (44, 38) die Anzahl der Summanden reduzieren, die Formel:

$$(44, 40) \qquad \lfloor \sigma_h \rfloor = \lfloor \mathfrak{s}_{h_1}\mathfrak{s}_{h_2} \rfloor = \sum_{i=1}^{s} s_{h_1 i} s_{h_2 i} \lfloor \mathfrak{g}_1 \mathfrak{g}_1 \rfloor.$$

Man erkennt hier, daß nur Produkte von Polen mit demselben Index einen bestimmten Wert besitzen, d. h. also nur Produkte, deren Faktoren geometrisch gesprochen, ineinander liegen. Daher rührt der Name *innere Produktbildung*. Die Anwendung der Produktbildungsgesetze (44, 37) auf Produkte von mehr als zwei Faktoren ist in der Vektorrechnung nicht gebräuchlich und besitzt auch weiter keine besondere Bedeutung für die Rechenpraxis.

b) Eine Abart der inneren Produktbildung zweier geometrischer Größen 1. Stufe ist die sogenannte *skalare Produktbildung* der *skalaren Multiplikation geometrischer Größen 1. Stufe*. Man setzt dort einfach in (44, 40)

$$\lfloor \mathfrak{g}_1 \mathfrak{g}_1 \rfloor = 1, \quad \text{also} \quad \lfloor \sigma_h \rfloor = \lfloor \mathfrak{s}_{h_1}\mathfrak{s}_{h_2} \rfloor = \sum_{i=1}^{s} s_{h_1 i} s_{h_2 i},$$

d. h. dem Produkt zweier geometrischer Größen 1. Stufe wird, entsprechend den verallgemeinerten Beziehungsgleichungen der Form (43, 4), einfach eine geometrische Größe 0. Stufe, d. h. eine reelle Zahl zugeordnet. Den Produkten von drei geometrischen Größen 1. Stufe dieser Art würden dann nach der Klammerregel keine Größen irgendwelcher Art mehr entsprechen, weil sie einfach nicht mehr definiert sind. Meist werden sie fälschlich als Produkte einer Zahl mit der dritten geometrischen Größe, d. h. also als eine mit einer Zahl gewöhnlich vervielfachte geometrische Größe 1. Stufe angesprochen, was sachlich keineswegs richtig erscheint. Die Definition derartiger Produkte haben wir für Pole in (39, 86) und für Vektoren in (39, 87) angegeben und dort auch etwas näher besprochen. Eine ausschlaggebende Bedeutung besitzt die *skalare Produktbildung*, insbesondere in der Relativitätstheorie, wo sie zur Bestimmung von Invarianten gegenüber irgendwelchen Koordinatentransformationen in großem Ausmaße Verwendung findet. In der Vektorrechnung wird als Multiplikationszeichen für skalare Produkte ausschließlich der Punkt verwendet. Man schreibt deshalb dort solche Produkte wie folgt:

$$(44, 41) \qquad \bar{e}_{i_1} \cdot \bar{e}_{i_1} = + 1, \quad \bar{e}_{i_1} \cdot \bar{e}_{i_2} = 0,$$

$$i_1 \neq i_2, \text{ beide aus der Reihe } 1, 2, \ldots, n,$$

oder angeordnet in einem quadratischen Schema:

$$(44, 42) \qquad \begin{aligned} &\bar{e}_1 \cdot \bar{e}_1 = + 1, \; \bar{e}_1 \cdot \bar{e}_2 = 0, \quad \ldots, \bar{e}_1 \cdot \bar{e}_n = 0, \\ &\bar{e}_2 \cdot \bar{e}_1 = 0, \quad \bar{e}_2 \cdot \bar{e}_2 = + 1, \ldots, \bar{e}_2 \cdot \bar{e}_n = 0, \\ &\cdot \; \cdot \; \cdot \; \cdot \; \cdot \; \cdot \; \cdot \; \cdot \; \cdot \; \cdot \; \cdot \; \cdot \; \cdot \; \cdot \\ &\bar{e}_n \cdot \bar{e}_1 = 0, \quad \bar{e}_n \cdot \bar{e}_2 = 0, \quad \ldots, \bar{e}_n \cdot \bar{e}_n = + 1. \end{aligned}$$

Diese Gleichungen werden als mathematischer Ausdruck des *gegenseitigen Aufeinander-Senkrechtstehens der Grundvektoren* $\bar{e}_1, \bar{e}_2, \ldots, \bar{e}_n$ gebraucht. Letztere bilden dann wegen des gleichzeitigen Bestehens der Gleichung (44, 23) immer ein Rechtssystem. Wir sagen dann immer kurz, um beide eben genannte Tatsachen besonders zu betonen, die ursprünglichen geometrischen Grundeinheiten $\bar{e}_1, \bar{e}_2, \ldots, \bar{e}_n$ *bilden ein n-Bein*. Für die Produkte von zwei Vektoren ergibt sich in der Vektorrechnung bei Anwendung von (44, 42) sofort der wichtige Satz:

$$(44, 43) \qquad \bar{\sigma}_h = \bar{\mathfrak{s}}_{h_1} \cdot \bar{\mathfrak{s}}_{h_2} = \sum_{i=1}^{n} s_{h_1 i}\, s_{h_2 i},$$

d. h. das skalare Produkt zweier Vektoren ist ein Skalar, nämlich speziell ein Skalar der physikalischen Dimension [1], d. h. eine reelle Zahl. Besitzt das skalare Produkt zweier Vektoren speziell den Zahlwert 0, so haben wir solche *Vektoren* bereits früher *aufeinander senkrecht-stehend* genannt, in Zeichen nach (44, 43) $\bar{\mathfrak{s}}_{h_1} \perp \bar{\mathfrak{s}}_{h_2}$. Die Grundvektoren $\bar{e}_1, \bar{e}_2, \ldots, \bar{e}_n$ bilden somit wegen der Definitionsgleichungen (44, 42) immer ein *System von gegenseitig aufeinander senkrechtstehenden Einheitsvektoren (normierte Vektoren)*. Nur solche Systeme von Vektoren sollen sogenannte *kartesische Koordinatensysteme* bilden können. Sie müssen stets die Grundeigenschaften eines n-Beines aufweisen.

c) Anschließend an diese Produktbildung wollen wir hier noch besondere Produkte von Systemen mit n^2-Einheiten, nämlich

$$(44, 44) \qquad\qquad \bar{e}_{i_1 i_2} \qquad\qquad (i_1, i_2 = 1, 2, \ldots, n)$$

betrachten. Dabei denken wir vornehmlich an die Deutung dieser n-Einheiten als unbestimmte dyadische Produkte von Einheitsvektoren, nämlich:

$$(44, 45) \qquad\qquad \bar{e}_{i_1 i_2} = \bar{e}_{i_1} \bar{e}_{i_2}.$$

Die gleichzeitige Annahme des Multiplikationsgesetzes (44, 42) veranlaßt uns dann, für die n-Einheiten $(44, 44)$ Beziehungsgleichungen folgender Form aufzustellen:

$$(44, 46) \qquad \bar{e}_{i_1 i_2} \cdot \bar{e}_{i_3 i_4} = 0, \quad \bar{e}_{i_1 i_2} \cdot \bar{e}_{i_2 i_4} = \bar{e}_{i_1 i_4}$$

$$\text{mit} \quad i_1,\, i_2 \neq i_3,\, i_4 \text{ aus der Reihe } 1, 2, \ldots, n.$$

Diese Systeme von n^2-Einheiten mit den Beziehungsgleichungen $(44, 46)$ werden uns später noch besonders beschäftigen.

7. Die übrigen beiden symmetrischen und zirkulären Multiplikationsgattungen Nr. 9 und Nr. 10 unserer Tabelle $(43, 13)$

besitzen weiter keine besondere Bedeutung und sollen hier deshalb nicht näher besprochen werden.

8. Die symmetrische Multiplikation.

Diese Art der Multiplikation soll hier, als die wichtigste der insgesamt 8 nur symmetrischen Multiplikationsgattungen Nr. 1 bis Nr. 8 der Tabelle $(43, 13)$, etwas näher besprochen werden. Die Multiplikation, die gleichzeitig den Beziehungsgleichungen (1), (3), (4):

$$(44, 47) \qquad \mathfrak{g}_{i_1} \mathfrak{g}_{i_2} = \mathfrak{g}_{i_2} \mathfrak{g}_{i_1}, \quad i_1 \neq i_2, \text{ beide aus der Reihe } 1, 2, \ldots, s,$$

$$\mathfrak{g}_1 \mathfrak{g}_1 = \mathfrak{g}_2 \mathfrak{g}_2 = \cdots = \mathfrak{g}_s \mathfrak{g}_s, \quad \mathfrak{g}_1 \mathfrak{g}_1 + \mathfrak{g}_2 \mathfrak{g}_2 + \cdots + \mathfrak{g}_s \mathfrak{g}_s = (\underline{H})_2$$

genügt, besitzt nur mehr allein die Eigenschaft der Symmetrie. Wir nennen sie kurz *symmetrische Multiplikation*. Produkte, die diese Eigenschaften aufweisen, wollen wir mit einer Klammer $\langle \rangle$ umschließen. Die Gleichungen $(44, 47)$ lauten in anderer Form einfacher:

$$(44, 48) \qquad \mathfrak{g}_{i_1} \mathfrak{g}_{i_2} = \mathfrak{g}_{i_2} \mathfrak{g}_{i_1}, \quad \mathfrak{g}_{i_1} \mathfrak{g}_{i_1} = (\underline{H})_2,$$

$$i_1 \neq i_2, \text{ beide aus der Reihe } 1, 2, \ldots, s.$$

Da auch hier wieder, ähnlich wie im Falle der äußeren Multiplikation, Produkte mit gleichen Faktoren gleich null sind, so haben auch hier wieder Produkte von je r geometrischen Größen 1. Stufe nur mehr einen Sinn, wenn die Beziehung:

$$(44, 49) \qquad 1 \leqq r \leqq s$$

besteht. Die Beziehungen $(44, 48)$, erweitert auf mehrfaktorige Produkte, können jetzt wieder in den beiden Formen geschrieben werden:

$(44, 50)$ $\langle \mathfrak{g}_{i_1} \mathfrak{g}_{i_2} \cdots \mathfrak{g}_{i_r} \rangle = \langle \mathfrak{g}_{k_1} \mathfrak{g}_{k_2} \cdots \mathfrak{g}_{k_r} \rangle$, worin $\begin{pmatrix} k_1 & k_2 & \ldots & k_r \\ i_1 & i_2 & \ldots & i_r \end{pmatrix}$ irgend eine Permutation darstellt und die Reihenfolge der Indizes $k_1, k_2, \ldots, k_r$, die wir noch der Größe nach ordnen können, also $k_1 < k_2 < \cdots < k_r$ irgendwie fest aus der Reihe $1, 2, \ldots, s$ gewählt ist.

$\langle \mathfrak{g}_{i_1} \mathfrak{g}_{i_2} \cdots \mathfrak{g}_{i_r} \rangle = (\underline{H})_r$, wenn mindestens irgend zwei der Indizes $i_1, i_2, \ldots, i_r$, die aus der Reihe $1, 2, \ldots, s$ sonst beliebig gewählt werden können, einander gleich sind.

Der allgemeine Ausdruck für das Produkt von r geometrischen Größen 1. Stufe

$$(44, 51) \qquad \langle \sigma_h \rangle = \langle \mathfrak{z}_{h_1} \mathfrak{z}_{h_2} \cdots \mathfrak{z}_{h_r} \rangle = \sum_{i_1, i_2, \ldots, i_r} s_{h_1 i_1} s_{h_2 i_2} s_{h_r i_r} \langle \mathfrak{g}_{i_1} \mathfrak{g}_{i_2} \cdots \mathfrak{g}_{i_r} \rangle,$$

der zunächst wieder eine Summe über alle $^W V_s^r = s^r$ Variationen r-ter Klasse $(i_1, i_2, \ldots, i_r)$ der Indizes $1, 2, \ldots, s$ darstellt, kann dann wieder bei Annahme der Gültigkeit von (44, 50) auf eine Summe von nur $K_s^r = \binom{s}{r}$ Gliedern reduziert werden, denn wegen (44, 50) oben sind die möglichen $r!$ voneinander verschiedenen Produkte der Einheitspole $\mathfrak{g}_{i_1}, \mathfrak{g}_{i_2}, \ldots, \mathfrak{g}_{i_r}$ alle einander gleich. Es ergibt sich dann nach Zusammenziehen aller dieser Glieder die folgende Summe:

$$(44, 52) \qquad \langle \mathfrak{z}_{h_1} \mathfrak{z}_{h_2} \cdots \mathfrak{z}_{h_r} \rangle = \sum_{k_1 < k_2 \cdots < k_r} s_{h_1 h_2 \ldots h_r}^{k_1 k_2 \ldots k_r} \langle \mathfrak{g}_{k_1} \mathfrak{g}_{k_2} \cdots \mathfrak{g}_{k_r} \rangle,$$

darin ist $\quad k_1 < k_2 < \cdots < k_r \quad$ und $\quad 0 \leqq r \leqq s, \quad$ und

$$(44, 53) \qquad s_{h_1 h_2 \ldots h_r}^{k_1 k_2 \ldots k_r} = \sum_{i_1, i_2, \ldots, i_r} s_{h_1 i_1} s_{h_2 i_2} \cdots s_{h_r i_r},$$

wobei $\begin{pmatrix} k_1 & k_2 & \cdots & k_r \\ i_1 & i_2 & \cdots & i_r \end{pmatrix}$ irgend eine Permutation darstellt.

In (44, 52) ist die Summe zu erstrecken über alle $K_s^r = \binom{s}{r}$-Kombinationen der Indizes $(k_1, k_2, \ldots, k_r)$ r-ter Klasse ohne Wiederholung aus den Elementen $1, 2, \ldots, s$. Die Glieder in der Summe werden am einfachsten in der lexikographischen Anordnung der Indizes $(k_1, k_2, \ldots, k_r)$ summiert. Es wird dann von selbst $k_1 < k_2 < \cdots < k_r$ sein.

In (44, 53) ist die Summe zu erstrecken über alle $P_r = r!$ Permutationen $\begin{pmatrix} k_1 & k_2 & \cdots & k_r \\ i_1 & i_2 & \cdots & i_r \end{pmatrix}$ bei fester Auswahl der Indizes $(k_1, k_2, \ldots, k_r)$ nach dem eben genannten Gesetz aus der Reihe $1, 2, \ldots, s$ und bei veränderlicher Auswahl der Indizes $(i_1, i_2, \ldots, i_r)$ als Permutation von $(k_1, k_2, \ldots, k_r)$.

Einen Ausdruck mit dem Bildungsgesetz (44, 53) nennen wir kurz eine *Summante* in Anlehnung an das Wort Determinante, zu welchem Begriff der eben erklärte das Gegenstück bildet. Wir schreiben deshalb diesen Ausdruck auch symbolisch in der folgenden Form:

$$(44, 54) \qquad s_{h_1 h_2 \ldots h_r}^{k_1 k_2 \ldots k_r} = \left\langle \begin{matrix} s_{h_1 k_1} & \cdots & s_{h_1 k_r} \\ \cdot & \cdots & \cdot \\ s_{h_r k_1} & \cdots & s_{h_r k_r} \end{matrix} \right\rangle = \sum_{i_1, i_2, \ldots, i_r} s_{h_1 i_1} s_{h_2 i_2} \cdots s_{h_r i_r}.$$

Darin sind $k_1, k_2, \ldots, k_r$ und $h_1, h_2, \ldots, h_r$ festgewählte Indizes, und die Summe ist über die $r!$ Permutationen $\begin{pmatrix} k_1 & k_2 & \cdots & k_r \\ i_1 & i_2 & \cdots & i_r \end{pmatrix}$, worin $(i_1, i_2, \ldots, i_r)$ die variablen Indizes sind, zu erstrecken.

Damit schließen wir die Besprechungen über die Multiplikationsgattungen der Tabelle (43, 13) ab. Wir besprechen jetzt noch ein paar wichtige Formen von Beziehungsgleichungen, die auch noch eine bedeutungsvolle Rolle im praktischen Rechnen in der Punkt- und Vektorrechnung spielen.

9. Die Systeme komplexer Zahlen im engeren Sinne des Wortes.

Wir sprechen von *komplexen Zahlen im engeren Sinne des Wortes*, wenn für ihre Produktbildung eine oder mehrere Beziehungsgleichungen der Form

$$(44, 55) \qquad \mathfrak{g}_{i_1} \mathfrak{g}_{i_2} = \sum_{i=1}^{s} k_{i_1 i_2 i} \, \mathfrak{g}_i, \qquad (i, i_1, i_2 = 1, 2, \ldots, s)$$

bestehen. Die wichtigsten Sonderfälle dieser Beziehungsgleichungen, nämlich die vektorielle Multiplikation im zwei- und dreidimensionalen Raume und die komplexe Multiplikation geometrischer Größen 1. Stufe, haben wir bereits besprochen. Noch viel allgemeinere Beziehungsgleichungen zeigt

10. Das System der Hamiltonschen Quaternionen.

Es ist ein System von 4 Einheiten

$$(44, 56) \qquad e_0 = 1, \; \bar{e}_1, \; \bar{e}_2, \; \bar{e}_3 \qquad \text{mit den Beziehungsgleichungen}$$

$$(44, 57) \qquad
\begin{aligned}
e_0 e_0 &= +1, & e_0 \bar{e}_1 &= +\bar{e}_1, & e_0 \bar{e}_2 &= +\bar{e}_2, & e_0 \bar{e}_3 &= +\bar{e}_3, \\
\bar{e}_1 e_0 &= +\bar{e}_1, & \bar{e}_1 \bar{e}_1 &= -1, & \bar{e}_1 \bar{e}_2 &= +\bar{e}_3, & \bar{e}_1 \bar{e}_3 &= -\bar{e}_2, \\
\bar{e}_2 e_0 &= +\bar{e}_2, & \bar{e}_2 \bar{e}_1 &= -\bar{e}_3, & \bar{e}_2 \bar{e}_2 &= -1, & \bar{e}_2 \bar{e}_3 &= +\bar{e}_1, \\
\bar{e}_3 e_0 &= +\bar{e}_3, & \bar{e}_3 \bar{e}_1 &= +\bar{e}_2, & \bar{e}_3 \bar{e}_2 &= -\bar{e}_1, & \bar{e}_3 \bar{e}_3 &= -1
\end{aligned}$$

für Produkte von zwei ursprünglichen Einheiten gegeben.

Eine Hamiltonsche Quaternion stellt dann gewissermaßen eine Summe von einer Zahl und einer geometrischen Größe des 3-dimensionalen Raumes dar:

$$(44, 58) \qquad \alpha = a_0 e_0 + (a_1 \bar{e}_1 + a_2 \bar{e}_2 + a_3 \bar{e}_3) = a_0 + (a_1 \bar{e}_1 + a_2 \bar{e}_2 + a_3 \bar{e}_3).$$

Von besonderer Bedeutung sind auch die

11. Systeme dualer Zahlen nach Clifford.

Darunter versteht man ein System von zwei Einheiten

$$(44, 59) \qquad \mathfrak{E}_1 = 1, \quad \mathfrak{E}_2 = \varepsilon,$$

das folgenden Beziehungsgleichungen genügt:

$$(44, 60) \qquad
\begin{aligned}
\mathfrak{E}_1 \mathfrak{E}_1 &= 1, & \mathfrak{E}_1 \mathfrak{E}_2 &= \varepsilon, \\
\mathfrak{E}_2 \mathfrak{E}_1 &= \varepsilon, & \mathfrak{E}_2 \mathfrak{E}_2 &= 0,
\end{aligned}
\qquad \text{also} \quad \varepsilon^2 = 0.$$

12. Die Systeme von $m \cdot n$ ursprünglichen Einheiten.

a) Hier definieren wir die geometrischen Größen 1. Stufe durch

$$(44, 61) \qquad \mathfrak{A} = \mathfrak{E}_1 \mathfrak{a}_1 + \mathfrak{E}_2 \mathfrak{a}_2 + \cdots + \mathfrak{E}_m \mathfrak{a}_m.$$

Sie sind hergeleitet aus den ursprünglichen Einheiten $\mathfrak{E}_1$, $\mathfrak{E}_2$, ..., $\mathfrak{E}_m$ eines Systems mit der Grundzahl m mittels der Ableitungsgrößen $\mathfrak{a}_1$, $\mathfrak{a}_2$, ..., $\mathfrak{a}_m$. Die letzteren aber denken wir uns neuerdings hergeleitet aus einem System von anderen ursprünglichen Einheiten e_1, e_2, ..., e_n mittels der Ableitungszahlen a_{ik} nach folgenden Formeln:

$$(44, 62) \qquad \mathfrak{a}_1 = \sum_{i=1}^{n} a_{1i} e_i, \quad \mathfrak{a}_2 = \sum_{i=1}^{n} a_{2i} e_i, \; \ldots, \; \mathfrak{a}_m = \sum_{i=1}^{n} a_{mi} e_i.$$

Setzen wir diese Formeln in (44, 61) ein, so sehen wir, daß die geometrische Größe

$$(44, 63) \qquad \mathfrak{A} = \sum_{i_1=1}^{m} \mathfrak{E}_{i_1} \mathfrak{a}_{i_1} = \sum_{i_1=1}^{m} \sum_{i_2=1}^{n} a_{i_1 i_2} \mathfrak{E}_{i_1} e_{i_2}$$

jetzt aus einem System von $m \cdot n$ Einheiten

$$(44, 64) \qquad \mathfrak{E}_{i_1} e_{i_2} \quad \text{mit} \quad (i_1 = 1, 2, \ldots, m) \quad \text{und} \quad (i_2 = 1, 2, \ldots, n)$$

hergeleitet werden kann. Darin können die Einheiten $\mathfrak{E}_{i_1}$ sowohl wie die Einheiten e_{i_2} noch außerdem besonderen Beziehungsgleichungen unterworfen werden.

b) Als Beispiel führen wir jetzt *das System der Cliffordschen dualen* Vektoren an. Setzen wir nämlich in den Formeln (44, 61) bis (44, 64) für $m = 2$ die Formeln (44, 60) ein, so erhalten wir für $n = 3$, wenn wir also die Größen e_1, e_2, e_3 als drei aufeinander senkrechtstehende Einheitsvektoren des 3-dimensionalen Raumes deuten, also speziell gleich $\bar{e}_1$, $\bar{e}_2$, $\bar{e}_3$ setzen, folgende Gleichungen:

$$(44,65) \qquad \begin{aligned} \bar{a}_1 &= a_{11}\,\bar{e}_1 + a_{12}\,\bar{e}_2 + a_{13}\,\bar{e}_3\,, \\[4pt] \bar{a}_2 &= a_{21}\,\bar{e}_1 + a_{22}\,\bar{e}_2 + a_{23}\,\bar{e}_3\,, \end{aligned} \qquad \mathfrak{A} = \bar{a}_1 + \varepsilon\,\bar{a}_2\,.$$

c) Ein ähnliches System ist das *System der Bivektoren*. Dort setzt man:

$$(44,66) \qquad \mathfrak{E}_1 = 1\,, \quad \mathfrak{E}_2 = \sqrt{-1} = i \qquad \text{und}$$

$$(44,67) \qquad \begin{aligned} \mathfrak{E}_1\mathfrak{E}_1 &= 1\,, \quad \mathfrak{E}_1\mathfrak{E}_2 = i\,, \\[4pt] \mathfrak{E}_2\mathfrak{E}_1 &= i\,, \quad \mathfrak{E}_2\mathfrak{E}_2 = -1\,; \end{aligned}$$

$$(44,68) \qquad \mathfrak{A} = \bar{a}_1 + i\,\bar{a}_2$$

stellt dann einen solchen Bivektor — eine komplexe geometrische Größe 1. Stufe — dar.

13. *Praktische Verwendung der verschiedenen Einheitensysteme.*

Damit wären wir mit der Bekanntgabe der wichtigsten Rechenregeln für das Rechnen mit geometrischen Größen fertig. Die gegebene Darstellung zeigt auch, wie vielseitig die moderne Geometrie ist und wie viele Wege sie auch heute noch der Forschung offen läßt. Wir erkennen jetzt auch leicht, daß das Wesen irgend welcher, zum Aufbau irgend eines Systems benötigter ursprünglicher Einheiten in erster Linie in ihrer linearen Unabhängigkeit begründet liegt. So ist für den im zweiten Kapitel gebrachten Aufbau in der Physik gleichfalls wesentlich, daß die absoluten Grundmaßeinheiten in (19, 1) ein System linear unabhängiger Einheiten darstellen. Dasselbe muß dann von den Einheiten irgend eines daraus abgeleiteten Maßsystems Nr. k in (20, 1) notwendig gelten, falls alle $\sigma_{\nu k} \neq 0$ sind. Eine besonders große Rolle spielen in der modernen Punktrechnung die äußeren Produkte, die, wie gezeigt werden kann, immer nur dann einen geltenden Wert besitzen, wenn ihre Faktoren ein System linear unabhängiger Größen darstellen. Wir wollen uns deshalb im nächsten Punkt 45 noch mit diesen Produkten etwas näher befassen und dann, zum Abschluß der gebrachten Untersuchungen in der Geometrie, noch den Aufbau aller geometrischen Größen der modernen Punktrechnung vor Augen führen.

45. Das Rechnen mit äußeren Produkten in der Punktrechnung.

Eine besondere Rolle spielen in der Geometrie des n-dimensionalen Raumes die in (44, 12) bis (44, 28) behandelten äußeren Produkte. Sie eignen sich nämlich besonders zur Darstellung aller geometrischen Gebilde des Raumes. Da die äußere Multiplikation symmetrisch, zirkulär und linear ist, erfüllt sie gleichzeitig die Forderungen (43, 5), (43, 9) und (43, 10). Deshalb kann aus der Gültigkeit der Beziehungen (44, 14) sofort die Gültigkeit folgender grundlegender Sätze gefolgert werden:

$(45,1) \quad [\mathfrak{z}_{i_1}\mathfrak{z}_{i_2}\ldots\mathfrak{z}_{i_r}] = (\mathcal{H})_r$, falls es unter den Indizes $i_1, i_2, \ldots, i_r$ irgend zwei einander gleiche gibt.

$(45,2) \quad [\mathfrak{z}_{i_1}\mathfrak{z}_{i_2}\ldots\mathfrak{z}_{i_r}] = (-1)^v\,[\mathfrak{z}_{k_1}\mathfrak{z}_{k_2}\ldots\mathfrak{z}_{k_r}]$, wenn die Permutation $(i_1, i_2, \ldots, i_r)$ der Indizes $(k_1, k_2, \ldots, k_r)$ insgesamt v Fehlstände besitzt.

Darin können die geometrischen Größen $\mathfrak{z}_i$ nach Belieben Pole, also Punkte oder Vektoren des n-dimensionalen Raumes darstellen. Auf Grund der Linearität der äußeren Multiplikation gelten für diese Produkte ferner, wie sich auch leicht zeigen läßt, folgende wichtige grundlegende Sätze:

(45, 3) $[\mathfrak{s}_1 \mathfrak{s}_2 \ldots \mathfrak{s}_r]$ bleibt ungeändert, wenn ein $\mathfrak{s}_i$ ersetzt wird durch $\mathfrak{s}_i + \mathfrak{s}_k$ mit $k \neq i$, $(i,\, k = 1,\, 2,\, \ldots,\, r)$

oder: $[\mathfrak{s}_1 \ldots \mathfrak{s}_i \ldots \mathfrak{s}_k \ldots \mathfrak{s}_r] = [\mathfrak{s}_1 \ldots \mathfrak{s}_i + \mathfrak{s}_k \ldots \mathfrak{s}_k \ldots \mathfrak{s}_r]$,

(45, 4) $[\mathfrak{s}_1 \mathfrak{s}_2 \ldots \mathfrak{s}_r]$ geht über in $p\,[\mathfrak{s}_1 \mathfrak{s}_2 \ldots \mathfrak{s}_r]$, wenn ein $\mathfrak{s}_i$ ersetzt wird durch $p\,\mathfrak{s}_i$ oder: $[\mathfrak{s}_1 \ldots p\,\mathfrak{s}_i \ldots \mathfrak{s}_r] = p\,[\mathfrak{s}_1 \ldots \mathfrak{s}_i \ldots \mathfrak{s}_r]$,

daraus folgen sofort weiter die folgenden wichtigen Sätze:

(45, 5) $[\mathfrak{s}_1 \mathfrak{s}_2 \ldots \mathfrak{s}_r]$ bleibt ungeändert, wenn man zu irgend einem $\mathfrak{s}_i$ eine Linearkombination der übrigen Größen $\mathfrak{s}_k\,(k \neq i)$ und $(i,\, k = 1,\, 2,\, \ldots,\, r)$ addiert, d. h. wenn man $\mathfrak{s}_i$ ersetzt durch

$$\mathfrak{s}_i' = \mathfrak{s}_i + p_1 \mathfrak{s}_1 + \cdots + p_{i-1}\mathfrak{s}_{i-1} + p_{i+1}\mathfrak{s}_{i+1} + \cdots + p_r \mathfrak{s}_r,$$

also gilt dann $[\mathfrak{s}_1 \ldots \mathfrak{s}_i \ldots \mathfrak{s}_r] = [\mathfrak{s}_1 \ldots \mathfrak{s}_i' \ldots \mathfrak{s}_r]$,

(45, 6)
$$[\mathfrak{s}_1 \mathfrak{s}_2 \ldots \mathfrak{s}_r] = \textcircled{H}_r \longleftrightarrow (\mathfrak{s}_1,\, \mathfrak{s}_2,\, \ldots,\, \mathfrak{s}_r) \; la\,,$$
$$[\mathfrak{s}_1 \mathfrak{s}_2 \ldots \mathfrak{s}_r] \neq \textcircled{H}_r \longleftrightarrow (\mathfrak{s}_1,\, \mathfrak{s}_2,\, \ldots,\, \mathfrak{s}_r) \; lu\,.$$

(45, 7)   1. Gilt $\mathfrak{s}_i = \sum\limits_{k_i=1}^{m} p_{i k_i}\, t_{i k_i}$ für $(i = 1,\, 2,\, \ldots,\, r)$ dann ist:

$$[\mathfrak{s}_1 \mathfrak{s}_2 \ldots \mathfrak{s}_r] = \sum_{k_1,\, k_2,\, \ldots,\, k_r} p_{1 k_1},\, p_{2 k_2} \ldots p_{r k_r}\, [t_{1 k_1} \ldots t_{r k_r}]\,.$$

Die Summe rechts in der letzten Gleichung ist dabei zu erstrecken über alle $^{W}V_m^r = m^r$ Variationen r-ter Klasse mit Wiederholung $(k_1,\, k_2,\, \ldots,\, k_r)$ der Elemente $(1,\, 2,\, \ldots,\, m)$.

2. Sind im Sonderfall alle Zahlenfaktoren gleich 1, d. h. gelten also die Beziehungen $\mathfrak{s}_i = \sum\limits_{k_i=1}^{m} t_{i k_i}$ für $(i = 1,\, 2,\, \ldots,\, r)$, so folgt

$$[\mathfrak{s}_1 \mathfrak{s}_2 \ldots \mathfrak{s}_r] = \sum_{k_1,\, k_2,\, \ldots,\, k_r} [t_{1 k_1} \ldots t_{r k_r}]\,,$$

ebenfalls eine Summe über m^r Glieder genau wie unter 1.

3. Gilt ferner speziell nur für die i-te Größe die Darstellung
$$\mathfrak{s}_i = t_1 + \cdots + t_m\,,$$
so gilt der Satz:
$$[\mathfrak{s}_1 \mathfrak{s}_2 \ldots \mathfrak{s}_{i-1}\, \mathfrak{s}_i\, \mathfrak{s}_{i+1} \ldots \mathfrak{s}_r] = \sum_{k=1}^{m} [\mathfrak{s}_1 \mathfrak{s}_2 \ldots \mathfrak{s}_{i-1}\, t_k\, \mathfrak{s}_{i+1} \ldots \mathfrak{s}_r]$$

Gelten im besonderen die Beziehungen:

(45, 8) $t_{h_1} = \sum\limits_{k_1=1}^{m} p_{h_1 k_1}\, \mathfrak{s}_{k_1},\; t_{h_2} = \sum\limits_{k_2=1}^{m} p_{h_2 k_2}\, \mathfrak{s}_{k_2},\; \ldots,\; t_{h_r} = \sum\limits_{k_r=1}^{m} p_{h_r k_r}\, \mathfrak{s}_{k_r}\,,$

so folgt daraus:

(45, 9) $[\tau] = [t_{h_1}\, t_{h_2} \ldots t_{h_r}] = \sum\limits_{k_1,\, k_2,\, \ldots,\, k_r} d_{h_1\, h_2\, \ldots\, h_r}^{k_1\, k_2\, \ldots\, k_r}\, [\mathfrak{s}_{k_1}\, \mathfrak{s}_{k_2} \ldots \mathfrak{s}_{k_r}]\,,$

darin ist

$$k_1 < k_2 < \cdots < k_r,\quad 0 \leqq r \leqq m \leqq s = n + 1\,,$$

$$d_{h_1\, h_2\, \ldots\, h_r}^{k_1\, k_2\, \ldots\, k_r} = \begin{vmatrix} p_{h_1 k_1} & \cdots & p_{h_1 k_r} \\ \cdot & \cdots & \cdot \\ p_{h_r k_1} & \cdots & p_{h_r k_r} \end{vmatrix} \quad \text{siehe } (44, 19)\,.$$

In der Darstellung für $[\tau]$ ist die Summe zu erstrecken über alle $K_m^r = \binom{m}{r}$-Kombinationen ohne Wiederholung $(k_1, k_2, \ldots, k_r)$ der Indizes aus den Elementen $1, 2, \ldots, m$. Die Summanden werden wieder am einfachsten bei lexikographischer Anordnung der Kombinationen summiert, wobei stets $k_1 < k_2 < \ldots < k_r$ sein soll. Gilt dann noch im Sonderfall in (45, 8) speziell $m = r$, so folgt der Satz:

$$(45, 10) \qquad [\tau] = [t_{h_1} t_{h_2} \ldots t_{h_r}] = d_{h_1 \ldots h_r}^{1 \ldots r} [\mathfrak{s}_1 \mathfrak{s}_2 \ldots \mathfrak{s}_r],$$

$$d_{h_1 \ldots h_r}^{1 \ldots r} = \begin{vmatrix} p_{h_1 1} & \cdots & p_{h_1 r} \\ \cdot & \cdots & \cdot \\ p_{h_r 1} & \cdots & p_{h_r r} \end{vmatrix}.$$

daraus kann jetzt leicht noch weiter folgender wichtige Schluß gezogen werden:

$$(45, 11) \qquad d_{h_1 \ldots h_r}^{1 \ldots r} = 0, \quad (\mathfrak{s}_1, \ldots, \mathfrak{s}_r)\, lu \to (t_{h_1}, \ldots, t_{h_r})\, la$$
$$d_{h_1 \ldots h_r}^{1 \ldots r} \neq 0, \quad (\mathfrak{s}_1, \ldots, \mathfrak{s}_r)\, lu \to (t_{h_1}, \ldots, t_{h_r})\, lu\,.$$

Somit gilt also der folgende Satz:

(45, 12)   Ist S das Gebiet der Größen $\mathfrak{s}_1, \ldots, \mathfrak{s}_r$ und T das Gebiet der Größen $t_{h_1}, \ldots, t_{h_r}$ und ist die Transformationsdeterminante beider Gebiete in (45, 10) ungleich null, so ist das Gebiet T mit dem Gebiet S identisch. Ist die Transformationdeterminante aber gleich null, dann ist das Gebiet T untergeordnet dem Gebiet S.

Irgend ein äußeres Produkt geometrischer Größen 1. Stufe $(\mathfrak{s}_1, \ldots, \mathfrak{s}_r)\, lu$ legt also gewissermaßen das gesamte Gebiet dieser Größen fest. Wir verstehen jetzt auch, warum gerade die äußeren Produkte in Verbindung mit unseren Festsetzungen (40, 54) und (40, 55) und allen daraus entwickelten Folgerungen (40, 56) bis (40, 69) eine ausschlaggebende Rolle in der n-dimensionalen Geometrie spielen müssen, dies hauptsächlich auch wegen der Gültigkeit des bedeutungsvollen Satzes (45, 6).

Wir schließen jetzt noch rasch an unsere Formel (44, 17) an. Setzen wir in dieser Formel die Gleichungen (39, 67) ein, so erkennen wir, daß jedes beliebige äußere Produkt in zwei Teilsummen zerspalten werden kann, nämlich in eine solche Teilsumme, die in der Summe rechts in (44, 17) nur solche Produkte enthält, in welchen e_0 bzw. $\mathfrak{g}_1$ als Faktor vorkommt, und in die restliche Teilsumme, die in der Summe rechts in (44, 17) nur solche Produkte mehr enthält, in welchen e_0 bzw. $\mathfrak{g}_1$ nicht mehr vorkommt, d. h. also in welchen nur mehr die Vektoren $\bar{e}_1, \ldots, \bar{e}_n$ bzw. die Größen $\mathfrak{g}_2, \ldots, \mathfrak{g}_s$ auftreten. Also kann dann auf Grund dieser Zerlegung jedes äußere Produkt wie folgt dargestellt werden:

$$(45, 13) \qquad [\sigma] = [\mathfrak{s}_1 \mathfrak{s}_2 \ldots \mathfrak{s}_r] = \sum_{i_2, \ldots, i_r} p_{i_2 \ldots i_r} [e_0 \bar{e}_{i_2} \ldots \bar{e}_{i_r}] +$$
$$+ \sum_{i_1, \ldots, i_r} q_{i_1 \ldots i_r} [\bar{e}_{i_1} \bar{e}_{i_2} \ldots \bar{e}_{i_r}].$$

Darin ist die erste Teilsumme zu erstrecken über alle K_n^{r-1}-Kombinationen $(r-1)$-ter Klasse ohne Wiederholung der Indizes $i_2, i_3, \ldots, i_r$ der Elemente $1, 2, \ldots, n$, wobei für die Indizes gilt $i_2 < i_3 < \cdots < i_r$; die zweite Teilsumme hingegen ist zu erstrecken über alle K_n^r-Kombinationen r-ter Klasse ohne Wiederholung der Indizes $i_1, i_2, \ldots, i_r$ der Elemente $1, 2, \ldots, n$ mit $i_1 < i_2 < \cdots < i_r$. Es gelten aber die Beziehungen:

$$(45, 14) \qquad (p+1)! = (p+1)\,p!, \quad q! = q\,(q-1)!,$$

$$K_n^{r-1} = \frac{n!}{(r-1)!\,(n-r+1)!} = \frac{n!}{(n-r+1)\,(r-1)!\,(n-r)!}\,,$$

$$K_n^r = \frac{n!}{r!\,(n-r!)} = \frac{n!}{r\,(r-1)!\,(n-r)!}\,.$$

Somit folgt jetzt:

$$(45, 15) \qquad K_n^{r-1}\,/\,K_n^r = r\,/\,(n-r+1),$$

d. h. die beiden Teilsummen haben nur dann dieselbe Anzahl von Summanden, wenn der Zahlwert in (45, 15) rechts gleich 1 ist oder wenn im Sonderfalle gilt:

$$(45, 16) \qquad r = (n+1)/2 = s/2\,.$$

Ist also n die Dimension des Raumes eine ungerade Zahl, so wird dann r immer eine ganze Zahl. Dies ist also speziell der Fall im 1-dimensionalen Raume $n = 1$ für $r = 1$, und im 3-dimensionalen Raum $n = 3$ für $r = 2$. Wir haben in (45, 13) die Zerlegung einer geometrischen Größe r-ter Stufe in jener Form erhalten, die wir in den Begriffsbildungen nach Formel (39, 54) gemeint hatten. Die Formel (39, 54) bildet nämlich den Sonderfall der Darstellung (45, 13) für $r = 1$, wenn wir darin setzen:

$$(45, 17) \qquad \sigma = [\mathfrak{s}_1 \ldots \mathfrak{s}_r], \quad \sigma = \pi_0 + \bar{\pi},$$

$$\pi_0 = \sum_{i_2, \ldots, i_r} p_{i_2 \ldots i_r}\,[e_0\,\bar{e}_{i_2} \ldots \bar{e}_{i_r}], \quad \bar{\pi} = \sum_{i_1, i_2, \ldots, i_r} q_{i_1 i_2 \ldots i_r}\,[\bar{e}_{i_1}\bar{e}_{i_2} \ldots \bar{e}_{i_r}].$$

(45, 18)   Wir nennen die Größe π_0 eine ursprungsgebundene, eigentliche Größe, die Größe $\bar{\pi}$ eine freie oder uneigentliche Größe und die Größe σ im Falle $\pi_0 \neq (\mathcal{H})_r$ eine gebundene, eigentliche Größe oder eine Raumgröße.

Ferner nennen wir die geometrischen Einheiten r-ter Stufe der Form

$$(45, 19) \qquad \varepsilon_{0 i_2 \ldots i_r} = [e_0\,\bar{e}_{i_2} \ldots \bar{e}_{i_r}] \text{ ursprungsgebundene, eigentliche,}$$

$$\varepsilon_{i_1 i_2 \ldots i_r} = [\bar{e}_{i_1}'\bar{e}_{i_2} \ldots \bar{e}_{i_r}] \text{ freie, uneigentliche Einheiten der } r\text{-ten Stufe.}$$

Da alle Vektoren im Raume parallel-verschieblich sind, so muß dies auch von irgend welchen Produkten dieser Vektoren gelten. Die Größe $\bar{\pi}$ ist daher ebenso wie ein Vektor im Raume parallel-verschieblich und heißt deshalb eine freie Größe, zum Unterschied von der Größe π_0, die an den Ursprung gebunden sein muß. Erst die Addition der freien Größe $\bar{\pi}$ zur ursprungsgebundenen Größe π_0 schiebt diese letztere wieder aus dem Ursprung heraus und macht sie so zu einer richtigen *Raumgröße* σ, wie wir auch noch durch spätere Überlegungen genau erkennen werden. Die Größe σ wird darum im Falle $\pi_0 \neq (\mathcal{H})_r$ eine *gebundene, eigentliche Größe* oder eine *Raumgröße* genannt. Wir können auch noch auf die nachfolgende Art und Weise zu derselben Erkenntnis kommen: Nach (45, 17), (45, 4) und (45, 7) kann geschrieben werden:

$$(45, 20) \qquad \pi_0 = \sum_{i_2 \ldots i_r} [(p_{i_2 \ldots i_r}\,e_0)\,\bar{e}_{i_2} \ldots \bar{e}_{i_r}],$$

$$\bar{\pi} = \sum_{i_1, i_2, \ldots, i_r} [(q_{i_1 i_2 \ldots i_r}\bar{e}_{i_1})\,\bar{e}_{i_2} \ldots \bar{e}_{i_r}]$$

$$= \sum_{i_2, \ldots, i_r} [(\sum_{i_1=1}^{n} q_{i_1 i_2 \ldots i_r}\bar{e}_{i_1})\,\bar{e}_{i_2} \ldots \bar{e}_{i_r}].$$

Darin sind noch die Summationen über $i_2, i_3, \ldots, i_r$ je von 1 bis n zu erstrecken. Mit Hilfe dieser Darstellung und der folgenden in der ersten Zeile in (45, 21) neu eingeführten Größe kann jetzt nach (45, 17) auch geschrieben werden:

$$(45, 21) \qquad \mathfrak{p}_{i_2,\ldots,i_r} = p_{i_2\ldots i_r} e_0 + \sum_{i_1=1}^{n} q_{i_1, i_2,\ldots, i_r} \bar{e}_{i_1}, \qquad (i_2, i_3, \ldots, i_r = 1, 2, \ldots, n)$$

$$\sigma = \sum_{i_2,\ldots,i_r}{}^{*} [\mathfrak{p}_{i_2\ldots i_r} \bar{e}_{i_2} \ldots \bar{e}_{i_r}].$$

Darin ist die Summe zu erstrecken über alle K_n^{r-1}-Kombinationen $(r-1)$-ter Klasse ohne Wiederholung der Indizes $(i_2, i_3, \ldots, i_r)$ der Elemente $1, 2, \ldots, n$, wobei für die Indizes gilt $i_2 < i_3 < \cdots < i_r$. Damit sind wir jetzt mit unseren allgemeinen Betrachtungen über die Größen in der Punktrechnung zu Ende.

Um jetzt noch zu einer eindeutigen Bezeichnung und Namengebung der Größen in der Punktrechnung zu gelangen, die keinen Anlaß zu Irrtümern gibt, wollen wir vorschlagen, folgende Namen und Bezeichnungen für die angegebenen geometrischen Größen in der Punktrechnung des n-dimensionalen Raumes von jetzt ab dauernd anzuwenden.

Einen beliebigen einfachen oder vielfachen Punkt des Raumes haben wir kurz einen *Punkt* genannt. Soll der Punkt ursprungsgebunden sein, d. h., ist er also ein Vielfaches des Ursprungs, dann nennen wir ihn kurz einen *Urpunkt*, weil er ja auch einen Punkt des Raumes, und zwar einen besonders ausgezeichneten Punkt des Raumes darstellt. Ähnlich wie der Begriff Pol einen Vektor oder einen Punkt und damit auch im Sonderfall einen Urpunkt darstellen kann, so führen wir im ähnlichen Sinne für die geometrischen Größen höherer Stufen, und zwar speziell für die äußeren Produkte in der Punktrechnung die nachfolgenden neuen Namen in (45, 22) ein. Da im Hauptgebiete s-ter Stufe allgemein den Größen r-ter Stufe dual die Größen $(s-r)$-ter Stufe — nach unseren Ausführungen im Anschluß an die Formel (44, 22) — entsprechen und es besonders bequem erscheint, duale Größen als solche sofort erkennen zu können, so weisen wir dualen Größen die kleinen und die großen Buchstaben desselben Alphabetes als Bezeichnung zu. Die geometrischen Einheiten bezeichnen wir überall mit dem entsprechenden Buchstaben e, die Nullgrößen mit dem entsprechenden Buchstaben o des Alphabetes. Damit erhalten wir nachfolgendes Bezeichnungsschema für die äußeren Produkte von r geometrischen Größen 1. Stufe in der Geometrie des n-dimensionalen Raumes:

Tabelle (45, 22). Name der äußeren Produkte in der Punktrechnung.

Anzahl der Faktoren r oder Stufenzahl des Produktes	Name des äußeren Produktes r-ter Stufe			
	gemeinsamer Name	eigentliche gebundene	uneigentliche freie	eigentliche ursprungsgeb.
	geometrische Größe der r-ten Stufe des n-dim. Raumes			
r	σ	$\pi_0 \dotplus \bar{\pi},\ \pi_0 \mp \widehat{(H)}_r$	$\bar{\pi}$	π_0
0	Zahl			
1	Pol	Punkt	Vektor	Urpunkt
2	Schraube	Stab	Schild	Urstab
3	Wand	Blatt	Spat	Urblatt
$r = 4$ bis $n-3$	r-Wand	r-Blatt	r-Spat	r-Urblatt
$n-2$	Hyperwand	Hyperblatt	Hyperspat	Urhyperblatt
$n-1$	Hyperschraube	Hyperstab	Hyperschild	Urhyperstab
n	Hyperpol	Hyperpunkt	Hypervektor	Urhyperpunkt
$s = n+1$	Block			

Tabelle (45, 23). Buchstabenbezeichnungen der äußeren Produkte in der Punktrechnung.

Buchstabenbezeichnungen der: **Produkte r-ter Stufe** — Spalten σ | $\pi_0+\bar\pi$, $\pi_0\mp(H)_r$ | $\bar\pi$ | π_0 ; **geometrischen Einheiten** — $\pi_0+\bar\pi$, $\pi_0\mp(H)_r$ | $\bar\pi$ | π_0 ; **Nullgrößen** — $\pi_0+\bar\pi$, $\pi_0\mp(H)_r$ | $\bar\pi$.

Anzahl der Faktoren r oder Stufenzahl des Produktes	σ	$\pi_0+\bar\pi$ / $\pi_0\mp(H)_r$	$\bar\pi$	π_0	$\pi_0+\bar\pi$ / $\pi_0\mp(H)_r$	$\bar\pi$	π_0	$\pi_0+\bar\pi$ / $\pi_0\mp(H)_r$	$\bar\pi$
0	s				$e=1$			$\mathfrak{o}=0$	
1	$\mathfrak{z}$	$\mathfrak{p}$	$\bar{\mathfrak{p}}$	$\mathfrak{p}_0$	e_i	$\bar e_k$	e_0	$\mathfrak{o}$	$\ddot{\mathfrak{o}}$
2	σ	π	$\bar\pi$	π_0	ε_i	$\bar\varepsilon_k$	$\varepsilon_{0\,i}$	(H)	$\overline{(H)}$
3; $r=4$ bis $n-3$; $n-2$	σ_r	π_r	$\bar\pi_r$	$\pi_{0,\,r}$	$\varepsilon_{i,\,r}$	$\bar\varepsilon_{k,\,r}$	$\varepsilon_{0\,i,\,r}$	$(H)_r$	$\overline{(H)}_r$
$n-1$	Σ	Π	$\overline{\Pi}$	Π_0	E_i	$\overline{E}_k$	$E_{0\,i}$	$(\ominus)$	$\overline{(\ominus)}_r$
n	$\mathfrak{S}$	$\mathfrak{P}$	$\overline{\mathfrak{P}}$	$\mathfrak{P}_0$	$\mathfrak{C}_i$	$\overline{\mathfrak{C}}_k$	$\mathfrak{C}_{0\,i}$	$\mathfrak{D}$	$\overline{\mathfrak{D}}$
$s=n+1$	S				E			O	

Befassen wir uns speziell mit der Mathematik $\mathfrak{R}$ oder mit der Geometrie des 0-, 1-, 2-, 3-dimensionalen Raumes $\mathfrak{R}_0$, $\mathfrak{R}_1$, $\mathfrak{R}_2$, $\mathfrak{R}_3$, dann verwenden wir jedoch der Einheitlichkeit wegen folgendes Namen- und Bezeichnungsschema:

Tabelle (45, 24). Bezeichnungsschema in der Punktrechnung, der Mathematik und der Geometrie des 0-, 1-, 2-, 3-dimensionalen Raumes.

Stufenzahl r des Produktes	Dimensionszahl der Größe $d=r-1$	Name der geometrischen Größe	Mathematik $\mathfrak{R}$	$\mathfrak{R}_0$	$\mathfrak{R}_1$	$\mathfrak{R}_2$	$\mathfrak{R}_3$
0	—	Zahl	p	p	p	p	p
1	0	Punkt Pol Vektor		P	$\mathfrak{p}$ $\mathfrak{z}$ $\bar{\mathfrak{p}}$	$\mathfrak{p}$ $\mathfrak{z}$ $\bar{\mathfrak{p}}$	$\mathfrak{p}$ $\mathfrak{z}$ $\bar{\mathfrak{p}}$
2	1	Stab Schraube Schild			P	$\mathfrak{P}$ $\mathfrak{S}$ $\overline{\mathfrak{P}}$	π σ $\bar\pi$
3	2	Blatt Wand Spat				P	$\mathfrak{P}$ $\mathfrak{S}$ $\overline{\mathfrak{P}}$
4	3	Block					P

Dazu können wir noch folgendes bemerken:

(45, 25) Man nennt die Vektoren auch *Pfeile*. Sie sind die endlichen Vertreter der ∞ fernen Punkte des Raumes.

Man nennt die Schilde auch *Bivektoren*. Sie sind die endlichen Vertreter der ∞ fernen Geraden des Raumes.

Man nennt die Spate auch *Trivektoren*. Sie sind die endlichen Vertreter der ∞ fernen Ebene des Raumes.

Als Vertreter ∞ ferner Elemente des Raumes werden diese Größen auch *uneigentliche Elemente des Raumes* genannt, während die im Endlichen liegenden Punkte, Stäbe, Blätter *gebundene Größen* oder *eigentliche Elemente des Raumes* heißen.

(45, 26) In der Mechanik begegnen wir einer Anwendung dieser Größen. Dort entsprechen den Drehungen und den Kräften des Raumes die Stäbe, den Translationen und den Drehmomenten des Raumes die Schilde. Ferner entsprechen den Drehungen plus Translationen und den Kräften plus Drehmomenten des Raumes die Schrauben, die hier die besonderen Namen *Bewegungsschrauben oder Motoren* bzw. *Kraftschrauben oder Dynamen* führen.

Damit haben wir jetzt die Grundlagen für das gesamte Lehrgebäude der n-dimensionalen Geometrie, nämlich der Punkt- sowie der Vektorrechnung gegeben. Den weiteren Ausbau dieses Lehrgebäudes behandeln wir erst in der geplanten Fortsetzung des vorliegenden Werkes. Wir gehen jetzt noch abschließend zum letzten Kapitel, nämlich der Behandlung der extensiven Größen über.

V. Kapitel. Die extensiven Größen des n-dimensionalen Raumes. Einführung in die geometrische Physik.

46. Die extensiven Größen erster Stufe des n-dimensionalen Raumes.

Wir verknüpfen jetzt die Lehren des II. und IV. Kapitels und gehen von den geometrischen Größen 1. und r-ter Stufe des n-dimensionalen Raumes, die wir im vorigen Kapitel eingehend besprochen haben, zu den extensiven Größen 1. und r-ter Stufe des n-dimensionalen Raumes über.

Unter einer *extensiven Größe 1. Stufe* oder kürzer unter *einer Extense 1. Stufe des n-dimensionalen Raumes* verstehen wir — zum Unterschied von einer geometrischen Größe 1. Stufe des n-dimensionalen Raumes — eine Größe, die aus unserem System der s geometrischen Grundmaßeinheiten, den Grundpolen $\mathfrak{g}_1$, $\mathfrak{g}_2$, $\ldots$, $\mathfrak{g}_s$ — nicht mit Hilfe von s Ableitungszahlen wie die geometrische Größe — sondern mit Hilfe von s Ableitungsskalaren, die alle dieselbe physikalische Dimension besitzen müssen, hergeleitet werden kann, d. h. also einen Ausdruck folgender Form:

$$(46, 1) \qquad \mathfrak{s}_h = s_{h\,1}\,\mathfrak{g}_1 + s_{h\,2}\,\mathfrak{g}_2 + \cdots + s_{h\,s}\,\mathfrak{g}_s\,.$$

Darin können wir aber nach den Lehren des II. Kapitels die Ableitungsskalare s_{h1}, s_{h2}, $\ldots$, s_{hs} alle im gleichen physikalischen Maßsystem Nr. a als Produkte von Maßzahlen und Maßeinheiten darstellen.

$$(46, 2) \qquad s_{h\,1} = s_{h\,1,\,a}\,[s_{h,\,a}]\,,\ \ s_{h\,2} = s_{h\,2,\,a}\,[s_{h,\,a}]\,,\ \ \ldots,\ \ s_{h\,s} = s_{h\,s,\,a}\,[s_{h,\,a}]\,.$$

Den Ableitungsskalaren s_{h1}, s_{h2}, $\ldots$, s_{hs} in (46, 1) müssen wir dabei dieselbe physikalische Dimension zuschreiben, da sonst die Summanden in (46, 1) nicht mehr gleichartig und daher auch nicht mehr addierbar wären. Wir erinnern auch hier an unsere diesbezüglichen Untersuchungen im II. Kapitel. In einem anderen physikalischen Maßsystem Nr. b erhalten wir für die Ableitungssklare die Darstellung:

(46, 3) $s_{h1} = s_{h1,\,b}\,[s_{h,\,b}], \quad s_{h2} = s_{h2,\,b}\,[s_{h,\,b}], \quad \ldots, \quad s_{hs} = s_{hs,\,b}\,[s_{h,\,b}].$

Setzen wir (46, 2) und (46, 3) in (46, 1) ein, so erhalten wir, wenn wir die physikalische Dimension einer Größe als Faktor in einem Produkt von Größen stets wie einen Zahlenfaktor behandeln, was wir von jetzt ab stets tun wollen, die beiden folgenden Darstellungen der Extense:

(46, 4) $\mathfrak{z}_h = (s_{h1,\,a}\,\mathfrak{g}_1 + s_{h2,\,a}\,\mathfrak{g}_2 + \cdots + s_{hs,\,a}\,\mathfrak{g}_s)\,[s_{h,\,a}],$

$\mathfrak{z}_h = (s_{h1,\,b}\,\mathfrak{g}_1 + s_{h2,\,b}\,\mathfrak{g}_2 + \cdots + s_{hs,\,b}\,\mathfrak{g}_s)\,[s_{h,\,b}].$

In der runden Klammer stehen jetzt geometrische Größen 1. Stufe. Für jeden Ableitungsskalar in (46, 1) müssen dabei nach unseren Untersuchungen im I. Kapitel folgende Beziehungen bestehen:

(46, 5) $s_{h\iota} = s_{hi,\,a}\,[s_{h,\,a}] = s_{hi,\,b}\,[s_{h,\,b}].$ $(i = 1, 2, \ldots, s)$

Darin können wir setzen:

(46, 6) $[s_{h\,b}] = k\,[s_{h\,a}], \quad s_{hi,\,a} = k \cdot s_{hi,\,b},$ $(i = 1, 2, \ldots, s)$

wobei k eine reelle Umrechnungszahl für die physikalischen Maßeinheiten bedeutet. Nun führen wir einige neue Begriffe ein:

Unter der *geometrischen Größe 1. Stufe oder unter dem Pol* $\mathfrak{z}_{h,\,a}$ *bzw.* $\mathfrak{z}_{h,\,b}$ *der Extense* $\mathfrak{z}_h$ *im physikalischen Maßsystem Nr. a bzw. Nr. b* verstehen wir die geometrische Größe oder den Pol

(46, 7) $\mathfrak{z}_{h,\,a} = s_{h1,\,a}\,\mathfrak{g}_1 + s_{h2,\,a}\,\mathfrak{g}_2 + \cdots + s_{hs,\,a}\,\mathfrak{g}_s,$

$\mathfrak{z}_{h,\,b} = s_{h1,\,b}\,\mathfrak{g}_1 + s_{h2,\,b}\,\mathfrak{g}_2 + \cdots + s_{hs,\,b}\,\mathfrak{g}_s.$

Nach (46, 4) kann dann geschrieben werden im Maßsystem Nr. a bzw. Nr. b

(46, 8) $\mathfrak{z}_h = \mathfrak{z}_{h,\,a}\,[s_{h,\,a}] = \mathfrak{z}_{h,\,b}\,[s_{h,\,b}].$

Unter dem *absoluten Betrag* $s_{h,\,a}$ *bzw.* $s_{h,\,b}$ *oder* $|\,\mathfrak{z}_{h,\,a}\,|$ *bzw.* $|\,\mathfrak{z}_{h,\,b}\,|$ *einer Extense* $\mathfrak{z}_h$ *im physikalischen Maßsystem Nr. a bzw. Nr. b* verstehen wir den absoluten Betrag des Poles $\mathfrak{z}_{h,\,a}$ bzw. $\mathfrak{z}_{h,\,b}$ also:

(46, 9) $s_{h,\,a} = |\,\mathfrak{z}_{h,\,a}\,| = \underset{+}{\sqrt{\sum_{i=1}^{s} s_{hi,\,a}^2}}, \quad s_{h,\,b} = |\,\mathfrak{z}_{h,\,b}\,| = \underset{+}{\sqrt{\sum_{i=1}^{s} s_{hi,\,b}^2}}.$

Wegen (46, 6) muß dann die Beziehung bestehen:

(46, 10) $s_{h,\,a} = k \cdot s_{h,\,b}.$

Unter dem Einheitspol $\mathfrak{g}_h'$ *der Extense* $\mathfrak{z}_h$ verstehen wir den Pol

(46, 11) $\mathfrak{g}_h' = \mathfrak{z}_{h,\,a}/s_{h,\,a}.$

Dieser ist wieder vom physikalischen Maßsystem Nr. a unabhängig, denn wegen (46, 6) folgt aus (46, 7)

(46, 12) $\mathfrak{z}_{h,\,a} = k\,\mathfrak{z}_{h,\,b},$

und somit ergibt sich aus (46, 11) mittels (46, 12) und (46, 10) auch

(46, 13) $\mathfrak{g}_h' = \mathfrak{z}_{h,\,b}/s_{h,\,b}.$

Rechnen wir jetzt $\mathfrak{z}_{h,\,b}$ und $\mathfrak{z}_{h,\,b}$ aus (46, 11) bzw. (46, 13) aus und setzen beide

Ausdrücke in (46, 8) ein, so ergeben sich nach Umstellung der Faktoren die wichtigen Beziehungen:

(46, 14)
$$\mathfrak{s}_h = s_{h,a}\,[s_{h,a}]\,\mathfrak{g}_h', \qquad \mathfrak{s}_h = s_{h,b}\,[s_{h,b}]\,\mathfrak{g}_h'.$$

Diese Ausdrücke nennen wir jetzt *die Normalformen der extensiven Größe 1. Stufe $\mathfrak{s}_h$ im physikalischen Maßsystem Nr. a bzw. Nr. b.*

Aus (46, 6) und (46, 10) folgt aber jetzt für den von uns neu definierten Skalar s_h in der folgenden Gleichung die Beziehung:

(46, 15)
$$s_h = s_{h,a}\,[s_{h,a}] = s_{h,b}\,[s_{h,b}].$$

Damit kann die Extense $\mathfrak{s}_h$ dargestellt werden in der Form:

(46, 16)
$$\mathfrak{s}_h = s_h\,\mathfrak{g}_h',$$

worin jetzt der Skalar s_h wieder von seiner Darstellung in irgendeinem physikalischen Maßsystem Nr. a bzw. Nr. b unabhängig geworden ist. Diesen Ausdruck nennen wir deshalb *die Normalform der extensiven Größe 1. Stufe $\mathfrak{s}_h$.* Zwischen der Normalform einer geometrischen Größe 1. Stufe $\mathfrak{s}_h$ und der Normalform einer extensiven Größe 1. Stufe $\mathfrak{s}_h$, die wir jetzt von nun an beide in derselben Form schreiben werden, besteht also nur der einzige Unterschied, daß s_h bei der geometrischen Größe 1. Stufe bzw. beim Pol $\mathfrak{s}_h$ eine reelle Zahl ist, der die physikalische Dimension [1] zukommt, während s_h bei der extensiven Größe 1. Stufe einen Skalar bedeutet, dem die physikalische Dimension $[s_{h,a}]$ bzw. $[s_{h,b}]$ entspricht. Wir sehen also jetzt leicht folgendes ein: Besitzen die Skalare s_{h1}, s_{h2}, ..., s_{hs} in (46, 1) die physikalische Dimension $[s_{h,a}] = [s_{h,b}] = [1]$, d. h. sind sie reelle Zahlen, so ist $\mathfrak{s}_h$ in (46, 1) eine geometrische Größe 1. Stufe, d. h. ein Pol des $\mathfrak{R}_n$. Besitzen hingegen die Skalare s_{h1}, s_{h2}, ..., s_{hs} z. B. im Maßsystem Nr. a bzw. Nr. b alle dieselbe physikalische Dimension $[s_{h,a}]$ bzw. $[s_{h,b}]$, aber beide ungleich [1], d. h. sind sie also wirklich Skalare im vollsten Sinne des Wortes, so ist $\mathfrak{s}_h$ in (46, 1) eine extensive Größe 1. Stufe des $\mathfrak{R}_n$. Die geometrischen Größen 1. Stufe des $\mathfrak{R}_n$ sind also Sonderfälle der extensiven Größen 1. Stufe des $\mathfrak{R}_n$. Zusammenfassend erhalten wir also jetzt noch wegen (46, 11) für irgend eine extensive Größe 1. Stufe folgende Darstellungsformen:

(46, 17)
$$\mathfrak{s}_h = s_{h,a}\,[s_{h,a}]\,\mathfrak{g}_h' = s_h\,\mathfrak{g}_h' = [s_{h,a}]\,\mathfrak{s}_{h,a},$$

$\mathfrak{s}_h \ldots$ *extensive Größe 1. Stufe des n-dimensionalen Raumes $\mathfrak{R}_n$ mit*
$$s = n + 1,$$
$s_{h,a} \ldots$ *Maßzahl der Extense $\mathfrak{s}_h$ im physikalischen Maßsystem Nr. a,*
$[s_{h,a}] \ldots$ *physikalische Maßeinheit oder Dimension der Extense $\mathfrak{s}_h$ im physikalischen Maßsystem Nr. a,*
$\mathfrak{g}_h' \ldots$ *geometrische Maßeinheit der Extense $\mathfrak{s}_h$,*
$s_h = s_{h,a}\,[s_{h,a}] \ldots$ *Skalar der Extense $\mathfrak{s}_h$,*
$\mathfrak{s}_{h,a} = s_{h,a}\,\mathfrak{g}_h' \ldots$ *geometrische Größe oder Pol der Extense $\mathfrak{s}_h$ im physikalischen Maßsystem Nr. a.*

Die Maßzahl $s_{h,a}$ in (46, 17) kann hierbei reell, rein imaginär oder auch komplex sein. Ist sie komplex, so kann die extensive Größe 1. Stufe wieder in einen reellen und in einen rein imaginären Bestandteil nach folgenden Regeln zerlegt werden:

(46, 18)
$$s_{h,a} = s_{h,a}' + i\,s_{h,a}'', \qquad i = \sqrt{-1},$$

(46, 19)
$$\mathfrak{s}_h = \mathfrak{s}_h' + i\,\mathfrak{s}_h'', \qquad \mathfrak{s}_h' = s_{h,a}'\,[s_{h,a}]\,\mathfrak{g}_h', \qquad \mathfrak{s}_h'' = s_{h\,a}''\,[s_{h,a}]\,\mathfrak{g}_h'.$$

Der Begriff einer extensiven Größe 1. Stufe schließt also die Grundbegriffe der Geometrie, die Punkte und Vektoren des n-dimensionalen Raumes — sowie den Begriff der physikalischen Dimension — in sich und bildet darum das gegebene Fundament zum Aufbau einer modernen geometrischen Physik. Die folgende Tabelle zeigt dies an je einem Beispiel:

Tabelle (46, 20). Die möglichen Sonderfälle einer extensiven Größe 1. Stufe.

Extensive Größe	Stufe	Beispiel	Maßzahl	physikal. Dimension	geometr. Maßeinheit
$\mathfrak{S}_h$	1	Extense	$s_{h,a}$	$[s_{h,a}]$	$\mathfrak{g}'_h$
Geometrische Größe	1	Punkt	6	$[1]$	e_a
		Vektor	3,2	$[1]$	$\bar{e}$
Extensive Größe	1	Massenpunkt	2,7	$[g^*]$	e_a
		Kraft	5	$[t]$	$\bar{e}$

$\bar{e}$ bedeutet darin einen Einheitsvektor in Richtung des Vektors bzw. der Kraft und e_a einen Punkt des Raumes. Eine extensive Größe $\mathfrak{S}_h$ der 1. Stufe stellt also die allgemeinste, überhaupt denkbare lineare Größe, ausgestattet mit physikalischen und geometrischen Eigenschaften, dar. Sie ist geometrische und extensive Größe zugleich und daher in der Geometrie und Physik in gleichem Maße umfassend verwendbar. Auf die extensiven Größen können natürlich auch ohne weiteres alle Begriffe der geometrischen Größe übertragen werden. Wir denken uns, um dies zu zeigen, zwei extensive Größen 1. Stufe in ihren verschiedenen Darstellungsformen im gleichen physikalischen Maßsystem Nr. a gegeben:

$$(46, 21) \qquad \mathfrak{S}_{h_1} = s_{h_1,a}\,[s_{h_1,a}]\,\mathfrak{g}'_{h_1} = s_{h_1}\,\mathfrak{g}'_{h_1} = [s_{h_1,a}]\,\mathfrak{S}_{h_1,a}\,,$$

$$\mathfrak{S}_{h_2} = s_{h_2,a}\,[s_{h_2,a}]\,\mathfrak{g}'_{h_2} = s_{h_2}\,\mathfrak{g}'_{h_2} = [s_{h_2,a}]\,\mathfrak{S}_{h_2,a}\,.$$

Wir legen jetzt in Anlehnung an unsere Begriffsbildungen für die geometrischen Größen 1. Stufe und damit auch in Übereinstimmung stehend folgende neue Begriffsbildungen extensiver Größen fest:

$$(46, 22) \qquad \mathfrak{g}'_{h_1} \uparrow\uparrow \mathfrak{g}'_{h_2}, \quad \mathfrak{g}'_{h_1} = \mathfrak{g}'_{h_2} \longleftrightarrow \mathfrak{S}_{h_1} \uparrow\uparrow \mathfrak{S}_{h_2}, \quad \mathfrak{S}_{h_1}\ \textit{gleichsinnig parallel zu}\ \mathfrak{S}_{h_2},$$

$$\mathfrak{g}'_{h_1} \uparrow\downarrow \mathfrak{g}'_{h_2}, \quad \mathfrak{g}'_{h_1} = -\,\mathfrak{g}'_{h_2} \longleftrightarrow \mathfrak{S}_{h_1} \uparrow\downarrow \mathfrak{S}_{h_2}, \quad \mathfrak{S}_{h_1}\ \textit{gegensinnig parallel zu}\ \mathfrak{S}_{h_2},$$

$$\mathfrak{g}'_{h_1} \mid\mid \mathfrak{g}'_{h_2}, \quad \mathfrak{g}'_{h_1} = \pm\,\mathfrak{g}'_{h_2} \longleftrightarrow \mathfrak{S}_{h_1} \mid\mid \mathfrak{S}_{h_2}, \quad \mathfrak{S}_{h_1}\ \textit{parallel zu}\ \mathfrak{S}_{h_2},$$

$$[s_{h_1,a}] = [s_{h_2,a}] \longleftrightarrow \mathfrak{S}_{h_1} \approx \mathfrak{S}_{h_2}, \qquad \mathfrak{S}_{h_1}\ \textit{gleichartig zu}\ \mathfrak{S}_{h_2},$$

$$\mathfrak{g}'_{h_1} = \pm\,\mathfrak{g}'_{h_2}, \quad [s_{h_1,a}] = [s_{h_2,a}] \longleftrightarrow \begin{cases} \mathfrak{S}_{h_1} \equiv \mathfrak{S}_{h_2}, \ \mathfrak{S}_{h_1}\ \textit{kongruent zu}\ \mathfrak{S}_{h_2}, \\ \mathfrak{S}_{h_1} \mid\mid \mathfrak{S}_{h_2}\ \ \text{und}\ \ \mathfrak{S}_{h_1} \approx \mathfrak{S}_{h_2}, \end{cases}$$

$$\mathfrak{g}'_{h_1} \cdot \mathfrak{g}'_{h_2} = 0 \longleftrightarrow \mathfrak{S}_{h_1} \perp \mathfrak{S}_{h_2}, \ \mathfrak{S}_{h_1}\ \textit{orthogonal oder senkrecht zu}\ \mathfrak{S}_{h_2},$$

$$s_{h_1,a} = [1] \longleftrightarrow \mathfrak{S}_{h_1}\ \textit{normiert im physikalischen Maßsystem Nr. a},$$

$$[s_{h_1,a}] = [1] \longleftrightarrow \mathfrak{S}_{h_1} = \textit{geometrische Größe 1. Stufe}.$$

Damit haben wir alle Begriffsbildungen von geometrischen Größen auch auf die extensiven Größen übertragen. Ebenso können wir auch wieder von der *linearen Ab- und Unabhängigkeit mehrerer extensiven Größen 1. Stufe* nur dann sprechen, wenn alle betrachteten extensiven Größen von gleicher Art sind, d. h.

wenn die betrachteten Extensen alle dieselbe physikalische Dimension besitzen; denn nur in diesem Falle können sie mit Zahlen vervielfacht und zugleich wieder alle addiert werden, so daß das Additionsergebnis auch wieder einen entsprechenden Sinn besitzt. Es gilt darum der Satz:

(46, 23)   Die Addition, Subtraktion und Vervielfachung mit Zahlen erfolgt bei den extensiven Größen 1. Stufe genau so wie bei den geometrischen Größen 1. Stufe, wobei beim Rechnen mit Extensen die physikalische Dimension der Extense stets wie eine reelle Zahl zu behandeln ist. Es können jedoch immer nur gleichartige Extensen derselben Stufe addiert, subtrahiert, mit Zahlen vervielfacht und dann wieder zu einer Gesamtsumme zusammengezogen werden.

(46, 24)   Besitzen alle Ableitungsskalare einer Extense die physikalische Dimension [1], so stellt die Extense eine geometrische Größe dar.

Aus diesem Grunde haben wir die Extensen $\mathfrak{s}_h$ in (46, 1) genau so wie die geometrischen Größen 1. Stufe im IV. Kapitel bezeichnet. Alle dort für geometrische Größen abgeleiteten Formeln gelten deshalb auch in derselben Weise für extensive Größen, wenn nur dort die reellen Zahlen jetzt als Skalare, denen eine bestimmte physikalische Dimension zukommt, gedeutet werden. Die Rechenregeln für die extensiven Größen brauchen deshalb nicht neuerdings angeschrieben zu werden.

47. Die extensiven Größen höherer Stufen des n-dimensionalen Raumes.

Genau so, wie wir in Punkt 42 die geometrischen Größen r-ter Stufe σ_h als Produkte von r geometrischen Größen 1. Stufe $\mathfrak{s}_{h_1}, \mathfrak{s}_{h_2}, \ldots, \mathfrak{s}_{h_r}$ dargestellt haben, können wir jetzt mit denselben Formeln wie in 42 die *extensiven Größen r-ter Stufe σ_h als Produkte von r extensiven Größen 1. Stufe* $\mathfrak{s}_{h_1}, \mathfrak{s}_{h_2}, \ldots, \mathfrak{s}_{h_r}$ darstellen. In (42, 8) und (42, 11) bedeuten dann die Größen $s_{h_i k_i}$ bzw. s_{hk} einfach Skalare. Arbeiten wir im physikalischen Maßsystem Nr. a, so erhalten wir dann für irgend ein *allgemeines Produkt* die folgenden Darstellungen:

$$(47, 1) \qquad \sigma_h = \mathfrak{s}_{h_1} \mathfrak{s}_{h_2} \ldots \mathfrak{s}_{h_r}$$

$$= \left(\sum_{k_1=1}^{s} s_{h_1 k_1, a} [s_{h_1, a}] \mathfrak{g}_{k_1} \right) \left(\sum_{k_2=1}^{s} s_{h_2 k_2, a} [s_{h_2, a}] \mathfrak{g}_{k_2} \right) \ldots \left(\sum_{k_r=1}^{s} s_{h_r k_r, a} [s_{h_r, a}] \mathfrak{g}_{k_r} \right),$$

$$(47, 2) \qquad \sigma_h = \mathfrak{s}_{h_1} \mathfrak{s}_{h_2} \ldots \mathfrak{s}_{h_r}$$

$$= \sum_{k_1, k_2, \ldots, k_r = 1, 1, \ldots, 1}^{s, s, \ldots, s} (s_{h_1 k_1, a} \, s_{h_2 k_2, a} \ldots s_{h_r k_r, a}) [s_{h_1, a}] [s_{h_2, a}] \ldots [s_{h_r, a}] \mathfrak{g}_{k_1} \mathfrak{g}_{k_2} \ldots \mathfrak{g}_{k_r}$$

oder mit den Abkürzungen:

$$(47, 3) \qquad \sigma_h = \mathfrak{s}_{h_1} \mathfrak{s}_{h_2} \ldots \mathfrak{s}_{h_r}, \quad \gamma_k = \mathfrak{g}_{k_1} \mathfrak{g}_{k_2} \ldots \mathfrak{g}_{k_r},$$

$$s_{hk, a} = s_{h_1 k_1, a} \, s_{h_2 k_2, a} \ldots s_{h_r k_r, a}, \quad [s_{h, a}] = [s_{h_1, a}] [s_{h_2, a}] \ldots [s_{h_r, a}],$$

wenn man die letzten beiden Gleichungen in eine Gleichung zusammenfaßt:

$$(47, 4) \qquad s_{hk} = s_{h_1 k_1} s_{h_2 k_2} \ldots s_{h_r k_r} \quad \text{oder}$$

$$s_{hk} = s_{hk, a} [s_{h, a}] = s_{h_1 k_1, a} \, s_{h_2 k_2, a} \ldots s_{h_r k_r, a} [s_{h_1, a}] [s_{h_2, a}] \ldots [s_{h_r, a}],$$

ergibt sich wieder entsprechend (42, 11) die Darstellung:

$$(47, 5) \qquad \sigma_h = \sum_{k=1}^{t} s_{hk,a}\,[s_{h,a}]\,\gamma_k = \sum_{k=1}^{t} s_{hk}\,\gamma_k,$$

worin jetzt wieder die s_{hk} alle Skalare derselben physikalischen Dimension darstellen. Hätten wir dieselben Extensen alle im physikalischen Maßsystem Nr. b dargestellt, so hätten wir in allen eben gegebenen Formeln nur den Buchstaben a durch den Buchstaben b ersetzen müssen und daher die folgende Darstellung erhalten:

$$(47, 6) \qquad \sigma_h = \sum_{k=1}^{t} s_{hk,b}\,[s_{h,b}]\,\gamma_k = \sum_{k=1}^{t} s_{hk}\,\gamma_k.$$

Bei der Darstellung in Matrizenform (39, 93) bis (39, 97) weisen dabei die Skalare der 1., 2., ..., m-ten Zeile der Matrize der Reihe nach je dieselbe physikalische Dimension, nämlich die Dimensionen $[s_{1,a}]$, $[s_{2,a}]$, ..., $[s_{m,a}]$ auf. Der Produktextense kommt dann als physikalische Dimension wieder das Produkt der physikalischen Dimensionen der einzelnen Faktorextensen zu. Nach denselben Überlegungen wie in (42, 26) bis (42, 30) erkennen wir auch wieder im Anschluß an unsere Gleichungen (47, 1) bis (47, 6), weil die Größen s_{h_1}, ..., s_{h_r} jetzt alle Skalare mit den physikalischen Dimensionen $[s_{h_1,a}]$, ..., $[s_{h_r,a}]$ bedeuten, daß nachfolgendes analoges Formelsystem Gültigkeit besitzen muß:

$$(47, 7) \qquad s_{h_1 k_1} = s_{h_1 k_1, a}\,[s_{h_1, a}],\ \ldots,\ s_{h_r k_r} = s_{h_r k_r, a}\,[s_{h_r, a}],$$

$$(47, 8) \qquad s_{h_1} = s_{h_1, a}\,[s_{h_1, a}],\ \ldots,\ s_{h_r} = s_{h_r, a}\,[s_{h_r, a}],$$

$$(47, 9) \qquad s_{h_1, a} = {}_{+}\!\!\sqrt{\sum_{k_1=1}^{s} s_{h_1 k_1, a}^{2}},\ \ldots,\ s_{h_r, a} = {}_{+}\!\!\sqrt{\sum_{k_r=1}^{s} s_{h_r k_r, a}^{2}},$$

$$(47, 10) \qquad s_h = s_{h, a}\,[s_{h, a}], \qquad\qquad \sigma_h = s_{h, a}\,[s_{h, a}]\,\gamma_h',$$

$$s_h = s_{h_1} s_{h_2} \ldots s_{h_r}, \qquad\qquad s_{h, a} = s_{h_1, a}\, s_{h_2, a} \ldots s_{h_r, a},$$

$$[s_{h, a}] = [s_{h_1, a}]\,[s_{h_2, a}] \ldots [s_{h_r, a}], \quad \gamma_h' = \mathfrak{g}_{h_1}'\, \mathfrak{g}_{h_2}' \ldots \mathfrak{g}_{h_r}'.$$

Mit derselben Bedeutung für die $\mathfrak{g}_{h_1}'$, $\mathfrak{g}_{h_2}'$, ..., $\mathfrak{g}_{h_r}'$ als abgeleitete geometrische Maßeinheiten wie in den Formeln (42, 26) bis (42, 30).

Zusammenfassend erhalten wir also jetzt wegen (47, 10) im Anschluß an die Formeln (46, 17) für irgend eine extensive Größe r-ter Stufe des n-dimensionalen Raumes folgende Darstellungsformen

$$(47, 11) \qquad \sigma_h = s_{h, a}\,[s_{h, a}]\,\gamma_h' = s_h\,\gamma_h' = [s_{h, a}]\,\sigma_{h, a},$$

σ_h ... *extensive Größe r-ter Stufe des n-dimensionalen Raumes $\mathfrak{R}_n$ mit*
$s = n + 1$,

$s_{h, a}$ ... *Maßzahl der Extense σ_h im physikalischen Maßsystem Nr. a,*

$[s_{h, a}]$ ... *physikalische Maßeinheit oder Dimension der Extense σ_h im physikalischen Maßsystem Nr. a,*

$\gamma_h' = \mathfrak{g}_{h_1}'\, \mathfrak{g}_{h_2}' \ldots \mathfrak{g}_{h_r}'$ ... *geometrische Maßeinheit r-ter Stufe der Extense σ_h,*

$s_h = s_{h, a}\,[s_{h, a}]$ ... *Skalar der Extense σ_h,*

$\sigma_{h, a} = s_{h, a}\,\gamma_h'$ ... *geometrische Größe der Extense σ_h im physikalischen Maßsystem Nr. a.*

Ist im Sonderfall wie in (46, 18) die Maßzahl $s_{h, a}$ komplex, so kann auch die extensive Größe r-ter Stufe ebenso wie die extensive Größe 1. Stufe wieder in einen reellen und in einen rein imaginären Bestandteil nach folgender Formel zerlegt werden:

$$(47, 12) \qquad \sigma_h = \sigma_h' + i\,\sigma_h'', \qquad \sigma_h' = s_{h,a}'[s_{h,a}]\gamma_h', \qquad \sigma_h'' = s_{h,a}''[s_{h,a}]\gamma_h'.$$

Die extensive Größe r-ter Stufe σ_h des n-dimensionalen Raumes mit $r \geqq 0$ stellt somit die allgemeinste überhaupt denkbare *Grundgröße* gleichzeitig *der Mathematik, der Geometrie und der Physik* dar, falls dem Aufbau ihrer geometrischen Maßeinheit γ_h' in (47, 10) die allgemeinen Produktbildungsgesetze für die abgeleiteten Einheitspole $\mathfrak{g}_{h_1}'$, $\mathfrak{g}_{h_2}'$, . . ., $\mathfrak{g}_{h_r}'$ des $\mathfrak{R}_n$ zugrunde liegen. Sie bildet darum überhaupt die *Grundlage der gesamten geometrischen Physik.* Für die Annahme spezieller Produktbildungsgesetze geht diese *allgemeine Extense r-ter Stufe* in irgend eine *spezielle* (z. B. in eine *äußere, innere*, . . .) *Extense r-ter Stufe* über. In der folgenden Tabelle bringen wir noch je ein Beispiel der wichtigsten speziellen Fälle der extensiven Größen r-ter Stufe, nämlich der extensiven Größen 0-ter Stufe der Skalare und der Zahlen sowie der extensiven Größen r-ter Stufe selbst. Beispiele für die extensiven Größen 1. Stufe, die unser Ausdruck in (47, 11) natürlich mitumfaßt, finden wir in der schon gegebenen Tabelle (46, 20).

Tabelle (47, 13).   Sonderfälle der extensiven Größe r-ter Stufe.

Extensive Größe	Stufe	Beispiel	Maßzahl	Physikalische Dimension	Geometrische Maßeinheit
σ_h	r	Extense	$s_{h,a}$	$[s_{h,a}$	γ_h'
Zahl	0	reel	$-2{,}3$	[1]	1
		rein inmaginär	$+7i$		
		komplex	$3{-}4i$		
Skalar	0	Arbeit	-4	[tm]	1
Extense	r	Geometrische Größe	$+7{,}1$	[1]	γ_h'
		Extensive Größe	$+5{,}3$	[mkg* sk]	γ_h'

Wichtig ist auch die Bemerkung, daß allen Ableitungsskalaren einer allgemeinen extensiven Größe oder Extense r-ter Stufe σ_h in (47, 5) die gleich direkt durch das geordnete System ihrer t Ableitungsskalare s_{hk} gegeben ist, stets ein und dieselbe physikalische Dimension $[s_{h,a}]$ zukommen muß, da ja nur der Addition von Größen derselben Art ein bestimmter Sinn zukommen kann. Vergleichen wir die eben gegebenen Untersuchungen wieder mit unseren Untersuchungen in Punkt 46, so folgt auch, daß genau so, wie sich die Extensen 1. Stufe aus den geometrischen Größen 1. Stufe, durch Deutung der Ableitungszahlen als Ableitungsskalare ein und derselben physikalischen Dimension, ergeben haben, dies auch für die Extensen r-ter Stufe gelten muß. Die geometrischen Größen r-ter Stufe sind ja wieder nichts anderes als spezielle Extensen r-ter Stufe mit der physikalischen Dimension [1]. Eine weitere Untersuchung dieser Ausdrücke kann daher hier wohl unterbleiben.

Da jedes *spezielle Produkt r-ter Stufe von Extensen 1. Stufe* sich wieder als ein Sonderfall eines allgemeinen Produktes r-ter Stufe von Extensen 1. Stufe bei gleichzeitigem Bestehen mehrerer Beziehungsgleichungen für die geometrischen Grundmaßeinheiten aufgefaßt werden kann, so haben wir aber auch für die *speziellen (äußeren, inneren, ...) Produkte r-ter Stufe*, d. h. für die speziellen *(äußeren, inneren, ...) Extensen r-ter Stufe* gleichzeitig keine besonderen Bemerkungen mehr hinzuzufügen. Wir erkennen daher jetzt um so eindringlicher die im II. Kapitel gemachte Behauptung, *daß* tatsächlich *in der geometrischen Physik das ganze System der Definitionsgleichungen, der Maßzahlen, der Maßeinheiten sowie das geometrische System der Größen durch die Auswahl eines bestimmt gewählten physikalischen Maßsystems, wie auch durch die Auswahl eines bestimmt gewählten geometrischen Systems, des Grundkoordinatensystems des n-dimensionalen Raumes $\Re_n$ gegenseitig genau aufeinander abgestimmt sein muß*, wenn man stets beim Rechnen richtige und eindeutige Rechenergebnisse erhalten will. Nur dann werden sich beim Durchrechnen irgend welcher Aufgaben auch keine Widersprüche ergeben.

48. Die zeichnerische Darstellung der extensiven Größen erster Stufe.

Wir wollen die Sachlage zunächst an Hand zweier Beispiele etwas näher erläutern. Wir wollen eine Verschiebung eines starren Körpers in einem dreidimensionalen Raume mathematisch-geometrisch einwandfrei mit Hilfe der Vektorrechnung im Vektorgebiete darstellen. Die Verschiebung wird genau bestimmt durch die Angabe folgender Gleichung, die der Beziehung (46, 4) bzw. (46, 1) genau entspricht:

$$(48, 1) \quad \bar{\mathfrak{v}} = 4\,[m]\,\bar{e}_1 + 3\,[m]\,\bar{e}_2 + 12\,[m]\,\bar{e}_3 = (4\,\bar{e}_1 + 3\,\bar{e}_2 + 12\,\bar{e}_3)\,[m]$$

oder allgemein:

$$\bar{\mathfrak{v}} = v_{1a}\,[v_a]\,\bar{e}_1 + v_{2a}\,[v_a]\,\bar{e}_2 + v_{3a}\,[v_a]\,\bar{e}_3 = (v_{1a}\,\bar{e}_1 + v_{2a}\,\bar{e}_2 + v_{3a}\,\bar{e}_3)\,[v_a],$$

$$\bar{\mathfrak{v}} = v_1\,\bar{e}_1 + v_2\,\bar{e}_2 + v_3\,\bar{e}_3 = v\,\bar{e} = v_a\,[v_a]\,\bar{e} = [v_a]\,\bar{\mathfrak{v}}_a,$$

d. h. wir verschieben einen Körper zuerst in der Richtung des Einheitsvektors $\bar{e}_1$ um 4 m, dann in der Richtung des Einheitsvektors $\bar{e}_2$ um 3 m und schließlich in der Richtung des Einheitsvektors $\bar{e}_3$ um 12 m. Das Ergebnis ist eine Verschiebung in der Richtung des Einheitsvektors $\bar{e}$ um 13 m, denn es ergibt sich für diesen Fall:

$$(48, 2) \quad n = 3, \quad v_1 = 4\,[m], \quad v_2 = 3\,[m], \quad v_3 = 12\,[m],$$

$$v_{1a} = 4, \quad v_{2a} = 3, \quad v_{3a} = 12, \quad [v_{1a}] = [v_{2a}] = [v_{3a}] = [v_a] = [m],$$

$$v_a = {}_+\sqrt{4^2 + 3^2 + 12^2} = {}_+\sqrt{16 + 9 + 144} = {}_+\sqrt{169} = 13, \quad v_a = 13,$$

$$\frac{v_{1a}}{v_a} = \frac{4}{13} = 0{,}308, \quad \frac{v_{2a}}{v_a} = \frac{3}{13} = 0{,}231, \quad \frac{v_{3a}}{v_a} = \frac{12}{13} = 0{,}923,$$

$$\bar{e} = 0{,}308\,\bar{e}_1 + 0{,}231\,\bar{e}_2 + 0{,}923\,\bar{e}_3,$$

$$0{,}308^2 + 0{,}231^2 + 0{,}923^2 = 0{,}095 + 0{,}053 + 0{,}852 = 1000,$$

$$\bar{\mathfrak{v}}_a = 4\,\bar{e}_1 + 3\,\bar{e}_2 + 12\,\bar{e}_3, \quad v = 13\,[m], \quad \bar{\mathfrak{v}} = 13\,[m]\,\bar{e}.$$

Nun denken wir uns gleich anschließend als zweites Beispiel im Ursprung e_0 eine Masse und verschieben diese Masse um $\bar{\mathfrak{v}}$ wie vorhin in (48, 1) und (48, 2), dann gelangen wir zu einem neuen Punkt des Raumes, der durch $e_v = e_0 + \bar{\mathfrak{v}}$ bestimmt wird. In diesem Punkt des Raumes wollen wir jetzt eine Kraft $\bar{\mathfrak{p}}$ in einer bestimmt gegebenen Richtung des Raumes wirkend antragen: Wir geben die Kraft durch:

$$(48, 3) \quad \overline{p} = -28\,[t]\,\overline{e}_1 + 45\,[t]\,\overline{e}_2 = (-28\,\overline{e}_1 + 45\,\overline{e}_2)\,[t]$$

oder allgemein:

$$\overline{p} = p_{1a}\,[p_a]\,\overline{e}_1 + p_{2a}\,[p_{2a}]\,\overline{e}_2 = (p_{1a}\,\overline{e}_1 + p_{2a}\,\overline{e}_2)\,[p_a],$$
$$\overline{p} = p_1\,\overline{e}_1 + p_2\,\overline{e}_2 = p\,\overline{e}_p = p_a\,[p_a]\,\overline{e}_p = [p_a]\,\overline{p}_a.$$

Die Komponente der Kraft in Richtung des Einheitsvektors $\overline{e}_1$, $(\overline{e}_2)$ ist also -28 Tonnen, $(+45$ Tonnen$)$, d. h. sie wirkt in Richtung des Einheitsvektors $-\overline{e}_1$, $(+\overline{e}_2)$, also entgegen dem (in Richtung vom) Einheitsvektor $+\overline{e}_1$, $(+\overline{e}_2)$ in einer Stärke von 28 (45) Tonnen, ist also nach unseren Festsetzungen in (39, 14) eine horizontal nach links (vertikal nach oben) gerichtete Kraft. Setzen wir diese beiden Komponenten nach den Regeln der Vektoraddition zu einer Resultierenden zusammen, so erhalten wir als Ergebnis eine Kraftwirkung in Richtung des Einheitsvektors $\overline{e}_p$ von 53 Tonnen, denn es gilt im Vektorgebiet des zwei-dimensionalen Raumes:

$$(48, 4) \quad n = 2, \quad p_1 = -28\,[t], \quad p_2 = +45\,[t],$$
$$p_{1a} = -28, \quad p_{2a} = +45, \quad [p_{1a}] = [p_{2a}] = [p_a] = [t],$$
$$p_a = {}_+\sqrt{(-28)^2 + (+45)^2} = {}_+\sqrt{784 + 2025} = {}_+\sqrt{2809} = +53,$$
$$\frac{p_{1a}}{p_a} = \frac{-28}{+53} = -0{,}528, \quad \frac{p_{2a}}{p_a} = \frac{+45}{+53} = 0{,}850,$$
$$\overline{e}_p = (-0{,}528)\,\overline{e}_1 + (0{,}850)\,\overline{e}_2, \quad (-0{,}528)^2 + (+0{,}850)^2$$
$$= 0{,}279 + 0{,}721 = 1{,}000$$
$$\overline{p}_a = -28\,\overline{e}_1 + 45\,\overline{e}_2, \quad p = 53\,[t], \quad \overline{p} = 53\,[t]\,\overline{e}_p.$$

Der Kraftvektor $\overline{p}$, wie wir auch diese extensive Größe nennen, soll dabei im Punkt e_p des Raumes angetragen werden.

Wir wollen jetzt noch die in beiden Beispielen gegebene Verschiebung und Kraft in ein und demselben Grundkoordinatensystem zeichnerisch darstellen. Wir erhalten dann beispielsweise für die Darstellung in der Zeichnung für die Verschiebung und für die Kraft folgende Beziehungen der Maßzahlen zur Zeichnung:

$$(48, 5) \qquad 6{,}0\,[m] \;\ldots\; 1{,}000\,\varepsilon \qquad 10{,}0\,[t] \;\ldots\; 1{,}000\,\varepsilon$$
$$1{,}0\,[m] \;\ldots\; 0{,}107\,\varepsilon \qquad 1{,}0\,[t] \;\ldots\; 0{,}100\,\varepsilon$$
$$13{,}0\,[m] \;\ldots\; 2{,}167\,\varepsilon \qquad 53{,}0\,[t] \;\ldots\; 5{,}300\,\varepsilon$$
$$\varepsilon \;\ldots\; \text{Grundmaßeinheit,}$$

d. h. unsere Grundmaßeinheit ε soll eine Verschiebung von 6,0 Metern bzw. eine Kraft von 10,0 Tonnen darstellen. Die Länge der Grundmaßeinheit c ist dabei von uns zu Beginn der ganzen Berechnung irgendwie fest gewählt worden. Sie kann z. B. in irgend einem Lande der Erde als Vielfaches oder Teil eines dort gebräuchlichen Längenmaßes gewählt werden. Damit erlangt diese Art der zeichnerischen Darstellung sogar gewissermaßen, ähnlich wie der Gebrauch des absoluten physikalischen Maßsystems, in allen Ländern der Erde eine gewisse internationale Bedeutung.

Fassen wir den Ausdruck oben in (48, 5) in eine allgemeine Form, so erhalten wir in Gegenüberstellung zu den gegebenen beiden Beispielen folgende Darstellung (48, 6) oder bei Einführung der neuen Abkürzungen für die Ausdrücke in (48, 8) die Darstellung (48, 7).

(48, 6) $k_h[s_{ha}]$ . . . $1{,}000\ \varepsilon$ (48, 7) $[z_h]$ . . . $1{,}000\ \varepsilon$

  $1{,}000\,[s_{ha}]$ . . . $(1/k_h)\ \varepsilon$ $[s_{ha}]$ . . . $n_h\ \varepsilon$

  $s_{ha}[s_{ha}]$ . . . $(s_{ha}/k_h)\ \varepsilon$ $s_{ha}[s_{ha}]$ . . . $z_h\ \varepsilon$

(48, 8) k_h wird als reelle Zahl frei gewählt,

$$[z_h] = k_h[s_{ha}], \quad n_h = 1/k_h, \quad z_h = s_{ha}/k_h = s_{ha}\,n_h.$$

Somit ergeben sich für die extensive Größe $\mathfrak{z}_h$ selbst jetzt *eine rein rechnerische und eine rein zeichnerische Normalform*

(48, 9) $$\mathfrak{z}_h = s_{ha}[s_{ha}]\,\mathfrak{e}'_h = z_h[z_h]\,\mathfrak{e}'_h.$$

Der Buchstabe z soll dabei an das Wort Zeichnung erinnern. Damit haben wir im allgemeinen die rechnerische Darstellung extensiver Größen durch ihre zeichnerische Darstellung ersetzt.

In der Berechnung arbeiten wir mit den Größen s_{ha} und $[s_{ha}]$, in der Zeichnung hingegen mit den Größen z_h und $[z_h]$. Der Grundmaßeinheit ε entspricht dabei eine physikalische Größe von k_h Maßeinheiten $[s_{ha}]$. Die Zahl k_h wird für die Darstellung aller dieser physikalischen Größen derselben Dimension $[s_{ha}]$ frei gewählt. Einer physikalischen Größe von $1\ [s_{ha}]$ entspricht dann eine Länge von n_h Grundmaßeinheiten ε in der Zeichnung. Schließlich entspricht dann unserer extensiven Größe $\mathfrak{z}_h$ selbst eine Länge von z_h Grundmaßeinheiten ε in der Zeichnung. Wir nennen daher z_h *die Maßzahl in der Zeichnung* und $[z_h]$ *den Zeichenmaßstab unserer extensiven, physikalischen Größe* $\mathfrak{z}_h$.

Je nach der Wahl der Grundmaßeinheit ε z. B. gleich $3{,}0$ cm der Zeichnung oder z. B. gleich 10 cm oder 5 Zoll usw. kann dann noch das ganze physikalische System in beliebiger Größe am Papier aufgetragen werden. Bei irgend einer zeichnerischen Darstellung geht man dann am bequemsten wie folgt vor:

Erstens: Man wählt zuerst die Grundmaßeinheit ε beliebig, aber dann dauernd fest aus. Man wählt sie meist als Vielfaches irgend eines im Lande gebräuchlichen Längenmaßes, welches für Zeichnungen am Papier eine praktische Rolle spielt, also z. B. ε gleich 1 cm oder ε gleich $5{,}0$ Zoll usw. aus.

Zweitens: Man wählt für die Darstellung der physikalischen Größen das physikalische Maßsystem der Größen, z. B. allgemein das Maßsystem Nr. a, aus und bestimmt zu jeder Größe $\mathfrak{z}_h$ rechnerisch, wie im 2. Kapitel gezeigt wurde, die Maßzahl s_{ha} entsprechend der zugehörigen physikalischen Dimension $[s_{ha}]$ der Größe $\mathfrak{z}_h$.

Drittens: Nun wählt man das Grundkoordinatensystem $\mathfrak{K}_n$ mit den n aufeinander gegenseitig senkrechtstehenden Grundvektoren $\bar{e}_1, \bar{e}_2, \ldots, \bar{e}_n$ und trägt diese im fest gewählten Ursprung ϱ_0 an. Den Anfangspunkt ϱ_0 jedes der Grundvektoren $\bar{e}_1, \bar{e}_2, \ldots, \bar{e}_n$ beziffern wir mit 0, den Endpunkt mit $+1$. Die n-Geraden, die jetzt alle durch die Wahl eines der Grundvektoren auf ihnen mit positiven Richtungen versehen sind, nennt man *die Koordinatenachsen des Grundkoordinatensystems*

(48, 10) $$\mathfrak{K}_n = (\varrho_0, \bar{e}_1, \bar{e}_2, \ldots, \bar{e}_n) = (\mathfrak{g}_1, \mathfrak{g}_2, \mathfrak{g}_3, \ldots, \mathfrak{g}_s), \qquad s = n + 1$$

Viertens: Nun denken wir uns auf jeder der n-Koordinatenachsen alle ganzzahligen Vielfachen $k\bar{e}_i$ des betreffenden Grundvektors $\bar{e}_i$ immer mit dem Anfangspunkt ϱ_0 aufgetragen und alle Pfeilspitzen entsprechend mit den ganzen Zahlen, wie in (48, 11) unten bezeichnet. Dann wählen wir der Reihe nach für die Darstellung aller physikalischen Größen verschiedener Dimensionen $[s_{ha}]$ die

Auftragsmaßstäbe $[z_h]$, welche der Grundmaßeinheit ε entsprechen, also z. B. für die Verschiebungen $[z_v] = 6{,}0$ [m] und für die Kräfte $[z_p] = 10{,}0$ [t]. Nunmehr beziffern wir die Endpunkte der eben genannten Einheitsvektoren auf den Koordinatenachsen, der Reihe nach für alle Koordinatenachsen $i = 1, 2, \ldots, n$ gleich und wie folgt:

$$(48, 11) \quad \ldots, \; -3\,\bar{e}_i, \; -2\,\bar{e}_i, \; -1\,\bar{e}_i, \; 0\,\bar{e}, \; +1\,\bar{e}_i, \; +2\,\bar{e}_i, \; +3\,\bar{e}_i, \; \ldots$$
$$\ldots, \; -3, \; -2, \; -1, \; 0, \; +1, \; +2, \; +3, \; \ldots$$
$$\ldots, \; -18\,\text{m}, \; -12\,\text{m}, \; -6\,\text{m}, \; 0\,\text{m}, \; +6\,m, \; +12\,\text{m}, \; +18\,\text{m}, \; \ldots$$
$$\ldots, \; -30\,\text{t}, \; -20\,\text{t}, \; -10\,\text{t}, \; 0\,\text{t}, \; +10\,\text{t}, \; +20\,\text{t}, \; +30\,\text{t}, \; \ldots$$
$$\ldots, \; -3\,\varepsilon, \; -2\,\varepsilon, \; -1\,\varepsilon, \; 0\,\varepsilon, \; +1\,\varepsilon, \; +2\,\varepsilon, \; +3\,\varepsilon, \; \ldots$$

$$(i = 1, 2, \ldots, n), \quad \text{Nullpunkt ist der Ursprung } e_0,$$

Die Zahlenteilung dient dabei zum Auftragen der geometrischen Größen. Zeichnerisch wird man dann die Meter- und Tonnenteilungen nach dem Dezimalsystem ausbilden und die 5- bzw. 10-fachen der Meter bzw. Tonnenteilungen besonders hervorheben.

Fünftens: Jetzt kann jede geometrische Größe, wenn ihre s-Ableitungszahlen bekannt sind, ebenso wie jeder n-dimensionale Vektor, gleichgültig, ob er eine Verschiebung oder eine Kraft darstellt, ohne weiteres nach den Regeln der Vektoraddition, insbesondere nach der Parallelogrammregel eingetragen, aufgefunden und dargestellt werden. In (48, 11) wurden, die frei zu wählenden Zeichenmaßstäbe $[z_h]$ noch durch fetten Druck besonders hervorgehoben. Sie können auf jeder beliebigen Koordinatenachse i alle am Endpunkt des Grundvektors $\bar{e}_i$ ohne weiteres abgelesen werden. Wie die Untersuchung zeigt, erstreckt sich dabei die zeichnerische Darstellung natürlich in erster Linie auf extensive Größen, die durch Vektoren — denen ja eine Längenausdehnung zukommt — dargestellt werden können.

49. Die zeichnerische Darstellung der extensiven Größen höherer Stufen.

Die extensiven Größen höherer Stufen können, da sie z. B. im $\Re_3$ Geraden, Ebenen und Räume darstellen, nur mit den Hilfsmitteln der darstellenden Geometrie entweder mit Hilfe von Auf- und Grundriß oder mit Hilfe eines axonometrischen oder perspektivischen Bildes zeichnerisch dargestellt werden. Dabei spielt jedoch die eben gegebene Art der geometrischen Darstellung der extensiven Größen 1. Stufe naturgemäß die grundlegende Rolle. Eine weitere Ausführung dieses Gegenstandes würde jedoch das gesteckte Ziel dieses Buches überschreiten und soll daher hier unterbleiben.

Schlußwort.

Damit wären wir mit dem mathematischen Grundbau des gesamten Lehrgebäudes der algebraischen Geometrie bzw. der geometrischen Physik fertig. Es erübrigt sich jetzt nur noch, die Rechenregeln für die geometrischen und extensiven Größen in den verschiedenen Hauptgebieten der 1., 2., 3., 4., … Stufe, wie sie von uns dann später zur Lösung der gestellten Aufgaben aus der Geometrie, der Mathematik und der Physik benötigt werden, anzugeben. Diesen Aufgabenkreis wollen wir, ebenso wie die geometrischen Verwandtschaften und den Matrizenkalkül, dem geplanten weiteren Ausbau dieses Werkes zuweisen.

Wir wollen indessen hier noch angeben, inwiefern ein Fortschritt auf dem

Gebiete der Mechanik mit Hilfe der bekannt gegebenen modernen Rechenmethoden erzielt werden kann. Eines der vollständigsten Formelsysteme der
theoretischen Physik ist das Formelsystem der Lehre vom Magnetismus und der
Elektrizität in der Form, wie sie MAXWELL in seiner magnetischen Lichttheorie
entwickelt hat. Die großen Fortschritte auf diesem Gebiete sind dabei hauptsächlich dem Umstande zuzuschreiben, daß das absolute Gaußsche Maßsystem
Nr. 1 mit seinen fünf physikalischen Grundmaßeinheiten (25, 3) den Bedürfnissen
des Maxwellschen Formelsystems weitestgehend angepaßt ist. Es können in
diesem Maßsystem z. B. sofort alle elektrischen Größen von den rein magnetischen Größen unterschieden werden. Würde man in diesem Maßsystem (25, 3)
aber die beiden letzten physikalischen Grundmaßeinheiten als reine Zahlen ansehen und also nur die drei Grundmaßeinheiten der Mechanik cm, g*, sk zur Darstellung aller elektrischen und magnetischen Größen verwenden, so würde dieses
Maßsystem ungeheuer an Leistungsfähigkeit verlieren, weil dann z. B. eine Unterscheidung der elektrischen von den magnetischen Größen ihrer Dimension nach
nicht mehr möglich wäre.

Da aber die elektrischen Größen zumeist durch gebundene geometrische
Größen, die magnetischen Größen hingegen durch freie geometrische Größen
dargestellt werden können — weil ja auch die Existenz aller elektrischen und
magnetischen Größen an den Raum gebunden ist —, so ist es naheliegend, die
Formeln der Theorie der Elektrizität auch auf die mechanischen Größen anzuwenden und die Mechanik so in Analogiebeziehung zur Maxwellschen Theorie
neu aufzubauen. Das physikalische Maßsystem der Mechanik muß dann entsprechend dem Maßsystem der Elektrotechnik gleichfalls auf fünf statt wie bisher auf drei physikalischen Grundmaßeinheiten aufgebaut werden. Erst dadurch
kann die Mechanik zu ihrer höchsten Leistungsfähigkeit entwickelt werden.

Der Mangel eines solchen Formelsystems in der Mechanik macht sich schon
heute in vielen Teilgebieten der Mechanik selbst bemerkbar. So wird zum Beispiel in der höheren mathematischen Elastizitätstheorie immer nur die Wirkung
der Kräfte auf die Verschiebungen untersucht, während die Wirkung der Drehmomente auf die Verdrehungen zumeist vernachlässigt wird. Nur durch eine
gleichmäßige Berücksichtigung beider, sowohl in der Ursache wie in der Wirkung,
und nur durch eine genaue Untersuchung der gegenseitigen Abhängigkeiten
können die höheren Probleme der mathematischen Elastizitätstheorie ihrer Lösung zugeführt werden. Der Verfasser hat in seiner im Literaturnachweis zitierten
Dissertationsarbeit auf diesen Umstand besonders hingewiesen.

Ein solches leistungsfähigeres Formelsystem der Mechanik würde aber der
Forschung noch viele neue weitere Wege eröffnen. Es können nämlich auf Grund
der dargelegten Ideen Analogiebeziehungen zwischen rein mechanischen Größen
und elektrischen Größen aufgefunden werden, ja es kann sogar gewissermaßen
ein Schlüssel entdeckt werden, der es gestattet, eine rein mechanisch arbeitende
Maschine in eine rein elektrisch arbeitende Maschine und umgekehrt umzusetzen.
Dieser Schlüssel bringt also dann die Möglichkeit, mit einem Schlage viele neue
Erfindungen auf einmal zu gewinnen. Wenn auch das Ziel dieser Untersuchungen
sehr hoch gestellt erscheint, so beabsichtigt der Verfasser dennoch den Versuch
zu unternehmen, über seine diesbezüglichen Forschungsergebnisse in dem für
später geplanten Ausbau dieses Werkes zu berichten.

Verzeichnis der Quellen.

BLASCHKE, WILHELM: Elementare Differentialgeometrie. 1930.

GRASSMANN, HEINRICH D. Ä.: Gesammelte mathematische und physikalische Werke. 1894 bis 1911.

HAUPT, OTTO: Einführung in die Algebra Bd. I (1929); Bd. II (1929).

Hütte: Bd. I bis III, 26. Auflage.

JAUMANN, Dr. G.: Die Grundlagen der Bewegungslehre. 1906.

KLINGER, FRIEDRICH: Der elastische Schwerpunkt am räumlichen Bogenträger. Aus den Sitzungsberichten der Akademie·der Wissenschaften in Wien. Mathem.-naturw. Klasse, Abteilung II a.
    I. Teil der Schrift: 149. Bd. 5. und 6. Heft, 1940.
    II. Teil der Schrift: 149. Bd. 9. und 10. Heft, 1940.

KLINGER, FRIEDRICH: Die Statik und Kinematik des räumlich gekrümmten, elastischen Stabes. Sitzungsbericht der Akademie der Wissenschaften in Wien. Erscheint 1942.

LAGALLY, Dr. MAX: Vorlesungen über Vektorrechnung. 1928.

LOHR, ERWIN: Vektor und Dyadenrechnung für Physiker und Techniker. 1939.

LOTZE, A.: Die Grundgleichungen der Mechanik, insbesondere starrer Körper. 1922.

LOTZE, A.: Punkt und Vektorrechnung. 1929.

LOTZE, A.: Die Graßmannsche Ausdehnungslehre. Enzyklopädie der mathematischen Wissenschaften Bd. III AB 11.

MEHMKE: Vorlesungen über Punktrechnung. 1913.

NETTO: Kombinatorik. Enzyklopädie der mathematischen Wissenschaften Bd. I (1898) 1. Teil Heft 1.

POHL: Einführung in die Mechanik und Akustik. 1931.

POHL: Einführung in die Elektrizitätslehre. 1935.

RELLA, Dr. TONIO: Vorlesungen über Matrizenrechnung. 1932. (Ungedruckt.)

ROTHE, Dr. HERMANN: Tensorrechnung.

ROTHE, Dr. HERMANN: Vorlesungen über höhere Mathematik. 1921.

SCHÄFER, CLEMENS: Einführung in die theoretische Physik Bd. I—IV (1914).

SCHREYER-SPERNER: Einführung in die analytische Geometrie und Algebra Bd. I (1931); Bd. II (1935).

SCHUBERT: Grundlagen der Arithmetik. Enzyklopädie der mathematischen Wissenschaften Bd. I (1898) 1. Teil Heft 1.

STUDY: Theorie der gemeinen und höheren komplexen Größen. Enzyklopädie der mathematischen Wissenschaften Bd. I (1899) 1. Teil Heft 2.

Nr.	Art der Größe	Skalar-Zeichen p	Definitionsformel im absoluten Maßsystem $p=\gamma\, s^{\lambda_1} m^{\lambda_2} t^{\lambda_3}$	λ_1 (s)	λ_2 (m)	λ_3 (t)	1. Absolutes (physik.-theor.) Maßsystem α_1	$[p_1]$
				Potenzexponenten fürs Maßsyst. Nr. 1 Absolutes Maßsyst.				
1	Länge	s	s	1	0	0	$\sigma_{11}=1$	cm
2	Masse	m	m	0	1	0	$\sigma_{21}=1$	g*
3	Zeit	t	t	0	0	1	$\sigma_{31}=1$	sk
4	Kraft	P	$P=s\,m/t^2$	1	1	-2	1	Dyn
5	Zahl, Winkel	$\gamma,\ \varphi$	$p=\gamma,\ p=\varphi$	0	0	0	1	1
6	Beliebige Größe	p	$p=\gamma\, s^{\lambda_1} m^{\lambda_2} t^{\lambda_3}$	$\mu_1+\mu_2$	μ_2	$\mu_3-2\mu_2$	1	$\mathrm{cm}^{\lambda_1}\,\mathrm{g}^{*\lambda_2}\,\mathrm{sk}^{\lambda_3}$
7	Konstanten · Erdbeschleunigung	g	$g=980{,}665\ \mathrm{cm/sk^2}$	1	0	-2	1	$g_1=9{,}81\cdot10^2$ $[\mathrm{cm/sk^2}]$
8	Gravitationskonstante	C	$C=6{,}658\cdot10^{-8}\,\mathrm{cm^3/g^*\,sk^2}$	3	-1	-2	1	$C_1=6{,}658\cdot10^{-8}$ $[\mathrm{cm^3/g^*\,sk^2}]$
9	Plancksches Wirkungsqu.	h	$h=6{,}55\cdot10^{-27}\,\mathrm{cm^2 g^*/sk}$	2	1	-1	1	$h_1=6{,}55\cdot10^{-27}$ $[\mathrm{cm^2 g^*/sk}]$
10	Lichtgeschwindigkeit	c	$c=3{,}0\cdot10^{10}\ \mathrm{cm/sk}$	1	0	-1	1	$c_1=3{,}0\cdot10^{10}$ $[\mathrm{cm/sk}]$
11	Tabelle zur Umrechnung der Maßzahlen beliebiger Größen	$p_i=(\alpha_k/\alpha_i)\,p_k$		$p=\gamma\, s^{\lambda_1} m^{\lambda_2} t^{\lambda_3}$			p_1	
12		$[p_i]=(\alpha_i/\alpha_k)\,[p_k]$		$p=\gamma\, s^{\mu_1} P^{\mu_2} t^{\mu_3}$			$p_2=(10^{-2\lambda_1-3\lambda_2})\,p_1$	
13		$\alpha_1=1,\ \ \alpha_2=10^{2\lambda_1+3\lambda_2}$		$p_1=\alpha_i\,p_i$			$p_3=$ $=(9{,}81^{-\lambda_2}\cdot10^{-2\lambda_1-3\lambda_2})\,p_1$	
14		$\alpha_3=9{,}81^{\lambda_2}\cdot10^{2\lambda_1+3\lambda_2}$		$[p_1]=[p_i]/\alpha_i$			$p_4=10^{-9\lambda_1+11\lambda_2}\cdot p_1$	
15		$\alpha_4=10^{9\lambda_1-11\lambda_2},\ \alpha_k=\sigma_{1k}^{\lambda_1}\sigma_{2k}^{\lambda_2}\sigma_{3k}^{\lambda_3}$		$\sigma_k=\sigma_{1k}^{-\lambda_1}\sigma_{2k}^{-\lambda_2}\sigma_{3k}^{-\lambda_3}=1/\alpha_k$			$p_k=\sigma_k\,p_1$	
16	Geschwindigkeit	v	$v=s/t$	1	0	-1	1	$\mathrm{cm/sk}=\mathrm{cel}$
17	Beschleunigung	b	$b=v/t$	1	0	-2	1	$\mathrm{cm/sk^2}$
18	Kraft	P	$P=m\,b$	1	1	-2	1	Dyn
19	Arbeit, Energie	$A,\ E$	$A=P\,s,\ E=m\,v^2/2$	2	1	-2	1	Erg
20	Effekt, Leistung	N	$N=A/t$	2	1	-3	1	Erg/sk
21	spezif. Energie	a	$a=E/V$	-1	1	-2	1	$\mathrm{Erg/cm^3}$
22	Winkelgeschw.	ω	$\omega=\varphi/t$	0	0	-1	1	1/sk
23	Winkelbeschl.	ε	$\varepsilon=\omega/t$	0	0	-2	1	$\mathrm{1/sk^2}$
24	Statisches Massenmoment	S	$S=m\,s$	1	1	0	1	g* cm
25	Massen-Trägheitsmoment	I	$I=m\,s^2$	2	1	0	1	g* cm^2
26	Moment einer Kraft	M	$M=P\cdot s$	2	1	-2	1	Erg
27	Stoßkraft, Antrieb einer Kraft	$\mathfrak{S}$	$\mathfrak{S}=P\cdot t$	1	1	-1	1	Dyn sk
28	Bewegungsgröße, Impuls der Kraft	$\mathfrak{D}$	$\mathfrak{D}=m\,v$	1	1	-1	1	Dyn sk

und der Schwingungslehre. 1. Teil.

7	8	9	10	11	12	13		
						Potenzexponenten (Technisches Maßs.)		
Maßsystem Nr.						$p = s^{\mu_1} P^{\mu_2} t^{\mu_3}$		
2. Physikal.-praktisches Maßsystem		3. Technisches Maßsystem		4. Elektrotechnisches Maßsystem		s	P	t
α_2	$[p_2]$	α_3	$[p_3]$	α_4	$[p_4]$	μ_1	μ_2	μ_3
$\gamma_{12}=10^2$	m	$\sigma_{13}=10^2$	m	$\sigma_{14}=10^9$	E	1	0	0
$\gamma_{22}=10^3$	kg*	$\sigma_{23}=9,81\cdot10^3$	TM	$\sigma_{24}=10^{-11}$	Mi	-1	1	2
$\gamma_{32}=1$	sk	$\sigma_{33}=1$	sk	$\sigma_{34}=1$	sk	0	0	1
10^5	Großdyn	$9,81\cdot10^5$	kg	10^{-2}	cDyn	0	1	0
1	1	1	1	1	1	0	0	0
$10^{2\lambda_1+3\lambda_2}$	$m^{\lambda_1}kg*^{\lambda_2}sk^{\lambda_3}$	$9,81^{\lambda_2}\times10^{2\lambda_1+3\lambda_2}$	$m^{\lambda_1}TM^{\lambda_2}sk^{\lambda_3}$	$10^{9\lambda_1-11\lambda_2}$	$E^{\lambda_1}Mi^{\lambda_2}sk^{\lambda_3}$	$\lambda_1-\lambda_2$	λ_2	$2\lambda_2+\lambda_3$
10^2	$g_2=9,81$ [m/sk²]	10^2	$g_3=9,81$ [m/sk²]	10^9	$g_4=9,81\cdot10^{-7}$ [E/sk²]	1	0	-2
10^3	$C_2=6,658\cdot10^{-11}$ [m³/kg* sk²]	$1,02\cdot10^2$	$C_3=6,531\cdot10^{-10}$ [m⁴/kgsk⁴]	10^{38}	$C_4=6,658\cdot10^{-46}$ [E³/Mi/sk²]	4	-1	-4
10^7	$h_2=6,55\cdot10^{-34}$ [m²kg*/sk]	$9,81\cdot10^7$	$h_3=6,68\cdot10^{-35}$ [mkgsk]	10^7	$h_4=6,55\cdot10^{-34}$ [E²Mi/sk]	1	1	1
10^2	$c_2=3,0\cdot10^8$ [m/sk]	10^2	$c_3=3,0\cdot10^8$ [m/sk]	10^9	$c_4=3,0\cdot10^1$ [E/sk]	1	0	-1
$p_1=10^{2\lambda_1+3\lambda_2}\cdot p_2$		$p_1=(9,81^{\lambda_2}\cdot10^{2\lambda_1+3\lambda_2})p_3$		$p_1=10^{9\lambda_1-11\lambda_2}\cdot p_4$		$p_1=\alpha_k p_k$		
p_2		$p_2=9,81^{\lambda_2}\cdot p_3$		$p_2=10^{7\lambda_1-14\lambda_2}\cdot p_4$		$p_2=(10^{-2\lambda_1-3\lambda_2}\alpha_k)p_k$		
$p_3=9,81^{-\lambda_2}\cdot p_2$		p_3		$p_3=(9,81^{-\lambda_2}\cdot10^{7\lambda_1-14\lambda_2})p_4$		$p_3=(9,81^{-\lambda_2}\times10^{-2\lambda_1-3\lambda_2}\alpha_k)p_k$		
$p_4=10^{-7\lambda_1+14\lambda_2}\cdot p_2$		$p_4=(9,81^{\lambda_2}\cdot10^{-7\lambda_1+14\lambda_2})p_3$		p_4		$p_4=(10^{-9\lambda_1+11\lambda_2}\alpha_k)p_k$		
$p_k=(10^{2\lambda_1+3\lambda_2}\sigma_k)p_2$		$p_k=(9,81^{\lambda_2}\cdot10^{2\lambda_1+3\lambda_2}\sigma_k)p_3$		$p_k=(10^{9\lambda_1-11\lambda_2}\sigma_k)p_4$		p_k		
10^2	m/sk	10^2	m/sk	10^9	E/sk	1	0	1
10^2	m/sk²	10^2	m/sk²	10^9	E/sk²	1	0	-2
10^5	Großdyn	$9,81\cdot10^5$	kg	10^{-2}	cDyn	0	1	0
10^7	Großdyn m Joule J, W sk	$9,81\cdot10^7$	kgm	10^7	Großdyn m Joule J Wattsek Wsk	1	1	0
10^7	Joule/sk Watt W	$9,81\cdot10^7$	kgm/sk	10^7	Joule/sk Watt W	1	1	-1
10	J/m³	$9,81\cdot10$	kg/m²	10^{-18}	$[a_4]$	-2	1	0
1	1/sk	1	1/sk	1	1/sk	0	0	-1
1	1/sk²	1	1/sk²	1	1/sk	0	0	2
10^5	kg* m	$9,81\cdot10^5$	TM·m	10^{-2}	$[S_4]$	0	1	2
10^7	kg* m²	$9,81\cdot10^7$	TM·m²	10^7	$[S_5]$	1	1	2
10^7	Joule J	$9,81\cdot10^7$	kgm	10^7	Joule J	1	1	0
10^5	Großdynsk	$9,81\cdot10^5$	kgsk	10^{-2}	$[\mathfrak{S}_5]$	0	1	1
10^5	Großdynsk	$9,81\cdot10^5$	kgsk	10^{-2}	$[\mathfrak{D}_5]$	0	1	1

Tabelle (23, 1). Die Maßsysteme der Mechanik

	1	2	3	4			5	6
				Potenzexponenten fürs Maßsyst. Nr. 1 Absolutes Maßsyst.				1. Absolutes (physik.-theor.) Maßsystem
Nr.	Art der Größe	Skalar-Zeichen	Definitionsformel im absoluten Maßsystem	s	m	t		
		p	$p = \gamma\, s^{\lambda_1} m^{\lambda_2} t^{\lambda_3}$	λ_1	λ_2	λ_3	α_1	$[p_1]$
29	Drall	B	$B = \mathfrak{D} \cdot s$	2	1	-1	1	Ergsk
30	Schwingungszahl, Kreisfrequenz	ν, ω	$\nu = 1/t,\ \omega = 2\,\pi\,\nu$	0	0	-1	1	1/sk = Hz = Hertz
31	Fläche	F	$F = s^2$	2	0	0	1	cm²
32	Volumen	V	$V = s^3$	3	0	0	1	cm³
33	Gewicht	G	$G = m \cdot g$	1	1	-2	1	Dyn
34	Druck, Spannung	p, σ, τ	$p = P/F$	-1	1	-2	1	Dyn/cm²
35	Dichte	ϱ	$\varrho = m/V$	-3	1	0	1	g*/cm³
36	Räumigkeit spez. Volumen	v	$v = V/m$	3	-1	0	1	cm³/g*
37	spez. Gewicht	γ	$\gamma = G/V$	-2	1	-2	1	Dyn/cm³
38	Atomgewicht, Molekulargewicht	A, M	$A = \dfrac{G_A}{G_H},\ M = \dfrac{G_M}{G_H}$	0	0	0	1	1
39	Normalspann. Schubspann.	σ, τ	$\sigma = \dfrac{N}{F},\ \tau = \dfrac{T}{F}$	-1	1	-2	1	Dyn/cm²
40	Dehnung, Schiebung	ε, γ	$\varepsilon = \dfrac{\Delta l}{l},\ \gamma = \dfrac{\Delta s}{s}$	0	0	0	1	1
41	Elastizitätsmodul, Schubmodul	E, G	$E = \dfrac{\sigma}{\varepsilon},\ G = \dfrac{\tau}{\gamma}$	-1	1	-2	1	Dyn/cm²
42	Dehnungszahl, Schubzahl	α, β	$\alpha = \dfrac{1}{E},\ \beta = \dfrac{1}{G}$	1	-1	2	1	cm²/Dyn
43	Stat. Mom. einer Fläche	S	$S = F \cdot s$	3	0	0	1	cm³
44	Flächenträgheitsmoment	I	$I = F \cdot s^2$	4	0	0	1	cm⁴
45	Widerstandsmoment	W	$W = I/s$	3	0	0	1	cm³
46	Spannungsfunktion	F	$F = \sigma \cdot s$	0	1	-2	1	g*/sk²
47	Elastizität	C	$C = s/P$	0	-1	2	1	sk²/g*
48	Federkonst.	c	$c = 1/C$	0	1	-2	1	g*/sk²
49	Widerstand	w	$w = P/v$	0	1	-1	1	g*/sk
50	Zähigkeit einer Flüssigkeit	η	$\eta = P l/F v$	-1	1	-1	1	g*/cmsk
51	kinematische Zähigkeit	ν	$\nu = \eta/\varrho$	2	0	-1	1	cm²/sk
52	Reynoldsche Zahl	R	$R = v l/\nu$	0	0	0	1	1
53	Durchflußmenge	Q	$Q = V/t$	3	0	-1	1	cm³/sk
54	Stromfunktion, Geschwind.-Pot.	Φ, Ψ, Γ	$\Phi = v \cdot s,\ \Psi = v \cdot l$	2	0	-1	1	cm²/sk
55	Kraft auf die Masseneinheit	X	$X = P/m$	1	0	-2	1	cm/sk²
56	Rotor	q	$q = v/s$	0	0	-1	1	1/sk = Hz

und der Schwingungslehre. 2. Teil.

7	8	9	10	11	12	13		
Maßsystem Nr.						Potenzexponenten (Technisches Maßs.)		
2. Physikal.-praktisches Maßsystem		3. Technisches Maßsystem		4. Elektrotechnisches Maßsystem		$p = s^{\mu_1} P^{\mu_2} t^{\mu_3}$		
						s	P	t
α_2	$[p_2]$	α_3	$[p_3]$	α_4	$[p_4]$	μ_1	μ_2	μ_3
10^7	Jsk	$9{,}81 \cdot 10^7$	kgmsk	10^7	Jsk	1	1	1
1	Hz	1	Hz	1	Hz	0	0	-1
10^4	m²	10^4	m²	10^{18}	E²	2	0	0
10^6	m³	10^6	m³	10^{27}	E³	3	0	0
10^5	Großdyn	$9{,}81 \cdot 10^5$	kg	10^{-2}	cDyn	0	1	0
10	Großdyn/m²	$9{,}81 \cdot 10$	kg/m²	10^{-20}	cDyn/E²	-2	1	0
10^{-3}	kg*/m³	$9{,}81 \cdot 10^{-3}$	TM/m³	10^{-38}	Mi/E³	-4	1	2
10^3	m³/kg*	$1{,}02 \cdot 10^2$	m³/TM	10^{38}	E³/Mi	4	-1	-2
10^{-1}	Großdyn/m³	$9{,}81 \cdot 10^{-1}$	kg/m³	10^{-29}	cDyn/E³	-3	1	0
1	1	1	1	1	1	0	0	0
10	Großdyn/m²	$9{,}81 \cdot 10$	kg/m²	10^{-20}	cDyn/E²	-2	1	0
1	1	1	1	1	1	0	0	0
10	Großdyn/m²	$9{,}81 \cdot 10$	kg/m²	10^{-20}	cDyn/E²	-2	1	0
10^{-1}	m²/Großdyn	$1{,}02 \cdot 10^{-2}$	m²/kg	10^{20}	E²/cDyn	2	-1	0
10^6	m³	10^6	m³	10^{27}	E³	3	0	0
10^8	m⁴	10^8	m⁴	10^{36}	E⁴	4	0	0
10^6	m³	10^6	m³	10^{27}	E³	3	0	0
10^3	kg*/sk²	$9{,}81 \cdot 10^3$	TM/sk²	10^{-11}	Mi/sk²	-1	1	0
10^{-3}	sk²/kg*	$1{,}02 \cdot 10^{-4}$	sk²/TM	10^{11}	sk²/Mi	1	-1	0
10^3	kg*/sk²	$9{,}81 \cdot 10^3$	TM/sk²	10^{-11}	Mi/sk²	-1	1	0
10^0	kg*/sk	$9{,}81 \cdot 10^2$	TM/sk	10^{-11}	Mi/sk	-1	1	1
10	kg*/msk	$9{,}81 \cdot 10$	TM/m sk	10^{-20}	Mi/Esk	-2	1	1
10^4	m²/sk	10^4	m²/sk	10^{18}	E²/sk	2	0	-1
1	1	1	1	1	1	0	0	0
10^6	m³/sk	10^6	m³/sk	10^{27}	E³/sk	3	0	-1
10^4	m²/sk	10^4	m²/sk	10^{18}	E²/sk	2	0	-1
10^2	m/sk²	10^2	m/sk²	10^9	E/sk²	1	0	-2
1	1/sk = Hz	1	1/sk = Hz	1	1/sk = Hz	0	0	-1

Tabelle (24, 1).   Die Maßsysteme

	1	2	3	4					5	6
		Skalar-Zeichen	Definitionsformel im absoluten Maßsystem	Potenzexponenten fürs Maßsystem Nr. 1 u. Nr. 2, Absolutes Maßsystem					Maßsystem	
Nr.	Art der Größe			s	m	t	Q	ϑ	1. Absolutes Maßsystem	
		p	$p=\gamma s^{\lambda_1} m^{\lambda_2} t^{\lambda_3} Q^{\lambda_4} \vartheta^{\lambda_5}$	λ_1	λ_2	λ_3	λ_4	λ_5	α_1	$[p_1]$
1	Länge	s	s	1	0	0	0	0	$\sigma_{11}=1$	cm
2	Masse	m	m	0	1	0	0	0	$\sigma_{12}=1$	g*
3	Zeit	t	t	0	0	1	0	0	$\sigma_{13}=1$	sk
4	Wärmemenge	Q	Q	0	0	0	1	0	$\sigma_{14}=1$	cal
5	Temperatur	ϑ	ϑ	0	0	0	0	1	$\sigma_{15}=1$	°C
6	Kraft, Gewicht	P, G	$P=s\,m/t^2$	1	1	-2	0	0	1	Dyn
7	Zahl, $\sphericalangle$	γ, φ	$p=\gamma$	0	0	0	0	0	1	1
8	Beliebige Größe	p	$p=\gamma s^{\lambda_1} m^{\lambda_2} t^{\lambda_3} Q^{\lambda_4} \vartheta^{\lambda_5}$	$\varrho_1-2\lambda_4$	$\varrho_2-\lambda_4$	$\varrho_3+2\lambda_4$	λ_4	ϱ_4	'1	$\mathrm{cm}^{\lambda_1}\,\mathrm{g*}^{\lambda_2}\,\mathrm{sk}^{\lambda_3}\,\mathrm{cal}^{\lambda_4}\,°\mathrm{C}^{\lambda_5}$
9	Konstanten — Gaskonstante	R	$R=8{,}315\times\times 10^7\ \mathrm{Erg}/°\mathrm{C}$	2	1	-2	0	-1	1	$R_1=8{,}315\cdot 10^7$ $[\mathrm{Erg}/°\mathrm{C}]$
10	Konstanten — Wärmeäquivalent	$\ddot{A}$	$\ddot{A}=2{,}3887\times\times 10^{-8}\ \mathrm{cal}/\mathrm{Erg}$	-2	-1	2	1	0	1	$\ddot{A}_1=2{,}3887\cdot 10^{-8}$ $[\mathrm{cal}/\mathrm{Erg}]$
11	Konstanten — Arbeitsäquivalent	I	$I=4{,}1863\times\times 10^7\ \mathrm{Erg}/\mathrm{cal}$	2	1	-2	-1	0	1	$I_1=4{,}1863\cdot 10^7$ $[\mathrm{Erg}/\mathrm{cal}]$
12	Tabelle zur	$p_i=(\alpha_k/\alpha_i)\,p_k, \quad \alpha_k=\sigma_{1k}^{\lambda_1}\,\sigma_{2k}^{\lambda_2}\,\sigma_{3k}^{\lambda_3}\,\sigma_{4k}^{\lambda_4}\,\sigma_{5k}^{\lambda_5}$							p_k	
13	Umrechnung der Maßzahlen	$[p_i]=(\alpha_i/\alpha_k)\,[p_k], \quad p_1=\alpha_i\,p_i$							$p_2=9{,}81^{-\lambda_2}\cdot 10^{-2\lambda_1-3\lambda_2-3\lambda_4}\cdot p_1$	
14	beliebiger Größen	$\alpha_1=1, \quad \alpha_2=9{,}81^{\lambda_2}\cdot 10^{2\lambda_1+3\lambda_2+3\lambda_4}, \quad [p_1]=[p_i]/\alpha_i$							$p_k=(1/\alpha_k)\,p_1$	
15	Arbeit, innere Energie	A, U	$A=I\cdot Q=Q/\ddot{A}=U$	2	1	-2	0	0	1	Erg
16	Längenausdehnungszahl	α	$\alpha=\Delta l/l\,\Delta\vartheta$	0	0	0	0	-1	1	$°\mathrm{C}^{-1}$
17	Raumausdehnungszahl	β	$\beta=\Delta V/V\,\Delta\vartheta$	0	0	0	0	-1	1	$°\mathrm{C}^{-1}$
18	spez. Wärme	c	$c=Q/G\,\vartheta$	-1	-1	2	1	-1	1	cal/Dyn °C
19	Verdampfungswärme	r	$r=Q/G$	-1	-1	2	1	0	1	cal/Dyn
20	Wärmefluß	q	$q=Q/F\,t$	-2	0	-1	1	0	1	cal/cm²sek
21	Wärmeleitzahl	λ	$\lambda=Q/l\,t\,\vartheta$	-1	0	-1	1	-1	1	cal/cmsk °C
22	Temperaturleitfähigkeit	a	$a=\lambda/c\,\gamma$	2	0	-1	0	0	1	cm²/sk
23	spez. Wärmeleitwiderstand	r_L	$r_L=l/\lambda$	2	0	1	-1	1	1	cm²sk °C/cal
24	Wärmeübergangszahl	$\ddot{u}$	$\ddot{u}=Q/F\,t\,\vartheta$	-2	0	-1	1	-1	1	cal/cm²sk °C
25	spez. Energie	u	$u=U/G$	1	0	0	0	0	1	Erg/Dyn $=$ cm
26	Entropie	S	$S=Q/\vartheta$	0	0	0	1	-1	1	cal/°C
27	spez. Entropie	s	$s=S/G$	-1	-1	2	1	-1	1	cal/°C Dyn
28	spez. Volumen	v	$v=V/G$	2	-1	2	0	0	1	cm³/Dyn

der Wärmelehre.

7	8	9				10	11
Nr.		Potenzexponenten $p = \delta\, s^{\varrho_1} m^{\varrho_2} t^{\varrho_3} \vartheta^{\varrho_4}$				$\bar{p}_1 = p_1 \cdot \sigma_1$	$\bar{p}_2 = p_2 \cdot \sigma_2$
2. Praktisches therm. Maßsystem		s	m	t	ϑ	Zahlwert	
α_2	$[p_2]$	ϱ_1	ϱ_2	ϱ_3	ϱ_4	σ_1	σ_2
$\sigma_{12} = 10^2$	m	1	0	0	0	1	1
$\sigma_{22} = 9{,}81 \cdot 10^3$	TM	0	1	0	0	1	1
$\sigma_{32} = 1$	sk	0	0	1	0	1	1
$\sigma_{42} = 10^3$	kcal	2	1	-2	0	$4{,}19 \cdot 10^7$	$4{,}27 \cdot 10^2$
$\sigma_{52} = 1$	^{0}C	0	0	0	1	1	1
$9{,}81 \cdot 10^5$	kg	1	1	-2	0	1	1
1	1	0	0	0	0	1	1
$9{,}81^{\lambda_2} \times \times 10^{2\lambda_1 + 3\lambda_2 + 3\lambda_4}$	$\mathrm{m}^{\lambda_1}\, \mathrm{TM}^{\lambda_2}\, \mathrm{sk}^{\lambda_3} \times \times \mathrm{cal}^{\lambda_4}\, {}^0\mathrm{C}^{\lambda_5}$	$\lambda_1 + 2\lambda_4$	$\lambda_2 + \lambda_4$	$\lambda_3 - 2\lambda_4$	λ_5	$\sigma_1 = {} = 4{,}1863^{\lambda_4} \cdot 10^{7\lambda_4}$	$\sigma_2 = 4{,}27^{\lambda_4} \cdot 10^{2\lambda_4}$
$9{,}81 \cdot 10^7$	$R_2 = 8{,}481 \cdot 10^{-1}$ [kgm/^{0}C]	2	1	-2	-1	1	1
$1{,}02 \cdot 10^{-5}$	$\ddot{A}_2 = 2{,}34 \cdot 10^{-3} = {} = 1/427$ [kcal/kgm]	0	0	0	0	$4{,}19 \cdot 10^7$	$4{,}27 \cdot 10^2$
$9{,}81 \cdot 10^4$	$I_2 = 4{,}27 \cdot 10^2$ [kgm/kcal]	0	0	0	0	$2{,}39 \cdot 10^{-8}$	$2{,}34 \cdot 10^{-3}$
$p_1 = 9{,}81^{\lambda_2} \cdot 10^{2\lambda_1 + 3\lambda_2 + 3\lambda_4} \cdot p_2$	$p_1 = \alpha_k\, p_k$						$p = \bar{p}_1 [\mathrm{cm}^{\varrho_1} \mathrm{g}*^{\varrho_2} \mathrm{sk}^{\varrho_3}\, {}^0\mathrm{C}^{\varrho_4}]$
p_2	$p_2 = 9{,}81^{-\lambda_2} \cdot 10^{-2\lambda_1 - 3\lambda_2 - 3\lambda_4} \cdot \alpha_k \cdot p_k$						$p = \bar{p}_2 [\mathrm{m}^{\varrho_1} \mathrm{TM}^{\varrho_2} \mathrm{sk}^{\varrho_3}\, {}^0\mathrm{C}^{\varrho_4}]$
$p_k = (9{,}81^{\lambda_2} \cdot 10^{2\lambda_1 + 3\lambda_2 + 3\lambda_4}/\alpha_k)\, p_2$	p_k						
$9{,}81 \cdot 10^7$	kgm	2	1	-2	0	1	1
1	^{0}C^{-1}	0	0	0	-1	1	1
1	^{0}C^{-1}	0	0	0	-1	1	1
$1{,}02 \cdot 10^{-3}$	kcal/kg ^{0}C	1	0	0	-1	$4{,}19 \cdot 10^7$	$4{,}27 \cdot 10^2$
$1{,}02 \cdot 10^{-3}$	kcal/kg	1	0	0	0	$4{,}19 \cdot 10^7$	$4{,}27 \cdot 10^2$
10^{-1}	kcal/m²sk	0	1	-3	0	$4{,}19 \cdot 10^7$	$4{,}27 \cdot 10^2$
10	kcal/msk ^{0}C	1	1	-3	-1	$4{,}19 \cdot 10^7$	$4{,}27 \cdot 10^2$
10^4	m²/sk	2	0	-1	0	1	1
10	m²sk ^{0}C/kcal	0	-1	3	1	$2{,}39 \cdot 10^{-8}$	$2{,}34 \cdot 10^{-3}$
10^{-1}	kcal/m²sk ^{0}C	0	1	-3	-1	$4{,}19 \cdot 10^7$	$4{,}27 \cdot 10^2$
10^2	kgm/kg $=$ m	1	0	0	0	1	1
10^3	kgm/^{0}C	2	1	-2	-1	$4{,}19 \cdot 10^7$	$4{,}27 \cdot 10^2$
$1{,}02 \cdot 10^{-3}$	kcal/^{0}C kg	1	0	0	-1	$4{,}19 \cdot 10^7$	$4{,}27 \cdot 10^2$
$1{,}02$	m³/kg	2	-1	2	0	1	1

Tabelle (26, 1).

Die Maßsysteme der Beleuchtungstechnik.

	1	2	3	4				5	6	7	8
				Pote zexponenten fürs Maßsystem Nr. 1, Absolutes Maßsystem				Maßsysteme Nr.			
								1. Absolutes Maßsystem		2. Praktisch-lichttechnisches System	
Nr.	Art der Größe	Skalar-Zeichen	Definitionsformel im absoluten Maßsystem	s	m	t	I	α_1	$[p_1]$	α_2	$[p_2]$
				λ_1	λ_2	λ_3	λ_8				
1	Länge	s	s	1	0	0	0	1	cm	10^2	m
2	Masse	m	m	0	1	0	0	1	g^*	$9{,}81 \cdot 10^3$	TM
3	Zeit	t	t	0	0	1	0	1	sk	1	sk
4	Lichtstärke	I	I	0	0	0	1	1	Hefnerkerze HK	1	HK
5	Zahl, $\sphericalangle$	$\gamma,\ \varphi$	$\gamma,\ \varphi$	0	0	0	0	1	1	1	1
6	Beliebige Größe	p	$p = \gamma\, s^{\lambda_1} m^{\lambda_2} t^{\lambda_3} I^{\lambda_8}$	λ_1	λ_2	λ_3	λ_8	1	$cm^{\lambda_1} g^{*\lambda_2} sk^{\lambda_3} HK^{\lambda_8}$	$9{,}81^{\lambda_2} \cdot 10^{2\lambda_1 + 3\lambda_2}$	$m^{\lambda_1} TM^{\lambda_2} sk^{\lambda_3} HK^{\lambda_8}$
7	Tabelle zur Umrechnung der Maßzahlen	$p_i = (\alpha_k/\alpha_i)\, p_k,$ $[p_i] = (\alpha_i/\alpha_k)\, [p_k]$		p_k				$p_k = \sigma_k\, p_1$		$p_k = 9{,}81^{\lambda_2} \cdot 10^{2\lambda_1 + 3\lambda_2} \sigma_k\, p_2$		
8		$\alpha_k = \sigma_{1k}^{\lambda_1} \sigma_{2k}^{\lambda_2} \sigma_{3k}^{\lambda_3} \sigma_{8k}^{\lambda_8},\ \sigma_k = 1/\alpha_k$		$p_1 = \alpha_k\, p_k$				p_1		$p_1 = 9{,}81^{\lambda_2} \cdot 10^{2\lambda_1 + 3\lambda_2} p_2$		
9		$\alpha_1 = 1,$ $\alpha_2 = 9{,}81^{\lambda_2} \cdot 10^{2\lambda_1 + 3\lambda_2}$		$p_2 = 9{,}81^{-\lambda_2} \cdot 10^{-2\lambda_1 - 3\lambda_2} \cdot \alpha_k\, p_k$				$p_2 = 9{,}81^{-\lambda_2} \cdot 10^{-2\lambda_1 - 3\lambda_2} \cdot p_1$		p_2		
10	Raumwinkel	ω	$\omega = O/r^2$	0	0	0	0	1	1	1	1
11	Lichtstrom	Φ	$\Phi = I\omega$	0	0	0	1	1	Lumen Lm	1	Lm
12	Beleuchtungs-stärke	E	$E = \Phi/F$	-2	0	0	1	1	Lux Lx	10^{-4}	$[E_2]$
13	Leuchtdichte	B	$B = I/F$	-2	0	0	1	1	Stilb $=$ HK/cm^2	10^{-4}	HK/m^2
14	spez. Licht-ausstrahlung	R	$R = \Phi/F$	-2	0	0	1	1	Lm/cm^2	10^{-4}	Lm/m^2